高等院校石油天然气类规划教材

油气管道运行与管理

彭星煜　梁光川　朱　进　主编

喻建胜　主审

石油工业出版社

内容提要

本书系统梳理了油气管道运行与维护组织结构设立原则和方法，在管道运行管理基本工艺参数分析的基础上介绍了原油、成品油和天然气管道调度与维护管理方法，当前油气管道以 SCADA 技术为核心的自动化控制技术以及油气集输和长输系统中关键设备与站场的节能降耗技术，并进一步介绍了以风险评价和剩余强度评价为代表的管道完整性管理关键核心技术。

本书可作为石油院校油气储运工程专业教材，也可供从事油气管道设计、生产和科研的工程技术人员参考。

图书在版编目(CIP)数据

油气管道运行与管理/彭星煜，梁光川，朱进主编—北京：石油工业出版社，2019.8

高等院校石油天然气类规划教材

ISBN 978-7-5183-3487-2

Ⅰ. ①油… Ⅱ. ①彭…②梁…③朱… Ⅲ. ①油气运输—管道工程—高等学校—教材 Ⅳ. ①TE973

中国版本图书馆 CIP 数据核字(2019)第 136424 号

出版发行：石油工业出版社

(北京市朝阳区安华里2区1号楼　100011)

网　　址：www.petropub.com

编辑部：(010)64523733　图书营销中心：(010)64523633

经　销：全国新华书店

排　版：北京密东文创科技有限公司

印　刷：北京中石油彩色印刷有限责任公司

2019年8月第1版　2019年8月第1次印刷

787毫米×1092毫米　开本：1/16　印张：13.25

字数：335千字

定价：27.00元

(如发现印装质量问题，我社图书营销中心负责调换)

版权所有，翻印必究

《油气管道运行与管理》编审人员

主编：彭星煜　　西南石油大学

　　　梁光川　　西南石油大学

　　　朱　进　　中国石油西南油气田公司

主审：喻建胜　　中国石油川庆钻探工程有限公司

成员：(按姓氏拼音排序)

　　　葛　枫　　中国石油西南油气田公司

　　　何　莎　　中国石油川庆钻探工程有限公司

　　　蒋宏业　　西南石油大学

　　　刘春亮　　中国石油西南管道分公司

　　　夏　炜　　中国石油西南油气田公司

　　　周　军　　西南石油大学

前　言

油气管道运输是我国五大运输产业之一，对我国国民经济起着非常重要的作用。近年来，我国油气输送管道建设增速迅猛，油气管道的大力发展对调整我国能源结构、改善环境污染、进一步推动国民经济的发展具有重要意义。2010年底，我国已建油气管道的总长度约为8.5万公里，其中天然气管道4.5万公里、原油管道2.2万公里、成品油管道1.8万公里。截至2017年年底，我国的油气管道运输总里程达到了13.3万公里，其中原油管道约3万公里、成品油管道2.6万公里、天然气管道7.7万公里，天然气干线管网年总输气能力超过2800亿立方米。截至2018年年底，中国石油国内长输原油管道累积管输量首次突破1亿吨。2017年5月，国家发改委、国家能源局发布的《中长期油气管网规划》中，要求2025年基本形成"海陆并重"的通道格局，指出我国油气管网规模到2020年将超过16万公里，2025年将达到24万公里，形成"主干互联、区域成网"的全国天然气基础网络。

管道运行与管理，即用制订管道运行计划的方法，运用管道运行状况分析和调度等手段，充分发挥管道和设备的输送效率，实现管道安全、平稳、经济的最优化运行，是管道生产管理的主要组成部分。

本书以国家颁布的最新标准及规范为准绳，以保证管道的安全运行与优化管理为出发点，着重于基本原理及工程应用，涉及管道的管理、运行调度、维护与完整性管理等多方面内容，力求反映近年来管道运行与管理的发展概况。

本书由西南石油大学石油与天然气工程学院组织相关教师编写，由彭星煜、梁光川、朱进担任主编，喻建胜担任主审。具体编写分工如下：彭星煜编写第一章、第二章第一节至第三节、第六章第五节和第六节，梁光川编写第三章第一节至第三节，蒋宏业编写第四章，周军编写第二章第四节，朱进编写第五章，葛枫编写第三章第四节，夏炜编写第六章第一节，喻建胜编写第三章第五节、第六章第二节，何莎编写第六章第三节，刘春亮编写第六章第四节。硕士研究生吴云冬、刘彦麟、颜永玲、唐霏、徐鹏飞、宋晓娟和姚东池等人参与了资料整理、绘图等工作。全书由彭星煜统稿。

本书在编写过程中参考和引用了许多专家与学者的著作和教材的相关内容，并得到了西南石油大学教务处、石油与天然气工程学院的大力支持和帮助，在此表示衷心感谢。

由于编者水平有限，书中难免有疏漏或错误之处，望读者批评与指正。

彭星煜
2019 年 3 月

目 录

第一章 油气管道公司组织结构 ... 1
第一节 油气管道公司组织结构概述 ... 1
第二节 油气管道公司组织结构的影响因素 ... 7
第三节 油气管道公司运营的规范、规章制度与管理规定 ... 8
习题 ... 13
参考文献 ... 13

第二章 管道的运行管理 ... 14
第一节 管道运行管理技术现状与发展方向 ... 14
第二节 管道运行管理基本工艺参数要求 ... 15
第三节 管道的调度管理 ... 24
第四节 成品油管道的运行管理 ... 30
习题 ... 52
参考文献 ... 53

第三章 管道的维护管理 ... 54
第一节 管道现场维护 ... 55
第二节 管道内防护 ... 58
第三节 管道清管作业 ... 60
第四节 管道维抢修技术 ... 67
习题 ... 81
参考文献 ... 81

第四章 管道系统自动化 ... 82
第一节 管道自动化和控制系统 ... 82
第二节 管道自动监测及调节系统 ... 85
第三节 站场设备的自动监控 ... 89
第四节 管道自动计量系统 ... 93
第五节 天然气管道 SCADA 系统的配置和工作原理 ... 95
第六节 集散型控制系统 ... 101
习题 ... 105
参考文献 ... 105

第五章 管道系统节能技术 ··· 106
第一节 输油泵节能技术 ·· 106
第二节 加热炉节能技术 ·· 115
第三节 输油工艺节能技术 ·· 123
第四节 输油管道能耗测试与计算 ·· 127
习题 ·· 133
参考文献 ·· 134

第六章 管道完整性管理技术 ··· 135
第一节 管道完整性管理概述 ·· 135
第二节 国内外管道完整性管理进展 ·· 140
第三节 管道完整性检测技术 ·· 149
第四节 管道完整性评价技术 ·· 154
第五节 管道完整性管理信息技术 ·· 174
第六节 管道完整性管理体系 ·· 184
习题 ·· 201
参考文献 ·· 202

第一章　油气管道公司组织结构

油气的输送方式有公路、铁路、水运和管道四种。相对于其他三种方式，管道输送有其特点和突出的优越性，使得管道输送成为油气介质最为理想的输送方式。长距离油气管道工程由油气站场与线路工程两大部分及辅助系统设施构成。由于管道沿线地形复杂，地质条件差异大，沿途山洪、山体滑坡、泥石流、地震等自然灾害频发，运行与维护的差异大，不同的地区、不同的设备设施需要不同的管道运行与维护组织结构。

本章主要从油气管道公司组织结构进行阐述，不涉及设计与施工。从讨论影响组织结构的各因素出发，结合规范、标准、规章制度和管理规定，通过介绍一些典型的组织结构，来讨论管道的运行与维护过程。

第一节　油气管道公司组织结构概述

一、组织结构设置原则

(1) 科学、先进和实用的原则：以真实的数据为基础，结合各管道运营企业的特点，采取科学有效的方法，既保证当前具有较强的适用性，又充分体现标准的先进性和前瞻性。

(2) 精干高效的原则：在确保安全生产、任务目标完成的前提下，力求做到机构精、用人少、运转流畅、管理效率高。

(3) 责权统一、职能清晰的原则：根据生产经营特点和管理的实际需要，合理确定机关职能部门、所属单位、不同岗位之间的职责及相应关系，并赋予与责任对等的权利，确保职能划分横向不交叉、纵向不重叠。

(4) 与实际相结合的原则：从企业生产经营实际需要出发，充分考虑各管道运营企业的特点，与公司管理体制相适应，与各管道运营企业管理幅度、管理范围、管理难度相适应。

二、管道运营企业机关职能部门、机关附属机构设置与定员

以往年油气周转能力为主，兼顾管理管道条数、输送介质等管理难度因素，确定 A、B、C 三种机构设置模式。

1. A 模式

本模式适用于年油气周转能力在 1000 亿吨公里及以上的管道运营企业。A 模式管道运营企业组织机构设置如图 1-1 所示。

(1) 地区公司领导岗位与职数设置。地区公司领导岗位设有总经理、副总经理、总工程师、总会计师、安全总监、党委书记、党委副书记、纪委书记、工会主席，职数 5~7 人。根据工作需要和职位限额，领导可以兼职。根据工作需要可设总经理助理、副总师、安全副总监、总法律顾问等岗位，职数 3~4 人。

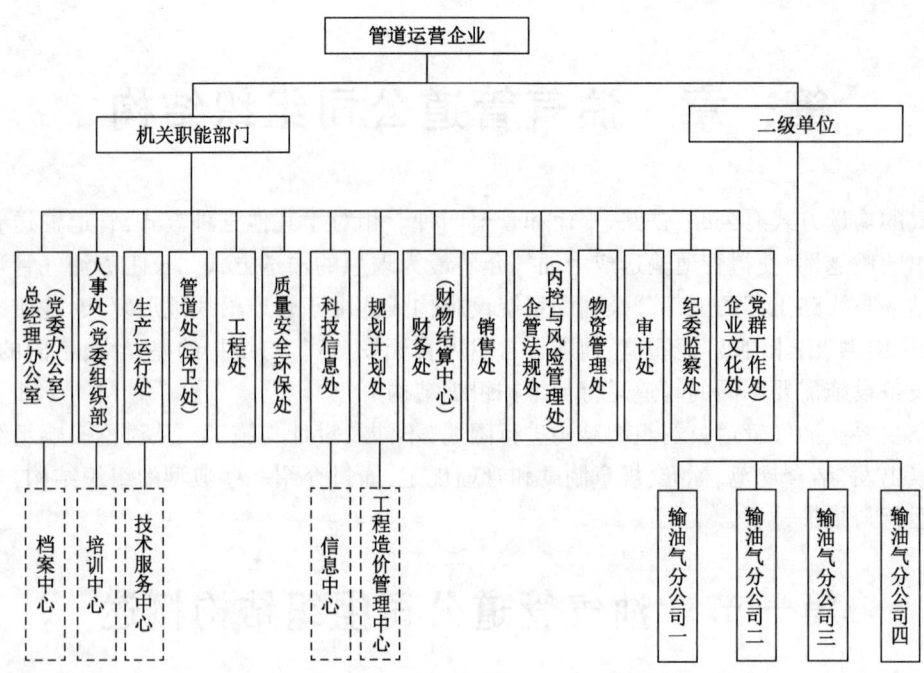

图 1-1 A 模式管道运营企业组织机构设置

（2）地区公司机关职能部门设置及定员。地区公司机关设 15 个职能部门，即总经理办公室（党委办公室）、人事处（党委组织部）、生产运行处、管道处（保卫处）、工程处、质量安全环保处、科技信息处、规划计划处、财务处（财务结算中心）、销售处、企管法规处（内控与风险管理处）、物资管理处、审计处、纪委监察处、企业文化处（党群工作处），设科室 51 个，机关职能部门定员 230 人，地区公司机关职能部门及定员见表 1-1。

表 1-1 A 模式地区公司机关职能部门及定员

序号	机构名称	内设科室个数	定员					
			合计	处长	副处长	科长	副科长	一般管理人员
1	总经理办公室（党委办公室）	4	18	1	2	4	2	9
2	人事处（党委组织部）	6	23	1	2	6	2	12
3	生产运行处	6	28	1	3	6	4	14
4	管道处（保卫处）	4	15	1	2	2	2	8
5	工程处	2	11	1	1	2	2	5
6	质量安全环保处	3	16	1	2	3	3	7
7	科技信息处	2	10	1	1	2	2	4
8	规划计划处	3	14	1	2		2	6
9	财务处（财务结算中心）	7	32	1	2	7	6	16
10	销售处		6	1	1			4
11	企管法规处（内控与风险管理处）	3	15	1	2	3	2	7

续表

序号	机构名称	内设科室个数	定员					
			合计	处长	副处长	科长	副科长	一般管理人员
12	物资管理处	3	12	1	1	3	1	6
13	审计处	3	12	1	1	3	1	6
14	纪委监察处	2	8	1	1	2		4
15	企业文化处(党群工作处)	3	10	1	1	3		5
	合计	51	230	15	24	51	27	113

(3)地区公司机关附属机构设置及定员。地区公司设5个机关附属机构,即档案中心、技术服务中心、信息中心、工程造价中心、培训中心,机关附属机构定员70人。地区公司机关附属机构及定员见表1-2。

表1-2 A模式地区公司机关附属机构及定员

序号	机构名称	内设科室个数	定员					
			合计	主任	副主任	科长	副科长	一般管理人员
1	档案中心	2	10	1	1	2	1	5
2	技术服务中心	3	22	1	2	3	3	13
3	信息中心	2	17	1	1	2	2	11
4	工程造价中心	2	12	1	1	2	2	6
5	培训中心	2	9	1	1	2	1	4
	小计	11	70	5	6	11	9	39

2. B模式

本模式适用于年油气周转能力在500～1000亿吨公里的管道运营企业,管道运营企业组织机构设置与A模式相同。

(1)地区公司领导岗位与职数设置。地区公司领导岗位设有总经理、副总经理、总会计师、安全总监,党委书记、党委副书记、纪委书记,工会主席,职数5～6人。根据工作需要和职位限额,领导可以兼职。根据工作需要可设总经理助理、副总师、安全副总监、总法律顾问等岗位,职数2～3人。

(2)地区公司机关职能部门设置及定员。地区公司设机关15个职能部门,与A模式相同,设科室39个,总定员180人。地区公司机关职能部门及定员见表1-3。

表1-3 B模式地区公司机关职能部门及定员

序号	机构名称	内设科室个数	定员					
			合计	处长	副处长	科长	副科长	一般管理人员
1	总经理办公室(党委办公室)	4	15	1	2	4	1	7
2	人事处(党委组织部)	5	19	1	2	5	1	10

续表

序号	机构名称	内设科室个数	定员					
			合计	处长	副处长	科长	副科长	一般管理人员
3	生产运行处	5	25	1	3	5	4	12
4	管道处(保卫处)	4	13	1	1	4		7
5	工程处		7	1	1			5
6	质量安全环保处	3	12	1	1	3	1	6
7	科技信息处		7	1	1			5
8	规划计划处	3	12	1	1	3	1	6
9	财务处(财务结算中心)	7	23	1	2	7		13
10	销售处		5	1	1			3
11	企管法规处（内控与风险管理处）	2	9	1	1	2		5
12	物资管理处	2	10	1	1	2	1	5
13	审计处	2	8	1	1	2		4
14	纪委监察处		6	1	1			4
15	企业文化处(党群工作处)	2	9	1	1	2		5
	合计	39	180	15	20	39	9	97

(3) 地区公司机关附属机构设置及定员。地区公司设5个机关附属机构,与A模式相同,机关附属机构定员50人。地区公司机关附属机构及定员见表1-4。

表1-4 B模式地区公司机关附属机构及定员

序号	机构名称	内设科室个数	定员					
			合计	主任	副主任	科长	副科长	一般管理人员
1	档案中心		6	1	1			4
2	技术服务中心	3	15	1	1	3	1	9
3	信息中心	2	14	1	1	2	2	8
4	工程造价中心	2	9	1	1	2	1	4
5	培训中心		6	1	1			4
	小计	7	50	5	5	7	4	29

3. C模式

本模式适用于年油气周转能力在500亿吨公里以下的管道运营企业,管道运营企业组织机构设置如图1-2所示。

(1) 地区公司领导岗位与职数设置。地区公司领导岗位设有总经理、副总经理、总会计师、安全总监、党委书记、党委副书记、纪委书记、工会主席,职数4~5人。根据工作需要和职位限额,领导可以兼职。根据工作需要可设总经理助理、副总师、安全副总监、总法律顾问等岗位,职数1~2人。

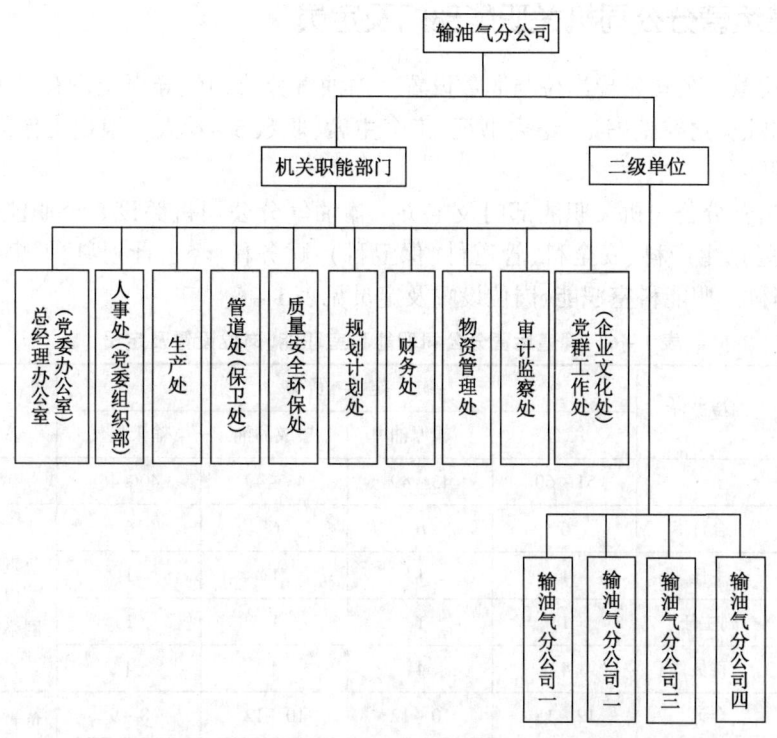

图1-2 C模式管道运营企业组织机构设置

(2)地区公司机关职能部门设置及定员。地区公司机关设10个职能部门,即总经理办公室(党委办公室)、人事处(党委组织部)、生产处、管道处(保卫处)、质量安全环保处、规划计划处、财务处、物资管理处、审计监察处、企业文化处(党群工作处),设科室27个,机关职能部门总定员120人。地区公司机关职能部门及定员见表1-5。

表1-5 C模式地区公司机关职能部门及定员

序号	机构名称	内设科室个数	定员					
			合计	处长	副处长	科长	副科长	一般管理人员
1	总经理办公室(党委办公室)	5	15	1	2	5		7
2	人事处(党委组织部)	4	14	1	2	4		7
3	生产处	4	18	1	2	4	1	10
4	管道处(保卫处)	3	10	1	1	3		5
5	质量安全环保处	3	11	1	1	3		6
6	规划计划处	3	12	1	1	3	1	6
7	财务处	5	20	1	2	5	1	11
8	物资管理处	7	1	1				5
9	审计监察处	6	1	1				4
10	企业文化处(党群工作处)	7	1	1				5
	合计	27	120	10	14	27	3	66

三、管道运营分公司机关职能部门及定员

(1)管道运营分公司领导岗位与职数设置。输油气分公司领导岗位设有经理、副经理、安全总监,党委书记、党委副书记、纪委书记,工会主席,职数5~6人。根据工作需要和职数限额,领导可兼职。

(2)管道运营分公司机关职能部门及定员。输油气分公司机关设8个职能部门,即办公室(党委办公室)、生产科、安全科、管道科(保卫科)、财务科、经营计划科、人事科(党委组织部)、党群工作科。职能科室职能、岗位设置及定员见表1-6。

表1-6 管道运营分公司职能科室职能、岗位设置及定员

机构	岗位设置	定员 综合	定员 输原油	定员 输成品油	定员 输天然气	主要职责
合计		51~60	43~49	43~49	40~46	
办公室(党委办公室)	合计	6	6	6	6	负责行政、党委办公室以及信访、文档、网络信息
	主任	1	1	1	1	
	副主任	1	1	1	1	
	科员	4	4	4	4	
生产科	合计	12~15	10~12	10~12	8~9	负责生产运行的工艺、设备、电气、仪表、自动化、能源、通信、运销、调度管理,含调度管理1~2人
	科长	1	1	1	1	
	副科长	2~3	2	2	2	
	科员	9~11	7~9	7~9	5~6	
安全科	合计	6~7	4~5	4~5	4	负责质量、健康、安全、环保、消防等管理工作
	科长	1	1	1	1	
	副科长	2	1	1	1	
	科员	3~4	2~3	2~3	2	
管道科(保卫科)	合计	7~9	5~7	5~7	5~6	负责管道管理以及治安防范和管道保卫工作
	科长	1	1	1	1	
	副科长	2	1	1	1	
	科员	4~6	3~5	3~5	3~4	
财务科	合计	6~8	5	5	5	负责财务、资产等管理工作
	科长	1	1	1	1	
	副科长	2	1	1	1	
	科员	3~5	3	3	3	
经营计划科	合计	5~6	5~6	5~6	5~6	负责计划、概预算、统计、业绩考核、内控及企业管理等工作
	科长	1	1	1	1	
	副科长	1	1	1	1	
	科员	3~4	3~4	3~4	3~4	

续表

机构	岗位设置	定员				主要职责
		综合	输原油	输成品油	输天然气	
人事科（党委组织部）	合计	6	5	5	4~5	负责人事、劳资、组织、培训、保险、人力资源系统等管理工作
	科长	1	1	1	1	
	副科长	1	1	1	1	
	科员	4	3	3	2~3	
党群工作科	合计	3	3	3	3	负责宣传、纪检监察、工会、团委和企业文化等管理工作
	科长	1	1	1	1	
	科员	2	2	2	2	

注：(1)管道运营分公司负责调度运行生产的，生产科增加值班调度5人；
(2)有5个以上(含5个)输原油(成品油)站的输油气分公司，生产、安全、管道部门共增加定员3人；
(3)实行轮休的输油气分公司，机关增加定员7~8人，由输油气分公司调剂使用；
(4)运销(销售)业务量较大的单位，可单独设置运销科，定员2~3人；
(5)储气库管理单元参照输油气分公司定员根据结合业务管理需要设置；
(6)老线单位适当增加定员。

第二节　油气管道公司组织结构的影响因素

油气管道公司组织结构的影响因素较多，这些因素以不同的方式影响组织结构的实际构成，所以在实际各管道运营公司中组织结构存在较大的差异。组织结构的影响因素主要包括以下三个方面。

一、基础设施

影响组织结构的首要因素是油气管道公司的基础设施。大多数油气管道输送系统的主要设备为油气管道、压缩机或泵以及计量系统。由于每种设备都需要对应不同的专业支撑，就必须设立对应的专业组织机构，对于管道的运行和维护单位来讲，这是保障管道安全经济运行的重要单位。对于按专业化管理模式管理的油气管道系统来讲，管道、设备及仪表的维护与管理有两种组织形式，第一种只设站场不设维抢修中心，各站的维修工作和相关职责由站场完成；第二种既设站场又设维抢修中心，相关职责由各站场与维抢修中心共同承担，两者间的业务范围划分按照各自职责范围确定。

上述提到的站场与维抢修中心在管道、设备及仪表维护管理中的职责主要包括：

(1)按各类设备的维护保养与检修规程对全线所有设备进行有计划的周期性的维护保养与检修，使各类设备保持良好的运行和可控状态；按照各类仪表的调校检修规定对全线所有仪表进行有计划的周期性的调校和检修，使其保持精确的运行和可控状态；对管线的防腐系统和水工保护系统等进行定期检测或维护。

(2)随时接受调度控制中心的指令，对在运行中出现故障的设备进行故障排除或维修；对在运行中出现检测精度不准或故障的现场仪表进行更换和调校；对发生问题的管线、防腐系统或水工保护系统进行抢修和维护。

(3) 配合调度控制中心完成已修好设备的试运行工作和已调校好的仪表的投运工作。
(4) 向调度控制中心汇报设备及仪表维护保养及检修情况,完成设备管理工作。
(5) 负责制定设备及仪表维修备品备件购置计划和备品备件仓储保管工作。

二、自动化程度

影响组织结构的第二个因素是油气管道的自动化程度。对于管道系统的组织来说,一个在与上下游相互配合、管道控制、监控和油品计量运行和维护组织方面实现全自动化的系统,可以使其组织结构更小而且更高效。但是,组织规模缩小所带来的经济利益远远不及自动化基础设备所需的巨额投入,自动化基础设备必须随着技术的进步和发展变化定期进行维护和更新。

对于按照专业化模式管理的油气管道公司,其自控操作和调度指挥工作由调度控制中心及分控中心承担。对于按照混合管理模式管理的油气管道公司,其自控操作和调度指挥工作也主要由调度控制中心承担,只是部分运行操作的职责由相关油气站场承担。混合管理模式下的调度控制中心的其他职责也与按专业化管理模式管理的油气管道调度控制中心职责基本相同。

三、地理因素

影响组织结构的第三个因素是管道的地理因素。对于长输油气管道有时还需要跨越管辖边界甚至国境;有些生产操作比较频繁,需要组织机构驻扎在某一区域来实施这些操作,这就决定了组织机构的集中与分散。而组织机构集中化与分散化的程度对于油气管道公司来说一直是一个权衡过程,需要在服务水平、运行效率、成本和风险之间权衡轻重。很多情况下,组织结构中的这些影响因素也会出现转移。他们各自的优势如下:

采用组织团体分散化的优势在于:更好地对紧急情况和设备问题进行响应;尽量缩短行程时间;更好地了解当地情况;交叉培训的机会更多;与当地社区的接触更加明显;员工之间能更好地沟通;维护作业方案更准确。

采取组织团体集中化的优势在于:需要的资源(人员、零部件)更少;资源利用率更高;对工作和优先次序能更好地进行总体控制;立案和实施中一致性更强;减少组织结构的重复建设。

综上所述,组织机构的具体组成需要权衡各个影响因素,从而确定最适应实际管道的组织机构。

第三节　油气管道公司运营的规范、规章制度与管理规定

油气管道公司的运营和维护受一系列规范、规章制度和管理规定的制约,这些规范、规章制度和管理规定有的由监管机构委托授权,有的则属于标准,还有一些是公司内部规章制度和管理规定,它们在国家之间甚至是一个国家内部都会存在差异。大型的油气管道公司也制定了广泛的内部规章制度和管理规定,对确保管道安全有效地运营和维护非常重要。

一、规范、标准和法规条例

我国的标准化体制是把标准分为强制性与推荐性两类,而国际上通行的是"技术法规—

技术标准"体制,也就是说技术法规是强制性的,而技术标准则是推荐性的。

1. 国外管道标准体系的特点

1) 体系全面成套

国外管道标准体系的首要特点就是体系全面成套。在油气输送管道范围内,对设计、材料、施工安装、检验试验、运行操作与维护、在役管道检测修理直到报废,所遇到和预计需要协调统一的各种事物和概念,包括ISO/TC67/SC2委员会在"石油天然气工业—管道输送系统"的统一题目之下,发布了四个ISO标准、IEC国际标准和美国的API(美国石油学会)、ASME(美国机械工程师协会)、ASTM(美国材料和试验协会)、MSS(美国阀门及管件制造商标准化协会)、NFPA(美国国家消防协会)等标准,使之得到完整的配套标准的基础支持。适用于油气管道运营和维护的行业组织或机构缩写见表1-7。

表1-7 适用于油气管道运营和维护的行业组织或机构缩写

缩　写	组织或机构	缩　写	组织或机构
AGA	美国气体协会	CSA	加拿大标准化协会
API	美国石油学会	DNV	挪威船级社
ASME	美国机械工程师协会	IP	石油学会
ASTM	美国试验材料协会	ISA	美国仪器协会
BS	英国标准	ISO	国际标准化组织
CAPP	加拿大石油生产商协会	NACE	国家腐蚀工程师协会
CCME	加拿大环境部长委员会	NEB	国家能源委员会(加拿大)
CGA	加拿大气体协会	PRCI	国际管道研究委员会

美国的管道系统规范更是大量地引用了API、ASME、ASTM、NACE、NFPA等标准,构成了完整的内容体系。

加拿大的引用标准则以本国标准为主,辅以美国的API、ASME、ASTM、NACE、AGA、NFPA等标准,其引用配套标准也是很齐全的。

2) 层次恰当分明

美国的管道标准体系最为分明,也相当简化,其层次如图1-3所示。

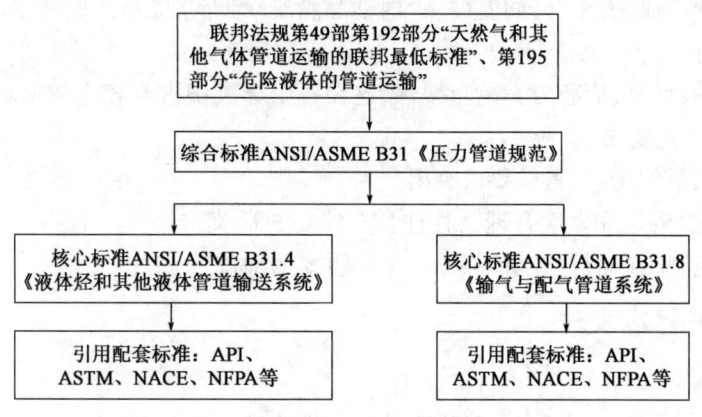

图1-3 美国的管道标准体系层次

3）适用范围划分明确合理

国际标准 ISO 13623 用图将适用范围明确、清晰地限定为油田及炼厂以外的油气输送管道。

美国的压力管道规范把液体、气体、浆液、燃料气、建筑、制冷、动力、工艺分为多个独立成篇的标准发布。ANSI/ASME B31.4 对液态烃、其他液体管道系统以及 ANSI/ASME B31.8 对输气和配气系统的适用范围都限定得非常明确。这是按经济活动性质的同一性做出的划分，而不是按行政系统划分的。

加拿大标准 CSA Z662《油气管道系统》，则把各类输送管道标准合在一篇当中，分为海上、配气、油田蒸气、塑料、铝制管道等相对独立的章。比较而言，不如美国标准的层次、范围清晰合理。

4）各层次的着眼点区分明显

仍以美国为例，美国联邦法规提供了危险液体管道的国家安全纲要，是政府规定的国家统一的最低标准并通过联邦及各州的合作予以强制执行。

ANSI/ASME B31.4 和 ANSI/ASME B31.8，作为美国国家标准，目的是保护公众和作业公司员工的安全，合理地保护管道系统免遭他人破坏或无意造成的意外损伤，合理地保护环境。在此前提下，对管道系统的设计、建造、检验、试验、运行与维护等环节规定各项技术要求。它并非设计手册，也不是运行规程。它虽然着眼于安全，但对工作区域、安全作业实施细则以及安全装置等属于工业安全规程范围内的内容概不涉及。

而配套的 API、ASTM、NACE 等标准，是从行业（专业）角度提出的技术规范、技术规格或推荐做法。这些标准一般都针对具体的对象，本身并不具有强制性。

（1）国外标准的"运行与维护"部分，一般都是原则性规定，典型的是 ANSI/ASME-B31.4，它申明：

①本规范不可能规定一整套包罗所有情况的详细的运行操作与维修规程。但是，各个运营公司可根据本规范的规定，从公众安全的立场出发，根据本公司从设施上取得的经验和知识以及管道的运行操作条件，编制出能满足要求的运行操作与维护规程。

②本规范中规定的方法和程序可作为一般性的导则，但并不排除个人或运营公司有责任对于面临的特殊情况采取慎重可行的措施。

③必须认识到当地条件（例如温度、管内油品特征、地形）将对完成特定的维护和修理工作，产生深远影响。

（2）强调规程、计划、应急方案的重要性，这在各个标准中占有较大的篇章，而并不规定具体的操作过程或工艺要求。

（3）对操作人员的培训、考核要求突出。

（4）非常注意"管道完整性管理"，往往具有独立的章节。

（5）"腐蚀控制"在运行与维护部分占十分重要的地位。

2. 国外相关标准文件

1）完整性管理文件

（1）ASME B31.8S—2016《燃气管道系统完整性管理》。

（2）API 1160—2001《危险液体管道完整性管理》。

2）管道评估技术文件

（1）ASME B31.G《腐蚀管道剩余强度测定手册》。
（2）NACE RP—0502—2002《管道外腐蚀检测与直接评价标准（ECDA）》。
（3）NACE—T0340《内腐蚀直接评估技术（ICDA）》。
（4）DNV—RP—F101《腐蚀管道缺陷评价标准》。
（5）API 579《管道安全评价、几何机械损伤评价标准》。

3）管道检测技术文件

（1）NACE RP0102—2010《管道内检测的推荐实践标准》。
（2）API 1163《管道内检测系统标准》。
（3）NACE pub 35100—2000《管道内检测（报告）》。
（4）ASNTILI—PQ—2010《管道内检测员工资格》。
（5）API RP 580《基于风险的检测》。
（6）API RP 581《基于风险的检测—基本源文件》。

4）管道修复与维护技术文件

（1）API 570—2016《管道检验规范—在用管道系统检验、修理、改造和再定级》。
（2）API RP 2200—2015《石油管道、液化石油管道、成品油管道的修理》。

5）其他标准、法规或规定

（1）风险管理程序标准（草案）。
（2）美国联邦法规第49部的运输部分，具体如下：
①第191部分——天然气和其他气体的管道运输年度报告、事故报告以及相关安全条件报告。
②第192部分——天然气和其他气体管道运输的联邦最低标准。
③第194部分——陆上石油管道应急方案。
④第195部分——危险液体的管道运输。
（3）关于增进管道安全性的法案（美国 HR.3609）。
（4）ASN1/ASNT《无损检测人员资格评定导则》。
（5）API RP 1120—1995《液体管道维修人员的培训与认证》。
（6）API 1129—1996《危险性液体管道系统完整性的保证措施》。
（7）API RP 1162—2010《管道操作者的公共注意项》。

3．国内相关标准文件

1）国家、行业标准及规范

我国虽未形成管道运行管理的体系，但已有的相关标准和法规可列举如下：
（1）GB 50316—2000（2008 版）《工业金属管道设计规范》。
（2）GB 50251—2015《输气管道工程设计规范》。
（3）GB 50253—2014《输油管道工程设计规范》。
（4）GB/T 11345—2013《焊缝无损检测超声检测技术、检测等级和评定》。
（5）CJJ 95—2013《城镇燃气埋地钢质管道腐蚀控制技术规程》。
（6）SY/T 6477—2017《含缺陷油气管道剩余强度评价方法》。

(7) SY/T 6151—2009《钢质管道管体腐蚀损伤评价方法》。
(8) SY/T 6597—2018《油气管道内检测技术规范》。
(9) SY/T 6186—2007《石油天然气管道安全规程》。
(10) 石油天然气管道安全监督与管理暂行规定(国家经济贸易委员会17号令)。
(11) SY/T 0087.1—2018《钢质管道及储罐腐蚀评价标准 第1部分:埋地钢质管道外腐蚀直接评价》。
(12) SY/T 5922—2012《天然气管道运行规范》。
(13) SY/T 4109—2013《石油天然气钢质管道无损检测》。
(14) GB/T 16805—2017《液体石油天然气及高挥发性液体钢质管道压力试验》。
(15) GB/T 27699—2011《钢制管道内检测技术规范》。
(16) Q/SY JS0055—2005《钢制管道缺陷安全评价规范》。

2) 石油公司管道管理规范
(1) 数据收集规范:
《管道本体数据采集和管理规范》。
(2) 检测标准:
①《钢制管道内检测执行技术标准》;
②《超声导波检测操作技术规范》;
③《管道超声导波检测及评估技术规范》;
④《管道超声衍射(TOFD)技术规范》。
(3) 监测技术规范:
①《天然气管道内腐蚀监测系统设备操作规程》;
②《天然气管道内腐蚀监测数据分析与评价规范》;
③《重载车碾压管道技术规范》。
(4) 评价技术规范:
①《天然气长输管道 HCA 高后果区评价导则》;
②《钢制管道缺陷安全评价标准》;
③《管道内外缺陷认定和验证技术规范》;
④《管桥结构评价规程》。
(5) 修复技术规范:
①《碳纤维复合材料补强修复标准》;
②《钢制管道夹具注环氧修复标准》。

二、规章制度和管理规定

对于管道公司来说,规章制度和管理规定非常重要。以往,所有规章制度和管理规定都依据大量的手册文件实施。随着计算机的发展,可将所有文件计算机化,使贯彻规章制度和管理规定变得更加方便。贯彻规章制度和管理规定的主要目的是指导公司人员的工作,确保这些工作能正确、有效和安全实施。

1. 管理人员的义务

(1) 制定全部所需的规章制度和管理规定;

(2)向员工颁布这些规章制度和管理规定；
(3)对员工进行有关这些规章制度和管理规定的宣传和培训；
(4)审查实施情况，以确保员工遵守这些规章制度和管理规定。

2. 员工的义务

(1)理解与他们工作活动相关的规章制度和管理规定；
(2)遵守规章制度和管理规定；
(3)提供反馈以便进行改进。

习 题

1. 简述长距离油气管道的组成。
2. 简述集输管道、长输管道、配气管道的特点。
3. 简述油气管道公司组织结构的确定原则。
4. 油气管道公司组织结构的影响因素有哪些？
5. 简述我国油气管道相关的国家规范、行业标准。

参 考 文 献

[1] 王小强,王保群,王博.我国长输天然气管道现状及发展趋势[J].石油规划设计,2018, 29(5):1~6.
[2] 杨筱蘅.输油管道设计与管理[M].东营:中国石油大学出版社,2006.
[3] 王光然.油气管道输送[M].北京:石油工业出版社,2012.
[4] 秦飞.天然气长输管道的调度运行管理[J].中外企业家,2013,19:87-88.
[5] 李明,梁永图,宫敬,等.成品油管道调度计划制定中应考虑的因素[J].油气储运,2007, 26(5):54-57.

第二章 管道的运行管理

第一节 管道运行管理技术现状与发展方向

油气长输管道的运行管理包括管网管理、办公管理和生产调度管理三部分。管网管理主要对输配气管网的信息进行管理,包括新管网的建设、管网的维护、管网的改造以及下游用户的管理;办公管理主要包括对公司人事、经营、财务等内容进行管理;生产调度管理是对油气的调度量和调度方法进行管理,在管道企业的运行中起到至关重要的作用。

一、技术现状

以管道运行管理自动化控制技术应用为标志,管道运行管理技术水平向着数字化、信息化与智能化方向前进。

(1)管道自动化控制技术。油气管道所采用的SCADA系统(监督控制与数据采集系统,supervisory control and data acquisition),增加了在线实时控制、运行优化、泄漏检测及培训模拟系统,实现了对全线各输油站场、线路截断阀、阴极保护站、通信站、高低点压力变送站实时数据的采集、监控与统一调度管理,实现了中间站无人值守。庆铁、铁大、铁秦等老管线相继进行技术升级改造后,SCADA系统实现了全线集中在线实时监测遥控、遥调、遥测和遥信控制。

(2)数字化管道管理技术。数字化管道是管道的虚拟表示,能够汇集管道的自然和人文信息,可以对该虚拟体进行探查和互动。通过收集全方位、多分辨率、三维空间的、覆盖于管道沿线及周边的大量地理信息,并使用基于地理数学模型的高级决策系统,对管道资源、环境、社会、经济等各个复杂系统信息进行数字整合并集成运用系统,在可视化条件下为技术人员和管理人员提供支持和服务。在此基础上,建立包括管网仿真技术、管网运行优化、管道泄漏检测、压缩机站的故障诊断等数字化管道管理技术。

(3)管道完整性管理及配套技术。管道运营更加重视安全与环境保护,考虑管道在建设期与运营期会不可避免地出现各种各样的缺陷,这些缺陷的存在将会极大地威胁管道的安全运行。通过相关的检测技术与评价技术,实现管道的风险评价与完整性管理,从而确保管道运行的可靠性。

二、发展方向

管道技术和管理的发展与管道建设密切联系,每一次管道建设的高潮,都会带来管道技术的飞跃。每一次管道技术的飞跃,又进一步推动了管道管理体制、机制的改革,提高了管理水平。

技术与管理是企业发展的两个车轮,管理方法和手段是企业管理的重要组成部分。随着油气管道业务的迅速发展,如今已经由过去单一的管道,发展为地区性乃至全国性管网。必须变革传统的管理方法和手段,加快科技进步,广泛应用信息技术,适应今后管道事业发展的需要。

（1）区域性油气管网的集中调控管理日趋加强。由原来按线分散管理的模式，逐步转向区域化集中管理，不仅实现了优化运行，降低了运行成本，而且安全运行的保证程度明显提高。管道企业重组和改革，以及新管道建成后采用新型的开放式管理体系，专业化技术服务在新管理体制中的技术优势得到充分发挥，促进了管道运行管理体制的不断完善。

（2）管道内检测与保护技术在管道安全运行上发挥重要作用。国内现有管道腐蚀检测器已能满足 DN250mm～DN1020mm 各种口径管线的检测需求，内检测技术的不断推广应用为提高管道运行可靠程度提供了有效手段。针对日益严重的打孔盗油现象，输油管道已采用负压波泄漏检测技术对管线进行监控，进一步提高管道安全运行能力。

（3）完善管道安全运行基础管理，建立管道完整性评价管理体系及配套技术，形成在役管道有计划维修机制，减少和避免事故抢修，保障在役管道安全运行。

（4）加强输油管网的优化运行，提高原油贸易计量的准确度，以适应国际管道的安全经济运行。

（5）加快管道信息系统的研究和推广应用，发挥信息技术优势，提高管道建设和运行管理水平。

第二节　管道运行管理基本工艺参数要求

一、原油管道运行基本工艺参数

1. 运行压力

1）允许压力

受地形地质条件的约束，一条输油管道在沿线不同的地段，其承压和壁厚也有所不同，所以在管道的输油运行中应精心操作，保证在管道系统中任一点的最大稳态运行压力及管道处于静止状态下的静压力，不超过管道该点的设计压力和所装构件的压力等级。一般输油站的最低进站压力额度要求是应能满足各种输油工况的要求，密闭输送管道首先是要满足输油泵的吸入能力。

2）运行控制及报警压力

正常运行中由于水击和其他变化造成的压力上升，在系统和设备的任何一点，均不应超出最大许用操作压力；泄压压力值应根据水击计算和不同管道的状况确定，最高不应超出最大许用操作压力的 10%；出站报警压力设定值应低于管道最大许用操作压力，进站报警压力设定值应高于最低进站压力；输油站压力调节系统的设定值应根据管道输油方案和安全要求来确定。

3）相关技术要求

（1）根据管道状况的变化，当某一管段管道频繁发生泄漏（如焊缝开裂、腐蚀穿孔等）跑油事故或此管段管道受地质灾害及洪水的威胁较为严重时，应及时调整管道允许工作压力值。

（2）当管道提高压力运行，并且提高的运行压力所产生的环向应力大于规定的最低屈服强度的 20% 时，应对该管道系统进行鉴定。

（3）如果管道系统以通过降低运行压力来代替修理或代替更换管道构件时，应按要求确定新的最大稳态运行压力。

(4) 对于采用已停用或废止的标准或技术条件的材料建成的现有管道系统,应采用在施工初期实际上所依据的有关规范或技术条件所列出的许用应力和设计准则确定设计内压。

2. 运行温度

对热油管道,首先要保证油品进站温度不低于所输原油的凝点,同时站间摩阻不应高于管道的最大许用操作压力。管道进出站油温选择有一定的限制。管道出站温度升高,能耗增高,同时也增大了管道的热应力,使防腐层易老化变质。因此最高出站油温受到管道允许热应力及防腐层耐热能力的限制。

1) 进站温度

加热站进站油温主要取决于管道运行的安全风险和经济比较,对凝点较高的含蜡原油,其进站油温一般高于原油凝点温度,以防止出现凝管事故,或在事故后有一定的允许停输时间进行维修。由于在凝点附近时原油的黏温曲线很陡,故其经济进站温度常略高于凝点。当进站油温接近凝点时,必须考虑管道可能停输后的温降情况及再启动措施,此时要和安全停输时间的确定统筹考虑。

2) 出站温度

一般在确定一条管道最高出站温度时考虑的主要因素有:管道的温度应力是否在强度允许范围内;管道的外防腐层和保温层的耐热能力是否适应;原油的加热温度是否高于所输油品的初馏点,以免影响泵的吸入。此外,在确定加热温度时,还必须考虑运行的经济性等。

如对含蜡原油,往往在凝点附近黏温曲线很陡,而当温度高于凝点 10℃ 时,黏度随温度的变化相对比较平缓,当原油温度升到使原油在管道内流态处于紊流光滑区时,由于摩阻与黏度的 0.25 次方成正比,此时提高油温对摩阻的影响较小,而热损失却显著增大,故加热温度不宜过高。

显然,同一管道的进出站油温的确定是互相制约的。同时,对原油的加热也是一个热处理过程,鉴于含蜡原油的黏温特性及凝点都会随热处理条件不同而不同,故应在热处理实验的基础上,根据最优热处理条件及经济比较来选择加热站的进出站温度。

3. 最低输量

在设计输量下,一般是按经济、安全完成输油任务的原则来选择加热站的进站或出站油温,使管道总能耗较小且保证管道运行的安全。要确定一条管道的允许最低输量,应首先确定最不利的加热站间的一条管道,并根据此站间管道的最高出站油温和最低进站油温确定管道的允许最低输量。

由于油田减产和下游(炼厂、港口等)的影响,常常迫使输油管道停输或降低管输量,但如果热油管道输量降得很低,会对管道的安全运行造成很大影响,所以对于一条已经投入使用的管线,在其管径、总传热系数、土壤温度以及加热站间距、加热站出站温度均已确定的情况下,决定管道温降的最重要的参数就是管道的输量。在达到了最高出站油温和最低进站油温的情况下,一般按这一管道最大加热站间确定加热输送管道的允许最小输量,该参数是热油管道运行管理中非常重要的参数。

1) 允许最低输量

一般最大加热站间的允许最小输量是热油管道运行的允许最低输量。

一条管道的加热站间的允许最小输量 G_{min} 是随时间变化的。当冬季地温 T_0 下降或雨雪等引起地下水位及土壤温度增加时,会使管道的总传热系数 K 值增大,这些都将使管道的散热增大,使 G_{min} 增大。而在夏季地温较高时,该管道的 G_{min} 就比冬季的值小一些。

对同一条管道,若各个加热站间距不相等,或管道的散热情况有差异,即各站间的总传热系数 K 值不同,则站间距 L_R 较长的以及 K 值较大的站间,其 G_{min} 也较大。这种情况下,全线的允许最低输量应按较大的值为准,才能确保全线的安全进行。

2) 降低管道允许最低输量的措施

(1) 可使用对原油改性的输送工艺,如热处理输送、稀释输送加降凝剂等方法。这些方法降低了管道输送过程中原油的凝点和黏度,也就相应降低了输油允许进站油温,从而降低管道的允许最低输量,这也是最常用的方法。

(2) 改变管道条件,以降低管道的允许最低输量。如增加加热站,使原来的站间距 L_R 缩小;管道增加保温使 K 值下降等。但这种措施需要很大的改造工作量及投资,运行能耗也高,故采用较少。

(3) 正、反输送方法,如正输五天、反输两天,以便使实际的输量大于允许最低输量。我国 20 世纪 70 年代曾采用过,但这种方法能耗相对较大,输油成本高,故目前已不再使用,反输也只是作为临时应急措施。

3) 低输量热油管道的安全经济运行

热油管道的设计输量也是其经济安全的输量。但一条管线在其寿命期内不可能总保持在经济输量下运行,具体的输量会受到油源、市场、事故等因素的影响。尤其在我国,热油管道低输量、超低输量运行引发的问题特别突出和严重。我国东部原油管道由于原油物性的原因,在设计上均采用加热输送工艺,当出现低输量和超低输量的情况后给运行带来很多困难,很难做到经济运行,一旦管输的热力条件不能满足,就有可能发生凝管等恶性事故。总之,在加热输送条件下,管道低输量运行既不经济又不安全。

解决热油管道的低输量问题,要求在确保安全运行的前提下尽量做到节能降耗,应根据不同管道低输量的情况采取不同的对策和输送方案。我国针对低输量问题开展了一系列的研究和应用实践,取得了可喜的成果和显著的经济效益。在对含蜡原油热处理输送、加降凝剂输送方式的大量室内实验、现场试验和应用研究的基础上,采用加剂综合处理的输送方式,使加降凝剂与原油热处理的效果充分发挥,在较低的加剂浓度下取得了良好的效果。

4. 热油管道的停输再启动

1) 热油管道的停输降温

停输后热油管道冷却过程中,油温逐渐下降,向周围土壤散发的热量也逐渐减少,该过程是不稳定传热过程。由于管道周围土壤中蓄积的热量要比管道及管中存油的热容量大上百倍,故埋地管道的停输降温情况主要取决于周围土壤的冷却过程,而周围土壤的冷却取决于地温和气温。

热油管道停输后,埋地管道内油温沿径向向外散热,尤其是管壁附近的油温下降较快,同时在管壁形成逐渐增厚的凝油层。由于输油温度和地温的温差,管内油温随停输时间的延长不断下降,黏度逐渐增大,受以上因素的影响,管道再启动的阻力增大。如果管内油温降至凝点,油品就可能在整个管道内形成蜡晶的网状结构(俗称原油的凝固或部分凝固)。由于沿管道径向和轴向油温的不同,不同管段、不同截面其蜡晶的结构强度也是不同的,此时管道要启动必须有足以破坏其网络结构的剪切力,才能使管道恢复流动。如果在站间管道的最高允许压力超不过这个剪切力,此时就会出现热油管道最严重的凝管事故。

由于热油管道沿线各点的油温是不同的,在加热站间的前段油温较高,而后段油温较低。尽管油温高处的温降比油温低处快,在停输若干时间后,沿线仍有一定的温度梯度。

2)热油管道停输时间与再启动

(1)热油管道停输时间。

热油管道停输后应能顺利地安全再启动,即再启动压力不应大于管道允许的操作压力,这与管内油温、原油的黏温关系、凝点等因素有关。在所输的原油性质已确定的条件下,问题的关键就在于停输温降的情况。由于停输温降属于不稳定传热过程,而且影响传热的因素多,又是随时间变化的,难以准确计算。埋地管道的不稳定传热目前尚没有简便而准确的计算方法,目前,我国热油管道停输时间的确定还是以经验确定为主,辅助以理论研究和现场试验相结合的方法。

为了确保管道输油运行的安全和低耗,热油管道的计划检修和事故抢修一般都应在允许停输时间内进行完,因此,必须全面分析管道在各种情况下停输后各管段的温降情况、再启动压力和可能达到的流量,以便确定安全合理的允许停输时间以及停输时必须采取的措施。不同季节、不同运行工况条件下,管道的允许停输时间也不同。例如,当夏季地温较高或正常运行的油温较高时,允许的停输时间就比较长;反之,在冬季地温较低时,其允许停输时间就较短。

热油管道沿线的绝大部分管道都是埋地的,但在穿(跨)越地段也有架空的或浸没在水中的管段。由于管道中油的热容要比管周围土壤的热容小得多,这些穿(跨)越管段的冷却速度要比埋地管道快得多,所以此管段的长短和位置有时也成为限制允许停输时间的关键。

(2)热油管道的再启动。

热油管道停输后,随油品物性和停输时间不同,沿线管道内的情况也不相同。可能出现以下情况:在油温较高的段落,再启动时管中心部分为液相;而在油温较低的段落,管内已经初凝(蜡晶形成网络结构)。必须注意,当管道沿线有热力情况很差的特殊段落时,如管沟浸水的地段、覆土很浅的段落等,管内存油的温降很快,并随着温度的降低,原油蜡晶网络结构会不断增强。

热油管道再启动时,在启动压力不超过规定允许的最高压力情况下,为了尽快恢复正常输送,应尽可能增大启输量,启动过程中流量恢复的快慢取决于再启动压力的大小。因为流速越高,对管壁上凝油层的剪力越大。待启动正常后,再按要求进行管道运行参数的调整。

(3)确保热油管道安全再启动的措施。

应根据热油管道的实际条件及不同的稳态运行工况,计算不同季节、工况时的允许停输时间,以确保热油管道安全再启动。由于目前还不能得到准确的温降计算结果,在条件许可时,应通过与同类管道类比或现场试验来验证热油管道的停输温降情况,从而修正允许停输时间。在制订事故应急预案及组织抢修力量时,应尽力保证事故处理时间不超过热油管道的允许停输时间。对于穿跨越管段,要注意保证它们的保温层完好,并及时维护,以避免这些管段的停输温降过快而增加热油管道的再启动压力。

二、成品油管道运行基本工艺参数

1. 运行温度

在成品油管道输送中,除了润滑油需要进行加热输送外,其余均不需要加热,因此,成品油管道设计不像原油管道设计需要考虑加热站的设计。同时,在一般情况下,成品油沿管道的温差不大,可以近似地按常温处理;当油流流过较长管道后,油品温度等于埋地土壤温度。物性可以认为是常物性,除非需进行详细的界面跟踪分析。

2. 运行压力

运行压力要求同输油管道类似,需保证在管道系统中任一点的最大稳态运行压力及管道处于静止状态下的静水压力,不超过管道该点的设计压力和所装构件的压力等级。最低进站压力能满足输油泵的吸入能力。正常操作中,由于扰动和其他变化造成的瞬态压力上升,在管道系统和设备中任何一点都不得超过设计压力的10%。

3. 循环周期

1)油品的排列顺序

顺序输送中油品的排列顺序是减少混油损失的关键因素之一。相邻排列的两种油品的物理化学性质相差越大,混油量越大,处理的费用也越高。故应尽可能将密度相近、产生的混油易于处理的油品相邻排列。

输送成品油的排序:优质汽油—普通汽油—航空燃料—柴油—轻燃料油—柴油—航空燃料—普通汽油—优质汽油。

含有可能顺序输送原油时的排序:优质汽油—普通汽油—隔离液(煤油)—柴油—轻燃料油—隔离液(柴油)—轻质原油—重质原油—轻质原油—隔离液(柴油)—轻燃料油—隔离液(煤油)—普通汽油—优质汽油。

2)循环周期

完成一个预定的排列次序称为完成一个循环,所需的时间称为循环周期,一年内完成的循环周期数称为循环次数(或称批次)N。若一个循环内输送 m 种油品,形成混油段的输量 n 可用下式表示:

$$n = 2(m - 1) \tag{2-1}$$

一方面,顺序输送管道的循环次数越少,每种油品的一次输送量(也称批量)越大,在管道内形成的混油段和混油损失也随之减少。但另一方面,油品的生产和消费通常是均衡进行的,各种油品每天都在生产和消费,顺序输送管道对每种油品来讲是间歇输送。循环次数越少,就需要在管道的起点、终点以及沿线的分油点和进油点建造较大容量的油罐区来平衡生产、消费和输送之间的不平衡,油罐区的建造和经营维修费用就要增加。因而,确定最优的循环次数应从建造、运营油罐区的费用和混油的贬值损失两方面综合考虑。

三、输气管道运行基本工艺参数

1. 运行管理基本原则

输气管道系统在满足天然气用户需求、管道系统运行安全可靠的前提下,通过科学管理和技术进步,使系统在高效低耗的经济状态下运行。

(1)管道投产后,应在最短的时间内使管道的输送量达到设计输送量。管道经营期间的总输送量是体现它的建设和经营投资效果的基本指标。管道在运转前期处于最好的工作状态,实现这一目标,对于缩短基建投资的回收期和增大总经济效果有决定性影响。中期后,管道的输送能力因受各种因素的影响将逐渐降低,与此同时,管道的维修费用也将不断增加,这是管道输送能力变化的一般趋势。

(2)尽量提高和保持管道的输送能力。在其他因素不变的情况下,管道的输送能力基本取决于气体的净化程度以及管道的内部和内壁状况,这两个因素是相互联系的。气体的净化、清管和内涂层技术的发展,为不断提高管道输送能力提供可能性。输气管道应根据运行情况及时实施清管作业,清除管道内杂物、积液,减少管道内壁腐蚀,延长管道使用寿命。

(3)定期进行气质检测。输气管道的进气点(包括地下储气库中所储天然气进入管道的入口)应定期进行天然气各参数检测。其中,天然气的高位发热量、压缩因子、气质组分分析每季度一次;二氧化碳和硫化氢检测每月一次;水露点检测每天一次。当气源组成或气体性质发生变化时,应及时取样分析。

(4)采取有效的防腐措施,维护好管道的外壁绝缘层和阴极保护设施延长管道的使用寿命。内壁腐蚀主要发生在天然气含硫和含水的管道中,目前采用的内壁防腐措施以及时清管和加注缓蚀剂为主。

(5)定期检查、维护和修理管道设备。采用科学的检查方法,配备专用检测仪器,对管道的绝缘层损坏、腐蚀、漏气、变形等隐患及时发现和处理。维修工作应有严格的质量标准,从事维修和抢险作业应具有快速、机动和专业化的施工技术和机具。同时要有一套有效的防火、防爆、防毒等安全技术措施及相应的安全操作规程。

(6)合理编制输供气方案,择优选择需要运行的压气站和压缩机运行台数,以能耗最低为目标设定运作参数控制值,实现优化输供气。输气管道尽可能维持稳态工况,并使管线的流量尽可能接近用气流量。输气管道向用户供气的压力应符合合同规定的供气压力。输气管道应合理利用气源压力,当需要增压输送时,应合理选择压气站运行方式。制定合理的管道调峰(包括季调峰和日调峰)运行方案,制定合理的储气库运行方案,压气站特性和管道特性应匹配,在正常输气条件下,压缩机组应在整个系统合理的状态下运行。尽量减小压气站内的总压降,合理控制气体出站温度。

(7)加强对自用气量的管理,提高天然气商品率。提高计量准确度,使管道年输差控制在±5%的范围内。年输差计算公式为

$$Q_c = (V_1 + Q_1) - (Q_2 + Q_3 + Q_4 + V_2) \tag{2-2}$$

式中 Q_c——输气管道的年输差,m^3;

Q_1——1年内的输入管道的气量,m^3;

Q_2——1年内的输出管道的气量,m^3;

Q_3——1年内输气企业的自用气量,m^3;

Q_4——1年内输气管道的放空气量,m^3;

V_1——计算时间开始时,管道计算段内的储存气量,m^3;

V_2——计算时间终了时,管道计算段内的储存气量,m^3。

(8)加强运行管理。

①管道运行压力不应大于管道最高允许工作压力。管道内天然气温度应小于管线、站场防腐材料最高允许温度并保证管道热应力符合设计要求。管道宜采用SCADA系统对管线生产运行实现监控。应根据管道运行压力、温度、全线设备状况和季节特点,通过优化运行进行调峰。对季节性用气量波动较大的地区,宜设置地下储气库进行调峰;在不具备建设地下储气

库的地区应考虑采用其他设施和方法调峰。建立各种原始记录、台账、报表,要求格式统一、数据准确,并有专人负责。

②应定期分析管道的输送能力和生产能力利用率。应及时分析设备、管道运行效率下降的原因并提出改进方案。应分析全线和压缩机组之间负载分配,优化运行,确保输送定量气体的动力消耗(总能耗费用)最小,实现在稳定输量下压缩机组的最优匹配。当输气工况发生变化后,应及时分析使输气管道从初始状态尽快转换到新的稳定状态,并使新工况的实际运行参数与规定运行参数的偏差最小和输气费用最小。应对清管效果和管道输送效率下降的因素进行及时分析。应定期对管道水力及温度、气质参数进行分析,及时掌握管道泄漏和可能造成的堵塞等异常现象,并及时确定泄漏或堵塞位置。管线在技术改造后,应对管线运行进行全面分析。应根据管道内检测和外防腐层调查结果、管输介质组成、管材特性、管道沿线自然和社会状况等,定期对管道的安全可靠性进行分析与评价。

③根据输供气合同,制定合理的输供气计划和运行方案。当输供气计划发生变化时,应根据管输系统现状和用户类别及时调整运行方案。当运行方案发生变化时,应提前与上游供气方和下游用户协调,做好气量调配工作。

④各种仪表及自动化设施管理应符合规定,确保现场检测仪表性能完好和正确设置。

2. 管道运行参数工艺计算

1)输气量

输气管道的沿线地形起伏高差小于 200m 时,高差产生的压降很小,在工艺计算时可以忽略其影响。这样的管道可视为水平管道,管道与水平间倾角为 0,由气体的流动方程、连续性方程、气体状态方程整理后可得输气管道的质量流量计算公式:

$$M = \sqrt{\frac{(p_Q^2 - p_Z^2)A^2}{ZRT\left(\lambda \frac{L}{d_n} + 2\ln\frac{p_Q}{p_Z}\right)}} = \frac{\pi}{4}\sqrt{\frac{(p_Q^2 - p_Z^2)d_n^5}{ZRT\left(\lambda \frac{L}{d_n} + 2\ln\frac{p_Q}{p_Z}\right)}} \qquad (2-3)$$

式中 M——天然气的质量流量,kg/s;

p_Q——输气管道计算段的起点压力,MPa;

p_Z——输气管道计算段的终点压力,MPa;

A——输气管道径向截面积,m²;

Z——天然气在管输条件下压缩系数;

R——天然气的气体常数,J/(mol·K);

T——天然气的平均温度,K;

λ——水力摩阻系数;

L——输气管道计算段的长度,m;

d_n——管道内径,m。

式(2-3)中 $p_Q^2 - p_Z^2$ 表示管道系统的能量供应对管道输量的影响;$\lambda \frac{L}{d_n}$ 表示管道的沿程摩阻损失对输量的影响;$2\ln\frac{p_Q}{p_Z}$ 表示随着压力下降,流速增加对输量的影响。对于长距离输气管道来说,由于距离长,与 $\lambda \frac{L}{d_n}$ 相比,$2\ln\frac{p_Q}{p_Z}$ 的数值很小,可以忽略其影响;对于距离短、压降大的输气管道,两者的差距不是很大,通常应考虑后者的影响。

因此,对于平坦地区长距离输气管道,式(2-3)可简化为

$$M = \frac{\pi}{4}\sqrt{\frac{(p_Q^2 - p_Z^2)d_n^5}{ZRT\lambda \frac{L}{d_n}}} \tag{2-4}$$

为使用方便,常需将质量流量换算成工程标准状况下的体积流量:

$$Q = \frac{\pi}{4}\frac{T_0\sqrt{R_a}}{p_0}\sqrt{\frac{(p_Q^2 - p_Z^2)d_n^5}{\lambda Z\rho_d TL}} = C_0\sqrt{\frac{(p_Q^2 - p_Z^2)d_n^5}{\lambda Z\rho_d TL}} \tag{2-5}$$

式中 Q——气体流量(p_0、T_0 状态下),m^3/d;
T_0——工程标准绝对温度,293K;
p_0——工程标准大气压,0.101325MPa;
R_a——空气的气体常数,287.1J/(mol·K);
ρ_d——天然气的相对密度,通常为 0.58~0.62;
C_0——与公式各个参数采用的量纲有关的常数。

按天然气管道运行规范(SY/T 5922—2012),水平输气管道体积流量的计算公式为

$$Q = 11522Ed^{2.53}\left(\frac{p_Q^2 - p_Z^2}{ZLT\rho_d^{0.961}}\right) \tag{2-6}$$

式中 E——输气管内效率系数;
d——输气管内直径,cm。

一般对高差不超过 100~200m、在地形比较平坦地区的输气管道都可按式(2-5)进行水力计算,这是由于天然气的密度小,高差所引起的能量损失也很小。但在地形起伏、高差较大的情况下,不计高差和地形的影响,会造成很大误差,特别当输气管道的压力较高时,误差更大(ΔQ 可达 ±10%)。因此,凡是在输气管道线路上出现有比管路起点高或低 200m 的点,就必须在输气管道的水力计算中考虑高差和地形的影响。其相应的考虑起终点高差的输气公式为

$$M = \frac{\pi}{4}\sqrt{\frac{[p_Q^2(1 - a\Delta S) - p_Z^2]d_n^5}{\lambda ZRTL\left(1 - \frac{a\Delta S}{2}\right)}} \tag{2-7}$$

其中

$$a = \frac{2g}{ZRT}$$

式中 ΔS——终点与起点的高差,m。

2) 管道内平均压力

当输气管道停输时,管道内压力并不会像输油管道那样立刻消失,而是仍处于压力状态下,高压端的气体流向低压端。这样,起点压力就逐渐下降,而低压端因有高压气体流入,终点压力逐渐上升,最后两端压力达到某个平均值,即平均压力,这就是输气管道中的压力平衡现象。管道内平均压力为

$$p_{cp} = \frac{2}{3}\left(p_Q + \frac{p_Z^2}{p_Q + p_Z}\right) \tag{2-8}$$

式中 p_{cp}——管道内平均压力,MPa;
p_Q——管道计算段内起点压力,MPa;
p_Z——管道计算段内终点压力,MPa。

3) 管道沿线任意点气体压力

管道沿线任意点气体压力为

$$p_x = \sqrt{p_Q^2 - (p_Q^2 - p_Z^2)\frac{x}{L}} \qquad (2-9)$$

式中 p_x——管道沿线任意点气体压力,MPa;
x——管道计算段起点至沿线任意点的长度,km。

4) 管道沿线任意点气体温度

当不考虑节流效应时,管道沿线任意点气体温度可按苏霍夫公式进行计算:

$$T = T_0 + (T_Q - T_0)e^{-bL} \qquad (2-10)$$

其中

$$b = \frac{K\pi D}{Mc_p}$$

式中 T——管道沿线任意点气体温度,K;
T_0——管道埋设处的土壤温度,K;
T_Q——计算管道的起点温度,K;
K——传热系数,(W/cm²·K);
D——管径,m;
c_p——比定压热容,J/(kg·K)。

5) 管道内平均温度

输气管道沿线温降曲线与沿线坐标所包的面积和某一温度与沿线坐标所包的面积相等时,称该温度为平均温度,即

$$T_{cp} = T_0 + (T_Q - T_0)\frac{1 - e^{-bL}}{aL} \qquad (2-11)$$

式中 T_{cp}——管道内平均温度,K。

6) 输气管道末段储气量

输气管道末段,是指最后一个压气站出口到城市配气站进口之间的管段,其终点压力是城市配气站的进站压力,流量是配气站向城市的供气流量。由于配气站向城市的供气流量是随用气量的变化而不断变化的,所以末段的终点压力也是不断变化的。输气管道末段具有一定的储气能力,可以在一定程度上调节城市用气的日平衡。

按天然气管道运行规范(SY/T 5922—2012),管道的储气量计算公式为

$$Q_{储} = \frac{VT_0}{p_0 T}\left(\frac{p_{1m}}{Z_1} - \frac{p_{2m}}{Z_2}\right) \qquad (2-12)$$

式中 $Q_{储}$——管道的储气量(p_0 = 0.101325MPa,T_0 = 293.15K),m³;
V——管道容积,m³;
T——气体平均温度,K;

p_{1m}——管道计算段内气体的最高平均压力,MPa;
p_{2m}——管道计算段内气体的最低平均压力,MPa;
Z_1、Z_2——对应 p_{1m}、p_{2m} 时的气体压缩系数。

第三节　管道的调度管理

一、调度管理的原则

调度管理就是以阶段性的生产特点和在实施过程中随时掌握的上、中、下游动态变化为基础,控制其中的主要环节,协调资源并达到一致。为发挥调度的作用,必须全面掌握运行状况,合理对系统进行控制并协调运行各个环节,达到统一组织和指挥的目的,保证高效安全地完成生产任务。要做到这些必须遵循:

(1)统一性。调度管理工作要高度统一,能够保证整个活动沿着正确的轨道运行,使其良性发展。

(2)预见性。调度管理要以预防为主,其中的调度人员要具有预见性,对那些可能会发生的问题采取措施,做到心中有数和实际操作中有准备。

(3)计划性。计划是调度管理的基础,实际生产必须要以计划为根据,并结合现实生产进行调度管理,同时还要具有一定的灵活性,保证已经定好的目标的高质量完成。

(4)及时性。一旦发现问题要及时把得到的信息进行反馈,准确地解决问题,控制中心要能够迅速了解掌握作业计划中可能出现的各种状况,灵活采取措施,保证生产能够正常运行,避免造成损失。

二、调度管理的具体要求

1.对资源的管理

(1)油气资源:气田资源包括气井的种类、数量、分布、产气能力,净化装置处理能力和调节能力,气田用户及用气量。气井的数量及产气能力决定上游资源的贫富程度;气井的种类和分布决定管道增减气量的难易程度和响应时间;净化装置处理能力和气田用户用气量决定管道在各个阶段获得资源的难易程度;净化装置的调节能力决定管道波动对净化厂影响的大小。通过了解上游气田资源,研究气田对长输管道的影响及作用,对气源供气方式提出经济、合理的要求,从而实现充分利用上游资源而使管道工艺经济优化运行。

(2)管道资源:主要包括输送量、储存量,前者取决于长输管道的直径、长度以及起终点的压力情况,其中,起点压力是主要因素;后者决定了调整峰值和抵抗意外风险的能力。

(3)用户资源:主要包括城市管网、用气的规律结构以及能力大小,还有储气设备。城市管网和储气设备的能力能够决定管道峰谷比和在特殊情况下调节的能力;用气的规律结构以及能力大小决定了资源的利用率和管道随季节变化的峰谷比值。

(4)调度管理资源:根据石油天然气管道运输管理系统的特点,对其工艺参数动态的实时监控是很有必要的,可以借助 SCADA 系统来对数据的采集建立起一套完整的调度管理系统。此系统将利用卫星把沿途的管线 PLC(可编程逻辑控制器)的信息进行分点传送,这就方便对信息进行实时监控,对那些大型设施也可以进行动态分析和远程操控。因为管网会变得越来越复杂而且大型设施也会增多,这就可以利用软件来模拟管道运行的状况,达到优化方案的目的,使经济效益最优化。

2. 调度的控制与管理

调度的控制与管理是指对石油天然气企业进行生产过程控制和日常生产的管理,以保证任务目标的完成。

(1)进行安全生产控制。调度员作为生产活动直接管理者,一定要有相当强的生产安全意识,在发出调令前要了解生产的实际状况,无论做什么任务都要把安全放在首位,此后才能积极处理各项问题,稳定生产,控制那些不够安全的因素,使公司的生产活动保持平稳的状态,确保生产目标的顺利完成。

(2)对事故的控制与管理。当管道受到威胁、运行不正常时要及时采取相应的措施来弥补,完善此问题相应的应急预案,做好抢险前后的事故处理。尤其是一些牵头的组织,要有对突发事故控制的能力,避免灾害事态的扩大,将可能发生的危险降到最低。

(3)对调度工作进行全面控制管理。在不同的季节,调度工作的重点内容是有变化的,因为要根据各个季节变化的不同特点以及气源供应的情况来充分利用资源,编制实际的运行方案,科学合理地进行调度安排,努力克服那些不利因素,稳定社会局面,保证各个用户能够安全正常地度过各个季节。

三、调度管理的基本步骤

调度管理包括分析运行资料、编制运行计划和运行调度三个基本步骤。

(1)分析运行资料:对委托管道承运的油品种类和数量、交付输送的时间和地点、油品的物性,以及管线各泵站收发油品应具备的条件等进行分析和研究,编制出年度计划,做好完成管道年度任务的技术准备。

(2)编制运行计划:在分析运行资料的基础上,编制出指令性强的全线运行计划和各站的运行计划。编制成品油月份或旬的全线运行计划时,要标明各批油品的名称、编号、物性和输量;标明各批油品到达各站的时间和进入的油罐;明确各批油品输送的顺序和分输时间、分输量;确定各批油品的运行参数;标明有无清管作业和计划性停输作业。编制月或旬的各站运行计划时,要明确各站进油任务、倒罐流程;安排倒罐作业、启泵和停泵或倒换泵的作业、流量计标定和清管器接收与投入作业以及各旬的设备维修计划等。

(3)运行调度:按运行计划进行全线指挥、调整、监视等工作,以保证按运行计划完成输送任务。调度人员先对运行计划进行核对,并作适当修改,然后根据计划下达调度指令。全线运行情况均反映到调度室,调度室进行全面监视。顺序输送时跟踪各批油品界面的准确位置,预报分输站切换流程和分输的时间;与此同时,跟踪清管器的运行位置等。一旦发生事故,调度人员应负责立即处理,采取措施,下达指令,更换运行参数,以减小事故对计划的影响。

四、成品油管道的调度

成品油管道(管网)的输油调度(现在由中心控制室完成),是一项非常重要、十分严密细致的工作。对成品油管道的管理,有三条最基本的要求,其中一条就是要有经验丰富的调度人员。成品油管道(管网)的总调度室(即中心控制室,下同)是管道(管网)运行的"中枢神经"。生产调度人员负责全线停输油命令的下达、工艺流程的切换(如遇管道事故等特殊情况)、管道设备和事故紧急处置时的调度指挥、各种运行参数的调节、各批次油品进入管道和到站卸油时间的掌握及协调等工作。

1. 调度工作及调度员的基本职责

1) 调度工作的基本职责

(1) 管道在优化运行的条件下保证完成成品油的接收、输送和交付的计划任务。

(2) 与炼油厂、铁路、水运和油品销售单位的调度工作协调关系。

(3) 对商品油平衡状况进行控制。

2) 总调度室调度员的基本职责

(1) 协调首站、中间泵站(包括卸油站)、终点站调度员完成成品油接收计划方面的工作。

(2) 依据运行程序每天规划从委托方(如炼厂等)接收成品油以进行管输,并将这些计划下达至各站调度员,控制这些计划每天的完成进度。

(3) 选择和控制成品油管道整个工作,保证每一输油站的工作处于最佳状态。

(4) 控制输油站管道运行的工艺流程。

(5) 组织和控制输送顺序,及时采取措施以防形成过多的混油,测算沿管道顺序输送成品油的批量,控制向管道进油的中间站和接收成品油的末站的成品油基本质量参数。

(6) 每隔2h统计一次成品油在管道中的流动情况,并反映在日调度图表中;计算管道输送2h成品油的平衡,以确定成品油有无泄漏;采取措施以判明成品油管道不平衡的原因,直至停输并由线路维修工检查成品油管道的线路。

(7) 及时通报各站调度员有关改变输送工程工况的信息,以加强他们对其所属泵站工作的监控。

(8) 保证干线成品油管道、泵机组和动力设备的停用时间,以便进行日常维修和大修。

(9) 保证实施成品油管道或油罐的技术操作规程、安全和消防技术规程。

(10) 指挥顺序输送,控制输送工况,确定所输成品油的输送顺序和批量,控制接收油品和油品通过中间泵站时顺序输送油品的质量,指挥在末站接收和分储混油;控制清管器和隔离器在成品油管道中的移动情况。

(11) 采取措施以减少成品油管道发生故障时的油品损失,并控制排除故障的工作过程。

顺利、有效实施调度工作的基本条件之一,是总调度室调度员与成品油管道所有环节、炼油厂、铁路和水运调度以及各站有可靠的联系(依据苏联干线成品油管道技术操作规程,中断通信2h以上时,调度员必须停止输油)。因此,由通信中断而引起的每次异常,就是事故状态,应当迅速排除。

3) 各站调度员的基本职责

(1) 控制给定的输送工况,给泵站操作员下达输送工况、启动、停输和倒换泵机组的命令。

(2) 领导线路维修工和泵站全体值班人员的工作;控制油罐及其设备、工艺汇管的状态,及时采取措施以防止成品油的可能损失。

(3) 办理油品交接文件。

(4) 监督值班人员遵守安全技术规程。

(5) 督促各工种操作员及时对设备进行巡视,本人也不间断地巡视站内各类设备。

(6) 每隔2h,准确无误地打印本站输油参数和设备运行参数,并向总调度室汇报。

2. 调度员应具备的基本业务技能

目前的成品油管道(管网),在输送成品油时均采用不同油品种类、牌号分别顺序输送的原则。一个委托方交给管道一批油品输送,称为一个批次,这一个批次所输送的量称为批量。如果不同委托公司相向或相近油品可以由两批次混为一个批次输送,则必须经过两个委托方同意。因管道本身的情况(包括管道以外的因素)不同,成品油的顺序运行周期也各不相同。运行周期是指顺序输送起始的一种油品如无铅车用汽油到下次又输送无铅车用汽油时相隔的时间。每条成品油管道根据各自的特点,对油品输送中的一些具体问题都做出了相应的规定,生产调度人员须严格遵守,如干线最小批量、中途交油站最小一次泄油量的最低数等。这些与生产调度相关的问题,调度员必须十分注意。

3. 运行调度

成品油管道运行的最基本依据是运行程序。编制运行程序是建立在各委托方提供的各种成品油的批次、各批次油品的数量、提供油品的站和油库的名称、要求管道交油的地点和日期等信息的基础上的,总调度室调度员必须全面按照运行程序(包括排出的周期运行程序,以及在此基础上编出的生产调度)执行。总调度室调度员应与全线各站调度员及管道操作人员随时取得联系,使成品油按运行程序在管道中流动。

大型成品油管道(管网)的总调度室调度员,应把握好三个方面的问题:一是监视管道运行中每个批次油品运行的位置和泄油情况;二是控制与操作遥控设备;三是向各现场的操作人员发布指令。调度员必须及时地了解每一批次油品相对各泵站或交油站的准确距离,以便能预报给交油站或泵站进行批次的变更。如交油站有泄油任务,经调度员预报后即可进行接油准备;调度员根据运行程序了解输入站对某个批次油品的准备情况,并通知或下达指令于某时刻以何输量和批次编号进入管道,同时掌握各输入站、泵站的运行工况以及交油站的泄油量,及时调整全线的输量。

成品油管道系统的运行情况是不断变化的,例如一个批次在输入站以 $120m^3/h$ 的输入量进入管道,但沿途交油站每日卸 $130m^3$,沿途卸出后下游流速逐渐减慢,这样到达某个交油站的时间就要变化,因此每 $1h$ 或更短的时间间隔内就要计算一次流量,同时每 $8h$ 要用计算机重新确定一下各批次的位置和管道中油品的数量。因此,调度员的工作是很紧张的。现在的管道调度工作都辅助以计算机及监控系统。

成品油管道各站都设有控制和保护系统,防止油泵在不正常的情况下(如在超低压输入或超高出口压力、电机超负荷,以及其他多种反常情况)运行。各站的独立保护系统不包括在本站自动控制与保护范围之内。

总之,成品油管道(管网)的运行调度,必须对全线情况了如指掌。同时通过及时收集各站各种运行参数,随时掌握输油动态,灵活机动地处理好可能出现的问题,依据管道运行程序,保障既定输油方案的顺利实施。

五、天然气管道的调度与优化

天然气管道的调度主要指根据天然气阶段性的生产特点,按照企业的销售计划,在组织实施过程中随时对上下游用户的动态变化进行监控和掌握,集中控制输气过程中的关键环节,使上、中、下游资源平稳调度,衔接一致,从而在保障管道安全、平稳地运行的前提下,满足下游各用户的用气需求。

1. 基本要求

(1)管道运行工艺计算参见第二节。

(2)管道运行压力不应大于管道最高允许工作压力。

(3)管道内天然气温度应小于管线、站场防腐材料最高允许温度并保证管道热应力符合设计要求。

(4)管道宜采用 SCADA 系统对管线生产运行实现监控。

(5)应根据管道运行压力、温度、全线设备状况和季节特点,通过优化运行进行调峰:①地下储气库是天然气管道的组成部分,对季节性用气量波动较大的地区,宜设置地下储气库进行调峰;②在不具备建设地下储气库的天然气消费地区应考虑采用其他设施和方法调峰。

(6)应建立各种原始记录、台账、报表,要求格式统一,数据准确,并有专人负责。

2. 调度管理

1) 调度指令

(1)调度指令只能在同一输气调度指挥系统中自上而下下达。

(2)变更石油天然气输送计划、输送生产流程、运行方式及运行参数的调整指令由调度下达。

(3)管道事故状态或管道运行受到事故威胁情况下的紧急调度指令由调度决定和下达;现场人员应及时采取应急措施,防止事态扩大并向上级汇报。

(4)调度指令可书面或电话形式下达。

(5)接受调度指令的单位应及时反馈情况。

(6)在运行管道进行作业性试验或检测时,管道运行参数或运行方式的调整应由调度统一指挥。

(7)调度通信除正常的专用通道外,还应备有应急通信通道,保证通信畅通。

2) 运行分析

(1)应定期分析管道的输送能力和生产能力利用率。

(2)应及时分析设备、管道运行效率下降的原因并提出改进方案。

(3)应分析全线和压缩机组之间负载分配,优化运行,确保输送定量气体的动力消耗(总能耗费用)最小,实现在稳定输量下压缩机组的最优匹配。

(4)当输气工况发生变化后,应及时分析,使输气管道从初始状态尽快转换到新的稳定状态,并使新工况的实际运行参数与规定运行参数的偏差最小和输气费用最小。

(5)应对清管效果和管道输送效率下降的因素进行及时分析。

(6)应定期对管道水力及温度、气质参数进行分析,及时掌握管道泄漏和可能造成的堵塞等异常现象,并及时确定泄漏或堵塞位置。

(7)管线在技术改造后,应对管线运行进行全面分析。

(8)应根据管道内检测、外防腐层调查、管输介质组成、管材特性、管道沿线自然和社会状况等,定期对管道的安全可靠性进行分析与评价。

3) 气量调配

(1)根据输供气合同,应制定合理的输供气计划和运行方案。

(2)当输供气计划变化,应根据管道系统现状和用户类别及时调整运行方案。

(3)当运行方案发生变化,应提前与上游供气方和下游用户协调,做好气量调配工作。

3. 调度优化模型

随着西气东输、川气东送等工程的建设和投产,我国经过多年的发展正在逐步形成全国性的大型输气管网系统,随之而来的是对运行调度的要求也在相应提高。目前我国天然气管道多依靠经验进行运行管理,虽然在绝大多数情况下调度方案是可行的,但不一定是最优的,调度员难以凭经验做出准确的判断。

1) 目标函数

(1) 最大收益目标函数。

根据天然气的不同销售价格和不同用户要求确定管网的输配气方案,可以建立以企业收益为目标的最大收益目标函数。天然气管道运营收益主要通过计算管网中天然气购销气收益与压缩机的能耗费用之差得到,而这两者是相互制约的:在管网中各个用户和气源的天然气价格固定的条件下,管网中的天然气流量增加,天然气的购销收益增加,但也使管网中提供压能的压缩机能耗费用相应增加。

因此,为了获得天然气管网运营部门的最大经济效益,天然气管网运营部门制定管网集输配气运行方案时需要同时考虑管网中天然气购销收益和压缩机的能耗费用,最大收益目标函数数学表达式为

$$\max F_1 = \sum_{i=1}^{N_n} \int_0^{T_t} S_i Q_i \mathrm{d}t - \sum_{j=1}^{N_c} C_j N_j - A - B - C \tag{2-13}$$

式中　F_1——收益目标函数,元;

N_n——管道系统中的节点数;

T_t——时间周期,d;

S_i——第 i 个节点购买气体或销售气体的费用系数,元/m³;

Q_i——第 i 个节点进(分)气量随时间的变化函数(进气时为正,分气为负,无气量为0),m³/d;

t——任意时刻;

N_c——管网系统中压缩机站总数;

C_j——第 j 个压缩机站功率有关的费用系数,元/W;

N_j——第 j 个压缩机站的功率,W;

A——管道及设备维护费用,元;

B——管道公司人员开支,元;

C——其他费用,元。

(2) 最大流量目标函数。

为了充分利用管道的输送能力,将尽量多的天然气输送至下游用户,所建立的以管网内天然气流量最大化为目标的最大流量目标函数表达式为

$$\max F_2 = \sum_{i=1}^{N_n} Q_i \tag{2-14}$$

(3) 混合目标函数。

天然气管网的调度有时不但要考虑管网内气体流量,也要权衡管道运营企业的经济效益。假设管网的购气价格和售气价格不变,此时管网的最大收益目标函数与最大流量目标函数共同构成混合目标函数,通过将最大流量目标函数与关于企业经济效益的函数相关联,所得到混合目标函数的数学表达式为

$$\max F = \alpha F_1 + \beta F_2 \tag{2-15}$$

其中
$$\alpha + \beta = 1$$

式中 α、β——权重系数。

在混合目标函数的制定过程中，α、β 两个权重系数可通过如专家打分法等多种方法进行设计。随着我国管道运营管理的日益完善，混合目标函数还可能考虑环境、能耗、安全等多种因素。

2) 约束条件

对天然气管道调度的优化过程中，为确定调度方案，需要考虑可调度资源量、下游用户需求、天然气管网工艺技术等多个约束条件。由于天然气资源开采的特点，在有限时间内进入管网的气量受到产量或气井、集气站、净化装置处理能力的制约；与此同时，管道运营企业所购买的天然气由于工艺技术的限制，管内天然气只允许在一定压力和气量范围内变化；另外，由于自身需要，下游用户对管网输送气量和压力有一定要求，因此管网进(输)气的压力和气量不能低于某一限定值；为了满足输送过程中管道的强度要求，管内输送的气体压力不能高于某一限定值；为了保证输气过程中管网的供气平衡，进入管网气体的总和应与流出管网气体的总和相等；若管网中还有其他特殊元件，还要对其工艺进行考虑。除上述要求外，还需要根据管道的不同可能对其他约束条件进行考虑。

(1) 进(分)气量约束：每个节点的用气量都应满足一定范围：

$$Q_{i\min} \leqslant Q_i \leqslant Q_{i\max} \quad (i = 1, 2, \cdots, N_n) \quad (2-16)$$

式中 Q_i——第 i 节点进(分)气量，m^3/d；
$Q_{i\min}$——第 i 节点允许的最小进(输)气量，m^3/d；
$Q_{i\max}$——第 i 节点允许的最大进(输)气量，m^3/d。

(2) 进(输)气压力约束：每个节点的压力都应满足有一定的范围：

$$p_{i\min} \leqslant p_i \leqslant p_{i\max} \quad (i = 1, 2, \cdots, N_n) \quad (2-17)$$

式中 p_i——第 i 节点进(分)气压力，MPa；
$p_{i\min}$——第 i 节点允许的最小压力，MPa；
$p_{i\max}$——第 i 节点允许的最大压力，MPa。

(3) 压气站处理能力约束：

$$N_j < N_{j\max} \quad (2-18)$$

式中 N_j——第 j 个压气站的功率，kW；
$N_{j\max}$——第 j 个压气站的允许最大功率，kW。

(4) 管道强度约束：管网系统中的管道需要在一定的压力范围内运行，即满足强度约束：

$$p_k < p_{k\max} \quad (2-19)$$

式中 p_k——管道 k 中的压力，MPa；
$p_{k\max}$——管道 k 中的最大允许操作压力，MPa。

第四节 成品油管道的运行管理

对于成品油管道(或管网)来说，由于分输和界面跟踪检测等自身的难度较大，需有一套完整的管理规定和管理原则，主要是：

（1）对干线最小批量和最大批量做出规定。

（2）关于油品的输入。通常在没有复线的情况下，全管道在一段时间内只能有一个输入站输入油品，按管道的全输量进油，其他输入站暂时停输。在有复线的情况下，某输入站可以不达到全输量进油，但必须规定最小输入量，且输入的应是相同种类的油品。

（3）关于油品的交出。根据管道情况制定出交油方式，如管道只能在一个交油站交油或可以在几个交油站同时交油；规定交油员的最小数目和一个批次最后留在管道里的油量。交油时间按一个批次通过某站的全过程确定，且注意进出站的流量限制和相互调节。若是在某站把一个批量全部卸完，则其下游输量为零，需停运下游站。作为一种管道段落的停输时应集中在一起泄油，以免频繁启停，不利于管道的管理。不得在非计划指定地点泄油，越过应交油的站而未泄油视为事故，并不得反向输油。

（4）关于保证油品质量。安排合理的管道油品顺序是保证油品质量的基本条件，对于像航空煤油这样的特殊油品必须分隔清楚，交油时的油品质量应与输入时的油品质量一致。有些油品是允许几个委托者的输入相混合的，例如煤油。一些油品的混油界面可做如下处理：①高级汽油与粗汽油之间的界面可以切割到一定的范围，但不降级；②粗汽油与煤油之间的界面可以直接切割到混油罐；③煤油与燃料油之间的界面可以部分切入燃料油；④燃料油与柴油之间的界面可以部分切入燃料油；⑤柴油与煤油之间的界面可以部分切入柴油。油品产生降级的界面在煤油与汽油和煤油与燃料油之间，这种界面的混油将造成运行的损失。可将界面的油收集到管道的终点站或结点站的混油罐中，以低价售给炼油厂重新加工，不宜用掺混稀释的办法处理。

一、成品油管道运行操作

1. 操作原则

1) 工艺流程操作原则

（1）流程切换操作实行集中制度、统一指挥。非特殊紧急情况下（如发生火灾、跑冒油、爆管等重大事故），任何人未经值班调度统一不得擅自切换流程。

（2）流程切换操作时严格执行操作票管理制度，操作时需一人操作一人监护。

（3）确认新流程导通后，方可切断原来流程。

（4）衔接高低压部位的流程，在导通流程时，必须先导通低压部位，后导通高压部位；切断流程时，必须先切断高压部位，后切断低压部位。

（5）阀门操作时，必须缓开开关，避免发生水击；向无压或从未进行升压的管线充压时，必须将阀门缓慢开启，待压力平衡后方可正常打开。

2) 管道启停输原则

（1）全线启输时，一般应从上游向下游依次启输；全线停输时，一般应从上游到下游停输，在特殊情况下，可从下游向上游停输。

（2）管道启输时，应按照最低输量启输，在全线平稳后再逐步提高流量。

（3）管道停输前，应先降低流量运行，使管线内流量平缓减少，防止出现憋压、液柱分离和压力、流量大幅度波动的现象。

3) 油罐操作原则

（1）浮顶罐在浮船起浮前，要控制进油速度不大于1m/s；浮船起浮后，控制进油速度不大于4.5m/s。

(2)拱顶罐在油品淹没进油管前,要控制进油速度不大于1m/s;淹没进油管200mm以上,控制进油速度不大于4.5m/s。

(3)正常情况下,油罐采取单罐接收油品或单罐发油操作流程,但油源供应紧张或罐容不足的情况下,可采取旁接输送流程。

(4)若旁接输送时需几个罐同时旁接,则应控制油罐间液位和基础高差不同可能引起的进、出罐流速或流速超限。

(5)采用旁接输送流程时,罐的使用要考虑异常情况下进罐或出罐流量是否超限。在采用旁接输送流程情况下进罐或出罐流量可能不超限,但若来油或外输突然停止,进、出罐流量则可能出现超限。当出现此种情况,则停止旁接输送,调节输送流量。

(6)油罐在收油时液位不能超过油罐安全高限液位,发油时不能低于油罐低限安全液位。

(7)炼油厂来油温度不允许超过规定值,超过规定值不得接收。

2. 首站的启输和停输

1)启输操作

(1)启输准备。接到调控中心启输指令后做好以下准备工作。首先调控中心通知:首站及沿线其他输油站启泵的时间及顺序;首站输送的品种和输送流程;运行工艺参数和配泵方案、启输的站场;设定控制权限,如为站控操作,根据调控中心指示将控制权限设置为站控,如为中控操作则将控制权限设置为中控。其次首站根据调控指示完成:检查确认供电系统、通信系统、控自系统等处于供电状态;电气操作岗送电,确认各检查设备、仪表处于正常状态;设置设备控制状态(远控或就地);根据单体设备操作规程,检查并做好机泵设备、流量计、过滤器、密度计等投用前的准备工作;检查确认泄压罐、污油罐内是否有油品及油品性质;确认泄压流程处于导通状态,泄压阀前、后阀及泄压罐进罐阀打开;完成油品计量等相关工作;工艺管道、设备的引压排气;导通进油和干线输油流程。再次调控中心完成:确认工艺和设备报警、安全连锁保护正常且处于投用状态;将输油泵、给油泵逻辑复位,使机泵阀门处于启动前初始状态(如输油泵进口阀全开,出口阀开度设为中间位);按要求设置好进出站调节阀、分输减压阀、流量调节阀的设定值和开度,出站调节阀开度一般设置为15%~20%。最后首站完成:确定现场工艺阀门、给油泵、输油泵等启输前初始状态是否正确;打开在线密度计进出口阀,启动在线密度计系统;上述工作完成后,向调控中心汇报。

(2)首站中控启输操作步骤。首先调控中心完成:通知输油站岗位人员到现场监护;根据输油流量和设备实际情况,确定即将启动的给油泵和主输泵位号;启动给油泵;当满足主输泵入口条件时,启动主输泵;当启动第一台(位于最下游)泵时,打开出站阀;根据配泵方案,相互间隔10s依次从下游往上游启动选用主输泵;启输完成,根据工艺参数要求调节出站阀。接下来首站人员按照检查项目对泵运行情况进行检查,泵运行正常后,向调度汇报。

(3)首站站控启输操作步骤。首先进行启输前准备:除了(1)中调控中心完成的内容由首站完成外,其余内容与(1)中相同。其次由首站完成准备工作:站控向调度汇报,并通知临近下游站。再次调控中心确认全线启输准备完成,通知全线站场即将开始全线启输。最后首站站控按调度中心指示进行启输操作:输油站岗位人员到现场监护;根据设备实际情况,确定即将启动的给油泵和主输泵位号;启动给油泵;当满足主输泵入口条件时,启动主输泵;当启动第一台(位于最下游)泵时,开启出站阀;根据配泵方案,相互间隔10s依次从下游向上游启动选用主输泵；启输完成，联系下游站和调控中心，了解参数情况，根据工艺参数要求调节出站阀；首站检查现场运行情况，并向调度汇报。

2) 停输操作

(1) 停输前准备。首先调控中心完成：通知首站及全线各站停输时间，全线各站同时做好准备工作；设定控制权限，如为站控操作，根据调控中心指示将控制权限设置为站控，如为中控操作则将控制权限设置为中控。其次首站完成：如正在进行回注，先停止回注并关闭流程；全面检查输油站设备运行情况，并向调度汇报；输油站人员到现场监护。

(2) 首站中控停输操作步骤。首先调控中心完成：确认全线停输准备完成，通知全线站场即将开始全线输；缓慢关小首站出站调节阀；当调节阀前后压差接近首站最下游一台运行泵的扬程时，开始停最下游一台运行泵；按主输泵停泵原则和操作步骤并相互间隔5s依次停输油泵；主输泵组停运后，延时10s依次停给油泵，相互之间延时5s；给油泵停运后，关闭相应油品进出罐阀及切换阀。其次首站人员现场停止密度计系统运行；由调控中心在停输完毕后，将首站控制阀门、输油泵等的逻辑及状态重置于初始状态，恢复站内流程；再由首站人员现场检查确认所有流程无误、相关设备全部停运后，向调控中心汇报。最后调控中心在停输首站的同时，对下游站进行调节和停输操作。

(3) 首站站控停输操作步骤。首先进行停输前准备：与(1)中内容相同。其次由调控中心完成：确认全线停输准备完成，通知全线站场即将开始全线输。再次首站站控完成：缓慢关小首站出站调节阀；当调节阀前后压差接近首站最下游一台运行泵的扬程时，开始停最下游一台运行泵；按主输泵停泵原则和操作步骤并相互间隔5s依次停输油泵；主输泵组停运后，延时10s依次停给油泵，相互之间延时4s；给油泵停运后，关闭相应油品进出罐阀及切换阀；首站人员现场停止密度计系统运行；在停输完毕，将站内控制阀门、输油泵等的逻辑及状态重置于初始状态，恢复站内流程；首站现场检查确认所有流程无误、相关设备全部停运后，向调度汇报。最后调度中心在停输首站的同时，对下游站进行调节和停输操作。

3. 中间分输泵站的启输与停输

1) 启输操作

(1) 启输准备。接到调控中心启输指令后做好以下准备工作：明确启泵的时间及顺序；检查确认供电系统、通信系统、控制系统等处于正常状态；通知电气操作岗送电；确认各检测设备、仪表处于正常状态；设置设备的控制状态；如为站控操作，输油站根据调控中心指示设置站控权限；根据单体设备操作规程，检查并做好机泵设备、流量计、过滤器、密度计等投用前的准备工作；检查确认泄压罐、污油罐内是否有油品及油品性质；确认泄压流程处于导通状态，泄压阀前、后阀及泄压罐进罐阀打开；确认安全联锁保护系统正常投用；导通干线输送流程（需在现场操作的阀门、过滤器等工艺设备）；确认油品分输流程，一是分输阀、油品切换阀处于全关状态，二是对应的分输油品切换阀处于全开状态，三是导通分输流程上需导通的手动阀门；确认干线油品为计划分输油品；完成油品计量等相关工作；按要求设置好进出站调节阀、分输减压阀、流量调节阀的设定值和开度，出站调节阀开度一般设为15%~20%；确认输油泵启动逻辑置于初始状态（如输油泵进口阀全开，出口阀开度设为中间位）；打开在线密度计进出口阀，启动在线密度计系统；上述准备工作和条件确认完毕，向调控中心汇报。

(2) 中控启输操作步骤。启输准备工作已完成；根据输送流量及设备状态，确定启动输油泵的位号；根据调控中心的指令，打开进站阀；中间泵站进站压力满足分输条件；打开分输阀门,进行油品分输调节等操作;控制油品分输以后的进站压力,使其稳定且满足启泵条件;当启动第一台输油泵时,开启出站阀;相互间隔10s依次从下游向上游一次启动主输泵;输油泵启动完成,调节出站调节阀开度以达到工况要求;按照检查项目对泵运行情况进行检查,泵运行正常后,向调度中心汇报。

2) 停输操作

(1) 停输准备。接到调控中心停输指令做好以下准备工作:明确停站时间;如为站控操作,输油站根据调控中心指示设置站控权限;如正在进行回掺或回注,先停止回掺或回注并关闭流程;全面检查输油站各设备运行情况,并向调度中心汇报;输油站人员到现场监护。

(2) 中控停输操作步骤。停输准备完成;先关闭分输切断阀,然后关闭油品切换阀,停止分输;缓慢关小干线出站调节阀;当调节阀前后压差接近最下游一台运行泵的扬程时,开始停最下游一台运行泵;按主输泵停泵原则和操作步骤并相互间隔5s依次停输油泵;停止在线密度计系统运行;停输完毕,站内控制阀门、输油泵等的逻辑及状态重置于初始状态;检查确认所有流程无误,相关设备全部停运后,向调度中心汇报。

(3) 站控停输操作步骤。输油站人员到现场做好准备后,按调控中心指示进行(2)中所有步骤的停输操作。在输油站进行停输过程中,调控中心监控并做好其他站停输准备工作。

4. 末站的启输与停输

1) 启输操作

(1) 启输准备。接到调控中心启输指令做好以下准备工作:确定启输时间及接收油品种类、总量、流量;通知油库做好油品接收准备工作,与油库计量人员一起确认、抄录流量计底数,导通油品切换阀至油库的流程,如为站控操作,输油站根据调控中心指示设置站控权限;确定油品切换阀处于关闭状态;启动流量计算机;确认安全联锁保护系统处于正常投用状态;导通站内流程,除进站阀和油品切换阀关闭外,导通其他输油流程,导通密度泵流程并启动密度计;设定进站减压阀及流量计后调节阀的初始开度;输油站人员到现场监护;上述工作完成后,向调控中心汇报。

(2) 中控启输操作步骤。打开油品切换阀门;当进站压力满足允许值时打开进站阀;根据进站压力、流量及减压阀后压力调节进站减压阀开度;现场监护检查确认后,上报调控中心。

(3) 站控启输操作步骤。在输油站人员做好现场准备后,根据调控中心指示并按照(2)进行站控操作。

2) 停输操作

(1) 停输准备。输油站接到调控中心停输指令后完成以下准备工作:明确停输时间;通知油库做好停止分输的准备工作;如在进行油品回注或混油回掺,则先停止回注或回掺并关闭流程;全面检查末站设备的运行状态,输油站人员到现场监护;准备工作完成向调控中心汇报。

(2) 中控停输操作步骤。如在停输后对进站压力有要求,则应先逐渐调节进站调节阀或减压阀,使进站压力缓慢上升,当进站压力达到规定值时,关闭进站阀,然后关闭油品切换阀;停运密度计系统;输油站与油库一道记录流量计表底数;检查确认设备正常、流程无误后,向调控中心汇报。

(3) 站控停输站控操作。在输油站人员做好现场准备后,根据调控中心指示并按照(2)中所有步骤进行站控操作。

5. 管道全线中控启输操作

1）外部条件准备

（1）调控中心提前通知炼油厂或油库等供油单位做好输油准备，首站或供油单位对应岗位做好数质量交接，供油单位导通相应流程。

（2）分输站和末站根据指令联系油库做好油品计量、导通油品进库流程等准备工作。

（3）输油站确认分输油库接收油品的油罐及流程。

2）全线启输条件及准备工作

（1）调控中心根据输油计划安排，确定全线启输时间，并将输油计划及时通知沿线输油站；录入批次编号、批次顺序、混油界面位置、混油量、分输总量、分输流量及时间等。

（2）调控中心指示、安排和协调输油做好启输条件准备、确认工作，并对全线启输条件进行最终确认。

（3）输油站根据调控中心指示和安排做好如下准备：确认外管道线路所有的手动阀室和单向阀室内的手动阀门处于全开位置、单向阀处于正常状态；确认工艺、电气设备及自控仪表、通信等处于完好状态；设置输油泵、阀门、调节阀、减压阀等设备的控制状态（远控或就地）；供电和通信系统工作正常；确认设备、电气、工艺、连锁、报警等设定值或给定值正确；出站调节阀、支线调节阀、减压阀、流量计后调节阀初始设定值正确，且实际开度与初始给定值对应开度相符；工艺参数如流量、压力给定值正确；各项报警、连锁设定值正确；各种安全联锁保护、报警系统投用且正常；各输油站 SCADA 控制权限处在要求状态（中控）；输油站根据调控中心指示导通输送流程，工艺设备、阀门等处于管道启输前的初始状态（包括与输送流程相关的手动阀门）；检测仪表、设备和安全保护设施及流程正常投用，如进、出站泄压阀及泄压流程投用正常，泄压阀前后阀门及泄压罐进罐阀处于全开状态，安全阀正常投用；流量计系统处于正常状态；主输泵和给油泵满足启泵条件，即泵进口阀门处于全开状态，出口阀门处于设定的开度（即中间位），泵体及管路排气完毕，送上电源；确认干线末站和支线末站进站阀门处于全关状态。

（4）进站阀全开，出站阀、越站阀全关。

（5）调控中心负责投用油品批次跟踪和管线泄漏检测系统。

3）启输过程

（1）调控中心发出全线启输的准备指令，传送相关参数给各输油站。

（2）各站输油场确认各项准备工作完成，上报主调度。

（3）调控中心最终确认全线输油站和中控的准备工作完成，通知全线各输油站人员到现场监护。

（4）根据启输开泵方案，选择所需运行机泵。

（5）调控中心按从上游向下游的顺序启输各站。

6. 管道全线中控停输操作

1）计划停输

（1）准备工作。确定混油段的位置，尽可能将混油界面停在不会引起混油量大量增加的位置，即密度小的油品位于海拔高的地段，密度大的油品位于海拔低的地段；根据输油计划的安排及混油段位置,确定最佳停输的时间;通知沿线各输油站、分输油库和供油单位全线停输计划;沿线各站混油回掺或油品回注均停止;向调控中心主管领导请示;通知全线各输油站全线计划停输时间,各输油站人员到现场监护。

(2)停输过程。调控中心发出全线停输准备的指令;沿线各输油站确认停输准备完成,并上报调控中心调度岗;调控中心确认输油站准备工作完成;调整各站出站调节阀开度,逐渐降量;从上游向下游进行逐个输油站停输。

2) 紧急停输

由于输油管道沿线或输油站出现意外情况必须进行全线紧急停输时,可由调控中心通过中控操作进行全线停输,或者沿线输油站根据调控中心指挥及指令通过站控或者就地操作进行全线停输。

输油管道可能发生的意外情况有管道泄漏、管道破裂或断裂、输油站跑漏油、管线憋压、油罐冒罐、输油站火灾等。

紧急停输时以事故点为界,事故点上游按从下游向上游顺序停输各站,事故点下游按从上游向下游顺序停输各站。

7. 输油站基础工艺操作

输油站基础工艺操作包括输油泵机组操作、油品分输操作、过滤器切换操作、油品输入操作、收发球管理、混油切割、混油处理、越站流程切换和混油控制等。

1) 油品输入

(1)油品从自备罐输入。

输入准备:调控中心根据批输计划,提前通知输油站做好输入准备,确定油品输入流量和输入时间;通知输油站导通自备罐相应流程;油品输入阀处于远控状态,输入调节阀处于正常状态;所有检测仪表处于正常状态;输油站人员现场监护。

输入中控操作包括部分流量输入操作和全流量输入操作。

部分流量输入:当油品由双油源共同提供时,新输入站的油品采取部分输入的形式输送。调控中心根据批输计划将新输入站的输入流量、输入总量、预计开始时间等信息下达到输油站;混油界面全部经过新输入站后,方可进行输入操作。计算输入前2h,新输入站做好输入准备;给油泵做好启动准备,导通即将输入油品的供油流程;原输入站至新输入站之间的输油站和管道如需降量运行时,应先做好降量的准备;混油界面全部经过输入站后,开始输入操作:开启输入站给油泵,调节出站流量、压力,同时控制干线上游来油流量、压力,直至达到计划输入流量;要求输入期间上游各站的出站流量保持主输泵最小连续稳定流量,输入站的出站流量小于主输泵的额定流量以免电动机超电流。

全流量输入:当新输入站作为单一油源向管道提供油品时,采取全流量输入的形式输送;调控中心根据批输计划将新输入站的输入流量、输入总量、预计开始时间等信息下达到输油站;混油界面全部经过新输入站后,方可进行输入操作;计算输入前2h,新输入站做好输入准备;给油泵做好启输准备、导通即将输入油品的供油流程;原输入站至新输入站之间的输油站和管道做好停输或者分段运行的准备;混油界面全部经过输入站后,开始输入操作:开启输入站给油泵,调节输入站出站调节阀,同时控制上游来油流量、压力,并开始停输上游各站主输泵及分输。

(2)油品从管线直接输入。

一般不建议从正在运行的长输管线向另一正在运行的长输管线直接进行输入操作,如果要进行该类直接输入操作,应按全流量或部分流量输入分别编写操作步骤及注意事项,其操作从自备罐中输入基本相似,但需同时对两条管线进行调节和操作,并控制好输入点来油的压力和流量。

2)油品分输

此操作是针对混油段前后合格油品的分输,对于不分输混油段的中间站,当混油经过该站时需要提前停止前行油品的分输,直到混油过站后再开始后行油品分输。油品分输操作包括启动分输、停止分输、质量流量计切换、分输油品切换、质量流量在线计标定、分输流量调节。

(1)启动分输。

准备工作包括油库接收准备和站内分输准备。油库接收准备要完成:根据输油计划与油库方共同确认油品品种、批次号、批次量、分输时间、接收油罐号等信息;根据油库方提供的条件确认单确定油库相应油品接收罐进罐流程已导通,必要时输油站岗位人员与油库方共同到现场进行流程确认和油罐检尺等相关工作。站内分输准备要完成:确保经过该站的管道内油品与计划接收的油品牌号一致,分输切断阀全关,分输流程排污阀、排气阀全关;设定减压阀初始开度,减压阀上下游阀门全开;对于分输流程上有过滤器的输油站,投用其中一路过滤器;选择代用质量流量计,打开其上下游阀门,并确定备用流量计前阀门关闭,确认质量流量计后调节阀在合适开度;打开分输油品对应的切换阀门;对非分输油品的切换阀门进行内漏检测,检漏阀无油品流出;输油站与油库双方共同进行质量流量计现场读数确认。

就地启动油品分输操作:根据调度指令,当进站压力满足分输条件时,打开分输切断阀开始油品分输;调节分输减压阀开度,在减压阀后压力不超压的情况下,将分输流量调整到计划值;当分输站为末站时,管道启输过程中进站压力上升较快,需要及时开启油品分输以免进站压力超高;操作完毕后进行现场巡检,包括设备无异响、无泄漏、质量流量计走数正常。

(2)停止分输。

停止分输前准备:明确停止分输时间;检查输油站现场各设备运行情况,并向调控中心汇报;根据计划输油站与油库双方共同确认油品品种、批次号、批次量、停止分输时间等信息。

停止分输操作:如果正在进行混油回掺或者污油(泄压油品)回注,在停止分输前,应先停回掺和回注;分输总量等于分输计划总量时,先关闭本站分输切换阀,然后关闭分输油品切换阀;检查停止分输后该油品切换阀的内漏,确定检漏阀无油品流出;输油站与油库双方共同进行质量流量计现场读数;确认所有流程无误、相关设备全部停运。

(3)质量流量计切换。

当分输过程中因在用质量流量计发生故障或者流量计需要标定、量程范围不适合需要进行质量流量计切换。具体操作如下:确认备用质量流量计完好;输油站通知油库需进行流量计切换,共同读取设备流量计底数;将质量流量计后调节阀调到合适开度,打开备用质量流量计前后阀门,确认油品流经该流量计(走数变化)后,关闭原质量流量计前后阀门,停用原质量流量计;输油站与油库共同读取原使用流量计的读数。

(4)分输油品切换。

末站分输或分输两种性质相近的油品时需连续进行,一般不停分输,只对油品切换阀进行切换操作。具体操作如下:核算界面到达本站的时间,输油站通知油库提前导通后行油品的接收流程;确认进站密度计系统运行正常,密度值显示正确,当前油品分输一切正常;在界面到达本站时,打开后行油品的切换阀,待阀门全开后关闭前行油品切换阀。

(5)质量流量计在线标定。

质量流量计在线标定必须在油品分输时进行,以图2-1为例介绍交接流量计1的标定。首先确认交接流量计1正在进行分输油品计量,且流程畅通,即阀1、阀5、阀7全开,将阀3(调节蝶阀)设置合适开度,阀8、阀9关闭;交接流量计2处于停用状态,其流程关闭,即阀2、阀6全关;质量流量计连接标定系统的流程关闭,即阀10、阀11、阀12、阀13全关;连接好移动式标定体积管;打开阀10、阀12、阀13,确定标定体积管流程畅通后关闭阀5;标定体积管与交接流量计1串联连接,流过的油品流量相同,以此为基础进行交接流量计1的标定。

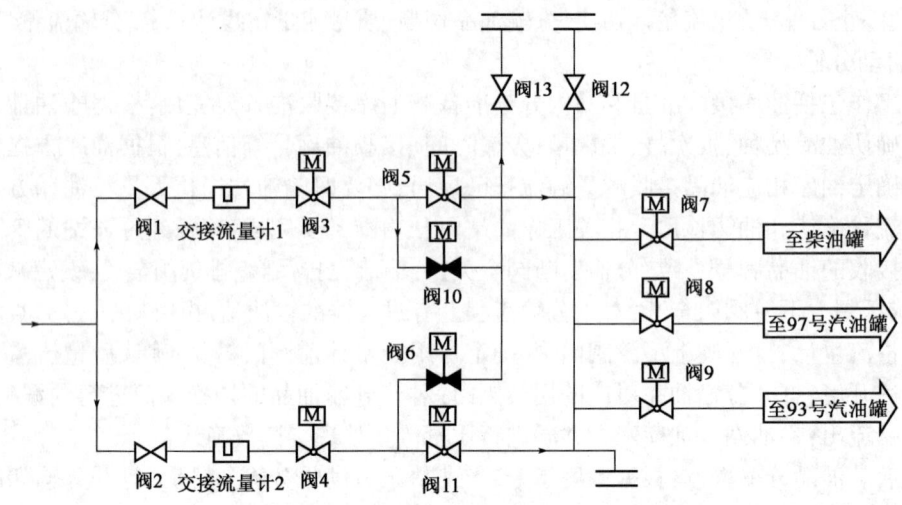

图2-1 质量流量计在线标定流程图

(6)分输流量调节。

由于市场需求、计划及管道运行的变化,需要调整分输流量。分输流量由分输减压阀进行调节,流量计后调节蝶阀用于调节流量计下游的背压。当流量的增量调节幅度较大时,应先将调节蝶阀全开以免造成低压部分憋压。

3)混油切割

根据不同情况混油切割可采用不同方式,一是将混油段切入混油罐内,二是直接将混油分两段分别切入前行及后行油品之中。对于直接将混油分两段分别切入前行、后行油品的情况,在确定好切割点后,操作过程与连续油品分输切换基本相同,可参考该种操作。对于将混油段切入混油罐内的情况,一般将混油段分为混油头、混油段、混油尾三部分,把混油头切入前行油品罐中,混油尾切入后行油品罐中,中间的混油段切入混油罐中。

(1)准备工作。根据输油计划和当前进站流速,计算混油界面到站时间。提前4h进行以下工作:启动密度计泵,确保密度计系统工作正常;混油罐检前尺,计算混油罐可接收罐容,确保能接收预计的混油量,确认混油进罐的罐号、顺序及混油切割密度值;确认混油切换阀全关,混油接收罐进罐流程已导通。在混油到站前密切监视密度计和质量流量计参数,以及时发现混油到站。

(2)混油切割操作。当密度计数值达到预定的起始切割值时,打开混油切换阀,待阀门全开后立即关闭前行油品切换阀门;提前计算好对应混油浓度的密度值,按照混油密度变化进行混油罐的切换;当密度计数值达到预定的切割值时,开启下一个混油罐入口阀,待阀门全开后,立即关闭当前混油罐入口阀;当密度计数值达到合格油品切割值时,开启后行油品切换阀,待阀门全开后,立即关闭混油切换阀,开始合格油品分输。

(3)注意事项。对于不同的混油界面,要注意富柴(富汽)混油罐的接收顺序,确保不同浓度的混油与相应的混油罐一致;如果密度计系统故障,则应进行人工采样测密度确定混油界面到站;混油分输完成后需要对混油罐检尺,并计算混油接收量;混油接收完成后,需要联系库区完成前行油品的交接工作。

4)混油处理

分输到混油罐内的混油不能作为合格油品进行销售,需进行回掺和蒸馏、降级处理。混油回掺是在保证油品质量指标合格的前提下将混油按一定的比例回掺至合格油品中的处理方法,中间分输站、混油量少或质量潜力大的末站一般采用回掺处理。蒸馏是利用混油中各组分挥发度的差别,使混油部分汽化并使蒸气部分冷凝,从而将汽油与柴油分离开来,形成合格的汽油及柴油,一般在混油量大的末站采用蒸馏装置对混油进行处理。无法回掺或蒸馏处理的混油则进行降级销售处理。

混油回掺操作:根据分输计划和分输油品的质量指标以及混油浓度确定回掺混油的比例,并下达至输油站;输油站设定回掺比例;导通混油回掺流程;根据油品分输流量计的瞬时流量和回掺比例确定回掺泵的转速或回掺泵(离心泵)的出口流量;按回掺泵的操作规程启动泵,开始回掺;如需停止回掺,按操作规程停下回掺泵,关闭相应流程;混油回掺操作结束,上报调控中心。

5)混油控制

顺序输送过程中混油的形成无法避免,但可以在管道、输油站的设计以及操作运行方面进行改进和优化,以减少混油量。

(1)合理的工艺设计。在工艺设计上采取"从泵到泵"的密闭输送工艺流程,避免采用"从罐到罐"和"旁接罐"的工艺流程,减少在中间泵站油罐的混油。输油管道避免采用变径和并联复管,减少支盲管。防止出现翻越点,如出现翻越点,在翻越点后,自流管线将会出现不满流,流速增加,流动状态陡变,使混油量增加。优化站内工艺流程。汇管应简单、平滑、减少涡流。减少、缩短盲支管段,支管阀门靠近干线,减少站内混油。油品切换阀门采用快速切换阀门,缩短切换时间,减少初始混油。

(2)改进运行操作。为减少混油,应确保在紊流状态下输送,而且雷诺数应尽可能高,杜绝在层流状态下输送。分输或调节时,干线流量的降低不宜超过干线总输量的30%。合理组织油品输送顺序,在满足质量要求的前提下,应将性质相近的油品安排在一起输送。制定合理的批量与循环次数,每种油品的批量越大,形成混油的次数越少,产生的混油量也随之减少。减少油品切换的时间,以减少初始混油。避免管道长时间停输,如不得已需停输时,尽可能使混油段位置停在平坦的地段,并关闭线路上混油段两端的阀门,且应使密度小的油品位于密度大的油品高处。采用各种隔离措施将前后油品隔开,可以减少油品的混合,常用的隔离措施有机械隔离器、隔离液体。

8.运行参数和设备状态的监控及分析判断

1)输油泵运行参数和设备状态的监控及分析判断

(1)确定运行主输泵或给油泵位号,观察操作柱指示灯是否与运行状态一致。

(2)在运行的主输泵或给油泵附近听电动机及泵运行声音,判断是否有杂音。

(3)向站控室汇报现场电流表示数。

(4)通过视油镜观察电动机及泵的润滑油位是否在 1/2～2/3 之间,润滑油是否清澈无杂质、无乳化。

(5)打开机械密封保护罩上方盖子,观察机械密封泄漏情况。用秒表计时,若滴漏量超过规定值,即认为机械密封泄漏。

(6)使用测振仪测量泵的驱动端、非驱动端轴承振动值,向站控室汇报测量值。要求轴承振动不超过规定值。

(7)把听针细的一头对准轴承外壳部位,粗的一头贴近耳朵感受轴承转动的声音,判断泵和电动机运转中轴承的声音有无异常。

(8)使用红外线测温仪测量泵的驱动端轴承和泵外壳温度,向站控室汇报检测结果。要求温度不超过规定值。也可用手触摸泵体,以不烫手为宜。

(9)向站控室汇报泵进口及出口压力表示数,与压力变送器示数对比,确定压力表示数准确。

(10)用手轻拧泵及电动机地脚螺栓,确定地脚螺栓无松动。

2)输油站运行参数和设备状态的监控及分析判断

(1)进出站压力、流量。

对于密闭输送的管道系统,全线是一个统一的水力系统。在稳定的工况下,如果突然出现进出站压力、流量的变化,则需要分析可能出现的故障情况。

进出站压力均下降且进站流量减少,则可能出现以下情况:上游输油站甩泵、上游输油站进站或者出站阀门关闭、上游线路截断阀关闭、上游站间管线发生泄漏或者爆管。

进出站压力均上升且进站流量减少,则可能出现以下情况:下游输油站甩泵、下游输油站进站或者出站阀门关闭、下游线路截断阀关闭。

进出站压力均下降且进站流量增加,则可能出现以下情况:本站管线发生泄漏、本站设备的排污阀未关、泄压系统误动作。

进站压力上升出站压力下降且进站流量减少,则可能出现以下情况:本站甩泵、本站输油流程上阀门关闭。

(2)顺序输送混油界面密度。

输油管道顺序输送油品,在线密度由进站的密度计系统检测并上传至控制室(站控和中控)。如果预计的油头到达时间已至,密度计上传的密度值还没有变化,则应考虑以下因素:密度计系统未投用、密度计系统的过滤器堵塞、密度值信号上传故障。

3)油罐运行参数和设备状态的监控及分析判断

(1)观察油罐进出口阀门状态,确认罐流程与实际运行状况一致。

(2)储油罐有现场液位显示时,应向站控室汇报每台储油罐液位值。

(3)检查每台储油罐罐体及阀门是否有渗漏现象。

二、油品质量管理

1. 油品质量判定

调控中心及输油站应根据油源炼油厂(或油库)、分输油库提交的油品质检合格报告判断注入或分输油品是否合格,是否符合现行有效的国家、行业、地方标准或协议标准要求。

目前,我国执行的车用汽油标准为GB 17930—2016《车用汽油》;北京、上海、广州执行地方标准;我国部分省市使用车用乙醇汽油,即在乙醇汽油组分油中加入10.0%(体积分数)变性燃料乙醇,称为E10,执行标准为GB 18351—2017《车用乙醇汽油(E10)》。我国柴油产品执行标准为GB 19147—2016《车用柴油》。

根据成品油管道顺序输送的特点,在油品质量合格的基础上,进入管道的油品质量应具备一定的潜力,便于混油切割及回掺。因此各管道运行单位对油源油品质量在合格的基础上提出了更高要求,如柴油的闪点一般不低于57℃,汽油的终馏点不高于201℃。

2. 质量控制点

1) 油品输入(或注入)

根据输送计划安排,油品在进入管道前的规定时间内,管道运行单位的首站(或输入站)或调控中心应向油源炼油厂(或油库)索取油品质检合格报告。如首站(或输入站)负责该项工作,该站应及时将油品质量情况报告以书面传真或口头电话形式通报调控中心,调控中心以通报情况作为是否按计划输送的依据。

非配置油品(如自采油等)进入管道时,根据输送计划安排,在输送前的规定时间内,首站向油源单位索取油品质检合格报告并及时通报输油管理处,由输油管理处质量专业管理人员确认后通报调控中心是否具备输送条件,调控中心以通报情况作为是否按计划输送的依据。

油源单位在切换油罐前规定时间内,应向管道运行单位首站或调控中心提交油品质检合格报告。如首站负责该项工作,该站应及时将油品质量情况以书面传真或口头电话形式通报调控中心,调控中心以通报情况作为是否同意切换油罐的依据。

2) 油品分输

调控中心负责管道顺序输送混油跟踪,按照界面跟踪计算时间及监测仪表显示数据,进行分输油品切换及混油切割。管输分输过程中,输油站按交接计量协议配合油库在输油站内计量区域进行油品取样、留样。输油站及时与分输油库沟通,掌握油品质检结果,如分输油品检验不合格,应立即通报调控中心、输油管理处。

3) 混油界面切割

调控中心应根据收集的混油界面前后油品质量指标及其他相关影响条件,制定混油切割方案。切割方案应包括混油界面前行后行油品质量指标、需要进行混油分输的输油站、切割比例及切割注意事项。混油界面的头尾切入末站或中间站前行后行油品中的切割点需依据分输油罐罐容、该罐分输量、罐内存油质量及分输油品质量潜力而定。调控中心调度员依据密度计在线密度值(或其他界面检测仪表)进行混油切割。在顺序输送过程中,调控中心调度员及输油站操作员应严密监视密度计示值(或其他界面检测仪表)变化;在中控操作情况下,由调控中心调度员进行混油切割操作,调度值班长监护;在站控及就地操作条件下,由调控中心调度员远程指导,输油站人员进行站控或就地混油切割操作。调控中心应建立混油切割台账,对批次切割方案、切割情况、前行后行油品质量指标等资料进行收集、存档。

4) 混油回掺

管道运行单位根据职责分工,确定混油回掺责任单位。原则上,对于汽油与柴油的混油,将富汽油混油回掺到汽油中,富柴油混油回掺到柴油中。对于同种油品的混油界面,当油品为汽油时应将混油界面直接切入低标号汽油中,当油品为柴油时应将混油界面直接切入高标号柴油中。在保证质量合格的前提下,尽可能地提高混油回掺效率并使回掺后油品留有一定质量余地,原则上要求回掺后柴油闪点不低于57℃,汽油终馏点不高于202℃。具备混油回掺设施的输油站,在油品开始分输后,接到调控中心指令方能进行混油回掺。管道启输运行后,回掺比例可参照该站停输时的回掺比例或经验公式计算确定。回掺后输油站按照《委托分析化验协议》,联系分输点油库按时进行油品化验分析,及时取得化验结果。根据化验结果由责任单位调整回掺比例。回掺比例的调整应兼顾罐容、油罐分输总量、分输瞬时流量,回掺比例计算中回掺量应取混油罐罐容变化量。输油站应按时记录混油罐液位,建立混油回掺台账。调控中心应在每日规定时间点收集各输油站混油回掺情况及混油罐罐存油品信息,填入运行综合日报。

5）污油及泄压油品回注

一般情况下,可以将污油罐油品注入分输管线或注入泄压罐。污油注入分输管线操作时应与泄压罐油品回注一样要进行质量控制;污油注入泄压罐时可不考虑质量控制,待泄压罐油品回注时再进行质量控制。下面以污油罐注入分输管线为例描述回注过程。

污油罐及泄压罐油品回注工作由调控中心和输油站两级负责,调控中心负责批准、监护回注工作并予以指导,输油站负责现场具体操作。应及时回注,原则上泄压罐内不允许存油,特殊情况下注入污油或存油前,应经调控中心批准。输油站应在该站停输前清空污油罐及泄压罐,如特殊情况没有清空,应记录罐存油品数量、种类,便于启输后安排回注。污油罐（泄压罐）所存油品种类与分输油品相同时,安排罐存油品回注。如罐内所存油品与分输油品为不同种类油品,数质量部门应根据油品分输流量、质量潜力、分输罐罐容情况,核算允许回注量,发送至输油站,并指导输油站进行油品回注。在输油过程中,调控中心及输油站操作岗要同时监视污油罐、泄压罐的液位变化情况,发现异常情况及时查找原因进行处置。在进行污油罐、泄压罐油品回注前,输油站应进行现场采样分析,根据油品密度初步确定罐内所存油品种类,并报告调控中心。输油站停输期间,设备维修需要排污,输油站操作岗要监控污油罐液位,如达到安全容量时不具备回注条件,由输油站计量员填写罐存油品处理单,经站长审批后上报数质量管理部门和调控中心,经批准后,进行装车或排入泄压罐。将污油罐出口管上的装车阀加锁封闭,钥匙由站长保管;对泄压罐的排污口进行铅封,输油站在铅封登记本上记录铅封号。站内污油罐、泄压罐、混油罐在清罐前需要排油、排污时,要经过调控中心批准。调控中心调度岗在每日规定时刻收集各输油站污油罐、泄压罐罐存油品信息。

6）清管污油

清管作业时,调控中心应组织好污油的跟踪和接收,尽量避免出现多个油库分输污油的现象。宜在清管器进站前后一段时间内在站场进站处进行现场采样,以确定污油量。分输至输油站混油罐、油库油罐内的清管污油,应进行处理,合格后方可回注。

3. 油品质量事故

1）油品质量事故分类

回掺后的油品质量不合格:由于回掺比例确定不当或回掺操作失误,造成油品质量不合格。主要通过测定回掺后油品闪点或终馏点来判断。

水分、杂质污染:如果管线运行过程中水分、杂质过多,将会对油品质量产生影响,造成杂质、水分超标。通过取样进行外观观察和常规试验即可判断。

不同油品互混:由于管线、油罐阀门渗漏或误操作造成不同品种、牌号油品互混,导致油品质量不合格。

2）油品质量事故处理

输油过程中,各级操作岗位要严格执行相关操作规定,加强对混油回掺、水分、杂质、油品互混等情况的监控。发现异常情况,即时反馈,立即采取措施。对于混油回掺质量问题应调整回掺比例;如为水分、杂质污染应加紧清除;对于互混油品必须静置沉降,立即找到并切断互混源头。

油品质量事故及不合格油品处理,应执行本行业或本单位质量管理办法。

三、成品油管道运行程序与输油计划编制

1. 运行程序编制

就成品油管道的运行管理来说,最基本的一条就是有编制良好运行程序的组织与能力。运行程序是指导成品油管道运行的依据,成品油管道的运行管理是以运行程序为基础的。

在实际运行中,一条多批次顺序输送的成品油管道要在沿途按批次到站卸油,这就要求各批次油品必须按运行程序准时到达各站。成品油管道是单向运输,不可能反向,越过应交油的站是难以补救的,因此成品油管道的生产运行要求就更严。特别是油品在管道中运行,无法目睹各批次的运行位置和各批次何时到达何处,因此在编制运行程序时,就要对管道运行认真地模拟计算。在实际生产运行中,除了严格按运行程序进行调度外,还要依靠管道上各站以及线路上的在线仪器提供信息来确定和验证各批次所在的位置。

各条成品油管道都有各自的条例规定,编制运行程序必须遵守这些条例。此外管道还要处于高效区运行,这就有组织油源的工作,各委托者的油源必须限时提交给管道。这些复杂的组织工作,都必须在编制运行程序的过程中给予认真地解决与肯定,油源波动就不可能达到高效运行。成品油管道的运行是根据运行程序进行的,生产调度人员只是执行运行程序。因此,编制运行程序,必须完全符合管道的实际情况,否则生产调度也将难以执行。成品油管道运行程序有时会偏离实际情况,因而需要调度人员及时纠正,这是不可避免的。因此编制程序时只能做到尽可能模拟管道的实际,运行中会有些出入,但不允许偏离太大。

世界上著名的年输 $9300 \times 10^4 t$、输送 118 种石油产品、管道总长超过 8000km、投产后持续 20 年不断改造的美国科洛尼尔成品油管道是第一条试用计算机编制运行程序的管道,经过研制,该管道开发出了一套使用计算机编制运行程序的软件和模式以及部分参数。试用证明,这套计算机系统能够编制这条复杂管道的运行程序。它的计算方法是用一个简单的管道模式,并结合已经获得的运行经验,作为编制运行程序的基础。经过使用后,又不断地加以修改。

编制成品油管道运行程序,有 3 个要点需要把握:(1)要对管道所输油品及其油品牌号清楚,尤其是对不能相混的油品更要重视;(2)多品种的成品油是在带有很大公用性的管道系统中运行,且往往受理不止一家委托公司的油品,所以在编制程序时必须满足各委托者的要求,这是维护企业信誉所必需的;(3)要能适应管道运行的基本规程和达到管道最佳的运行效果。达到上述三点就能实现运行程序最根本的价值,运行程序的作用就在于能指导管道运行以达到或满足上述要求。

在整条管道上容易看到的是管道的泵站、动力及输油设备、自动化系统和通信等。这些好比是计算机系统的硬件,而运行程序是这个系统的软件,是指导硬件运行的。全管道系统能否达到最经济的运行,关键在于运行程序编制的水平和执行是否合理。所有管道工程的硬件,看上去基本相同,但是运行的水平高低、设备利用得是否充分,则出入很大。而这部分软件——

运行程序,则是管道管理的集中体现。以科洛尼尔管道为例,在其各年的文献中都可以体会到它的"硬件"逐年有所变更,管道管理方面,也就是所谓"软件"部分的革新更得到重视,如管理技术基础资料的开拓、计算机系统的更新、编制运行程序软件的开发、生产调度的加强、控制系统改造与更新等,就显得软件的发展更为突出。这正是成品油管道的特点,因为成品油管道一旦管理不善,所造成的损失,特别是混油量的增加,那将是难以估计的。

1) 编制原则

根据管道运行实际情况,编制运行程序时必须遵守如下原则:编制运行程序的人员对全系统的各类型站的分布、各站的工艺流积、设备条件、油罐储油容积、泄油设备能力、仪表及监控系统以及运行的规章制度等都必须了如指掌,而这些编制人员,实际上也就是管道公司内最有权威的人,他们不论是在管道运行理论、实践经验方面,还是技术水平都是最高、最丰富的,运行程序编制的优劣直接关系到管道的声誉、信用和经济效益。

2) 编制规定

(1) 为减少批次混油量,同时为充分利用管道全系统的压力和便于监视与控制各段油品的流量、跟踪各批次所处的位置,管道必须采用密闭流程,即每个泵站都不设泄油罐。密闭流程早已成为成品油管道最基本的流程(我国20世纪70年代初建成的一条小口径专用成风油管道除外)。

(2) 为避免造成大量混油,应绝对防止低于所规定的最低输量。

(3) 成品油管道油品排列顺序因时期不同而略有不同,但都应符合下列原则,即考虑同类同品种的、密度相近的油品相邻排列在一起。此处列举世界著名的科洛尼尔成品油管道油品排列顺序,以供借鉴:

优质汽油——一般汽油—透平燃料—煤油—家用燃料—轻柴油—不含铅汽油—轻柴油—家用燃料—透平燃料——一般汽油—优质汽油;

不含铅汽油—常规含铅汽油—含铅高级汽油—不含铅汽油—煤油—航空煤油—柴油—轻质燃料油—航空煤油—煤油—不含铅汽油—含铅高级汽油—常规含铅汽油—不含铅汽油。

(4) 对委托者所提出的交运油品品种、数量、交油地点及进出管道时间等要准确掌握。

(5) 保持管道合理运行状态。

(6) 使所编制的运行程序尽可能优化。

总而言之,各成品油管道都有自己的严格的编制规程,如对客户的具体要求、每批次的油品最大和最少数量、最大卸油量和最少卸油量、允许延误交油的时间等。

3) 编制方法

根据国外大型成品油管道(管网)运行程序的编制经验,其运行程序编制方法一般是先由人工根据以上所述的基本依据和有关规定,编制出管道运行程序的草稿,然后再上计算机完成管道运行程序的编制,并相应地制出配套的运行程序表。在进行计算机计算时,做如下假设: (1) 在管道里的油品不可压缩;(2) 各种油品密度相同;(3) 在绝热条件下流动;(4) 管道内径均等;(5) 泵送时对流量的影响忽略不计。

管道的实际运行情况与以上计算是有出入的,在实际过程中,每隔一段时间(一般为8h)就要重新计算并与实际运行状况对照,以确定油品批次位置及油品数量;既要保证运行程序的准确性,又要有一定的灵活性,考虑有发生不可避免停电或机械故障的可能。

有支线的成品油管网,应以干线的结点站为起点,编制各自的运行程序。支线有其独立性,但与干线的运行程序密切关联。

国内外的管道公司编制输油计划的方法可以归纳为以下三种:油品供应型、油品分输型和共用库存型计划编制方法。

在油品供应型计划编制方法中,油品的注入时间是已知的,油品到达各分输点的时间是计算出来的。委托方必须按照预定时间注入油品,同时管道必须按照特定输量运行以保证油品按时分输。分输时间由注入时间、管道输量、分输点与注入点之间的距离以及管道系统的设备正常运行时间共同确定。按照这种方式制定的分输计划,分输时间只能由管道公司来决定,委托方不能确定油品的到达时间。

在油品分输型计划编制方法中,油品到达各分输点的时间是已知的,油品的注入时间由计算得出。注入时间等于分输时间减去输送时间,输送时间是指该批次油品从供应点到分输点的运行时间。该方法适用于委托方对油品的到达时间有特殊要求并且能够在规定时间内供应油品的情况。

在共用库存型计划编制方法中,委托方在管道上游的任意位置向管道公司提供油品,而在下游的任意位置从管道公司分输油品,在输送过程中不跟踪油品的所有权。管道公司在接受委托方的请求后可以允许委托方在不同位置分输油品,分输时不用考虑油品在管道中的输送时间,给委托方提供了更多的灵活性。

与以上三种方法不同的是,国内的成品油管道计划编制是以一定时间内首站的供应计划和各分输站对各个批次油品的需求计划为基础进行的,该方法与油品供应型类似,不同的是注入站委托方只有一个以及不需要跟踪油品的所有权。

2. 输油计划编制

一个合理完整的输油计划应包括两方面的内容,一是要解决诸如油源筹措、输油条件、输油方案、工艺流程的确定等问题;二是确定输送批次排序、参数控制、降低消耗的措施和平稳输送的条件等。

稳定的油源是管输企业创造经济效益的首要条件,所以它是编制年度输油计划时重点要考虑的问题(有关内容请参见上节)。

在油源稳定的前提下,针对长输成品油管道(管网)的诸多特点,要实施有组织、有计划和安全稳妥的输油作业,必须具备如下条件:

(1)在阶段性停泵(如整修设备、设施和其他原因)之后,要重新启泵输油时(或正常输油作业中)必须保证各级各类管理人员、工程技术员和操作维修人员的在位率,具体数量视企业内部情况而定。

(2)根据经验,在阶段性停泵之后重新启泵输油和正在输油期间,要及时地对全线管道(尤其是野外干线、支线)进行仔细的踏线巡查和仪器检测,以防不法分子在管道上安装盗油装置,同时发现和排除渗漏及其他危及安全的问题。

(3)通信系统、消防系统处于良好的技术状态,附属的生产、生活设施(如水源通)齐全、完善,主要输油设备及控制系统性能良好。

(4)有切实可行的安全措施,管道抢修设备及机动性能符合要求。

(5)各种影响输油的因素和问题都得到了排除和解决。

3. 输油方案

输油方案与运行程序既有相同之处,又有本质区别。相同之处是二者都是成品油管道运行管理和生产调度人员进行输油调度的依据。不同之处是输油方案确定的是诸如批次批量计划、设备动用量等内容，而运行程序解决的则是各种批次油品何时进入管道、何时到站卸油、如何对这些问题进行模拟计算等问题，后者比前者更具体、更复杂、更重要。

在确定输油方案时，必须考虑下列因素：

(1) 对年度输油起止时间有一个基本计划，对全年的输送总量、批次、批量、油源及分配计划等有一个清晰明了的计划方案。

(2) 对输油过程中可能遇到的各种问题有一个基本的估计。

(3) 运行参数控制经济合理，有可靠的设备设施保障措施。

(4) 尽量减少设备动用台数，降低消耗。

(5) 泵特性、流量、站距、位差、管径和油品黏度是确定工作参数的 6 个要素，在制定输油方案时，应本着安全、优质、低耗的原则确定控制参数，使管道既能最大限度地发挥效能，创造最理想的经济效益，又保证安全可靠。

四、成品油管道分输调度软件和计划

人工编制管输油品输送计划是一项十分耗时且枯燥的工作，因此，世界上大型成品油管道分输调度计划的制定都是由计算机协助完成的。

成品油管道的一个重要特征是面向市场、多点进出。管道沿线会应市场的需求设置一些分输站，泄出油品以满足市场需求。为了能很好地完成分输任务，及时地为管道经营者提供准确的输油计划和信息，调度计划人员必须提前编制合理的分输调度计划。

成品油管道运行程序是指导管道实际运行的依据，制定分输调度计划是一项十分烦琐、复杂而又连续不断的工作。在制定计划的过程中受到众多约束的影响，需要仔细全面地考虑各种因素，才能更好地为管道的分输操作提供指导。

1. 利用软件制定分输调度计划的原则

1) 中间分输站不分输混油

当混油段处于中间分输站时，中间分输站不进行分输操作，软件处理此问题的方法有以下两种：

(1) 软件在执行用户制定的分输方案前首先判断混油界面的位置，如果混油段还没有完全经过某一分输站，即使分输计划要求分输后行油品，软件也不会执行分输指令；除非用户刻意要求分输混油，软件会自动将分输后行油品的时间推迟到混油段完全经过该分输站。

(2) 如果某分输站正在分输某种油品，分输总量还没有满足分输要求，但混油段的前端接近或到达本分输站，软件就会自动关闭本分输站的分输作业。

2) 分输的总流量不能太大

任一时刻分输的总流量不能太大，这样可以防止管道中流体处于陡降区，避免混油量增大。如果沿线分输量太大，造成某些管段流体进入陡降区，软件就会自动提醒调度人员，提醒其增加某些管段的输量。

3) 沿线分输量尽量保持相对平稳

刚关闭的分输站和刚开启的分输站间距应尽量小，应顺序启停各分输站，尽量保持管道的运行平稳。在首站分输流量相对稳定的情形下，力求下游各分输站的分输总量保持平稳，改善

管道运行的平稳性。

4）预调节首站压力

首站由大密度油品换为小密度油品时,在配泵方案确定的前提下,首站的出站压力和出站流量都会减少。为了使管道沿线流量和压力的变化相对平缓,操作人员应对首站压力进行预调节,在首站换油前将出站压力逐步降下来。首站由小密度油品换为大密度油品时,按相反的思路预调节首站出站压力。

2. 制定分输调度计划需考虑的因素

(1) 确定油品批次。在成品油管道的实际运行中,各种油品批量可根据市场需求及产品供应量的实际情况进行调整,但是不宜太小,否则会增加各分输点的切换次数和全线输油工况的波动时间,不利于管道工况的调节和控制。同时,油品的批量太小也会导致混油总量的增加,所以应该在满足最小批量的前提下,确定油品的批次。制定分输计划时还应根据管道在不同阶段的输送能力来确定批次,例如,根据管道运行起始输送阶段和管道运行任务输量阶段的输送能力确定批次。

(2) 确定油品输送的顺序。确定油品输送顺序的原则,是使相接触的油品的物理性质和化学性质彼此接近,减少前后行两种油品质量的相互影响,减少混油的处理工作及处理量,减少末站的混油储罐体积,从而减少混油造成的经济损失。

(3) 分输量应满足市场的需求。成品油管道(管网)服务的对象是市场,因此制定分输计划的时候应考虑市场的需求。市场的需求量由业务处进行市场调研和市场预测后确定。在各分输站场,同一种油品下载的总量应尽量满足在接收时间结束至下次接收该油品开始时间段内市场对该油品的需求。

(4) 下载流量制约因素。由满足市场需求确定的下载流量还必须满足泵的最小连续稳定流量要求。泵的最小连续流量是指泵在不产生过热、汽蚀及机械故障(振动、噪声超标、轴承寿命缩短)的情况下,能够正常工作的最小流量,一般由泵厂通过试验测定后提供给用户。制定分输计划时,需参照各站场的泵的最小连续稳定流量值,确定各分输站场的下载流量,确保站场的泵机组能够正常运行。西南管道采用均匀分输,并采取先分输后加压的方式,根据质量守恒原理,某时刻某泵站的进泵流量,等于该时刻首站的输送流量与该站场及该站场以前所有分输站场分输流量的总和之差。这个差值应该大于该站场泵的最小连续稳定流量,以保证泵能够正常运行。同时,在实际计划的制定过程中,出于安全考虑,各泵站站场的出站流量一般应留有 $20m^3/h$ 的余量。

(5) 满足各站的分输流量参数。各分输站均配置有流量计,分输流量值应满足流量计的工作范围,该范围取决于流量计的型号。因此,应根据流量计的型号确定各站场的流量值。

(6) 管道最小输量约束。输送油品时,应该满足管道的最小输量要求。在高于临界雷诺数(平滑区)时,混油长度随雷诺数的降低而增长。为了减少混油量,管道应在大于临界雷诺数的情况下运行。

(7) 满足各分输站场罐容约束。制定分输调度计划时必须考虑的另一个重要因素是各站场的罐容。采用均匀分输方式分输,混油段过站时应停止分输。在下载分输期间,入库油品量和出库(通过各种方式,如管道、铁路、公路等方式出库)油品量之差必须满足库容要求。若某站场下载量太大,可能会造成油品满罐现象,对设备造成破坏,带来安全隐患,同时,对下游油品的输送也会造成很大的波动。各分输油库应在下载时间之前提前周转库容,提供满足下载量的库容。

3. 制定分输调度计划的步骤

(1)输入初始参数。根据现场得到的数据或软件模拟得到的数据确定新分输计划的管道初始状态,这既是新的分输计划的起点,也是对旧分输计划的总结和修正,应该力求做到准确可信。输入的数据包含管道中各种油品的名称、各混油界面的位置、油品物性及各段油品的体积量等。根据下游用户需求、首站储油情况及管道输送能力,确定整个输油周期中各种油品的输送次序和输送量,将输入软件提供的数据输入对话框。

(2)初步制定分输调度计划。在考虑分输调度原则的基础上,调度人员根据分输调度计划的初始状态和各分输站的要求初步制定分输调度方案,确定各分输站需求的各种油品的分输量和分输时间。管道系统是一个统一的水力系统,各个站场的控制方案和管道沿线的流量是相互作用的,制定分输方案时应同时初步确定各站场的控制方案。

(3)模拟调整分输调度计划。在输入足够的初始数据后,软件用户可以进行分输调度计划的离线模拟,可以从软件的用户界面看到管道沿线压力流量显示。用户可以根据软件模拟得到的数据和曲线分析分输计划的执行情况,以及在目前分输调度计划和站场控制方案下管道沿线的水力工况。如果模拟结果中有不能满足分输要求的,或造成管道水力工况剧烈变化,调度人员可以进行局部调整分输调度计划,重新进行水力模拟。

(4)得出比较完整的分输调度计划。在不断的人机交互过程中,调度员可得到一个比较满意的分输调度计划,将软件模拟得到的最终结果输出打印。结果包含输送周期内各分输站分输调度计划、沿线各站场的控制方案、进出站压力流量曲线、各泵站的配泵方案、各混油段的长度和体积数据等。

4. 分输调度计划的分类

成品油管道分输调度计划一般分为月计划(精确到天)、十日计划(精确到小时)和日输送计划(精确到分钟)。月计划是整个管道输油计划编制的开始,编制时需要将管道的月度维检修计划考虑在内,假定清管器或内检测器的作业时间和制定各批次油品的具体运行时间。月计划是根据炼厂生产和市场消费的预测而制定的,若生产运行过程中出现油源供应紧张或者管道沿线市场需求发生变化,将进行适度的调整以适应供需变化。十日计划包括油品批次编号、批次量、分输站场、分输时间、分输流量,以及分输总量等内容,是在月计划的基础上经过调整优化和细化后得到的。日计划是当前工况下最佳调度运行控制方案,用于指导当天的调度操作运行,其内容与十日计划一致。

5. 软件功能

兰成渝管道分输调度软件是为满足兰成渝管道调度中心编制分输调度计划的生产需要而开发的,由原始数据输入、分输调度计划制定和输出三个独立模块构成,其具体功能如下:

(1)为调度计划人员迅速编制和修改分输计划提供一个实用平台。
(2)允许调度计划人员拷贝以前周期的计划,作为本周期制定计划的基础。
(3)不限定批次数和计划周期长度。
(4)制定计划实现自动化。

(5)输入、输出能满足多种需要。

输入的数据包括管道初始状态的数据和用户设定批次计划。

兰成渝管道分输调度软件已成功应用于兰成渝成品油管道、西南成品油管道、鲁皖成品油管道、洛郑驻成品油管道等多条管道。

分输调度计划运移图(图2-2)能反映出管道运行中的分输调度计划、不同时刻和不同位置的流量以及输送油品的种类。图中的短线示意了分输过程,其右下的数据分别是开始分输和结束分输的时间以及分输流量。软件还为用户提供了各混油界面到站的时间图,可查询混油过站的时间。

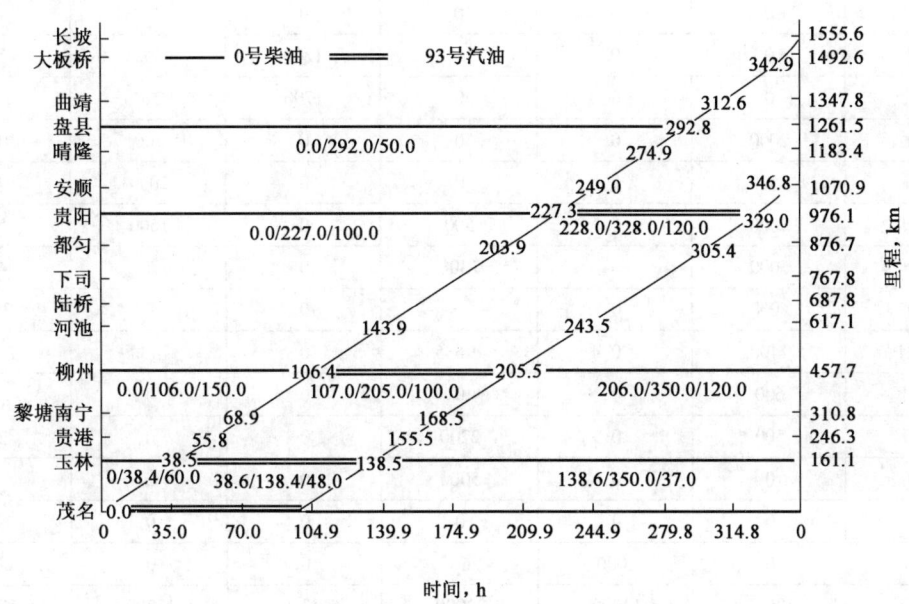

图2-2 分输调度计划运移图

分输调度计划的输出,软件可根据调度人员、承运方和接受方对分输计划信息的不同要求和现场实际需求,提供多种输出格式和信息,以满足不同用户的需求。

6. 软件在兰成渝管道的应用

现以兰成渝管道调度中心制定的2003年9月2日19:07至9月30日6:00的部分分输计划为例,检验软件的实际应用效果。

1)管道初始状态的设置

管道初始状态有"界面位置"和"批次体积"两种输入选择方式。2003年9月2日19:07至9月30日6:00,兰成渝管道部分分输调度计划软件用户选用了表示油品批次始端距首站位置的"界面位置"(表2-1)。由表2-1可以看出,管道初始状态共有7个批次。

表2-1 兰成渝管道初始状态

序号	1	2	3	4	5	6	7
油品种类	0号柴油	93号汽油	0号柴油	90号汽油	0号柴油	93号汽油	0号柴油
界面位置,km	62	198	426	568	973	1188	1251

2) 管道分输调度计划的制定与修改

分输调度计划人员根据计划时间内的分输需求指令(表2-2)制定出分输计划后,软件用户仍可对管道初始状态和分输指令数据进行修改,并可在1~2s内输出修改后的分输计划。

表2-2　兰成渝管道部分分输调度计划时间内的分输需求指令

分输站	分输量,m³					
	第一批		第二批			第三批
	90号汽油	93号汽油	0号柴油	90号汽油	93号汽油	0号柴油
临洮	0	0	0	0	350	0
陇西	0	0	0	1200	300	0
成县	0	0	0	1700	220	2900
广元	2000	0	0	0	700	1000
绵阳	1500	0	0	0	2000	1000
德阳	1000	0	500	0	1500	500
彭州	3000	0	1300	0	0	400
成都102库	5000	0	0	0	0	2500
成都104库	7400	0	19635	0	7430	14900
简阳	600	0	0	0	0	1500
资阳	500	0	2200	0	0	200
内江	0	0	5000	0	0	0
隆昌	0	0	0	0	0	0
永川	0	1000	2565	0	0	4000
伏牛溪	12000	12000	22000	11300	13700	10000

3) 油品运移图的绘制及分析

管道运行中的分输调度计划、不同时刻和不同位置的流量以及输送油品的种类都需要在油品运移图上集中反映,这样不仅直观明了,而且还便于指导生产。由2003年9月2日19:07至9月30日6:00,兰成渝管道油品运移图(图2-3)可以看出,成都104油库分输第二批0号柴油时,采用了4种不同的流量(260m³/h、340m³/h、280m³/h和100m³/h)。

图2-3中的短线为分输过程,右下的数据分别是开始分输和结束分输的时间以及分输流量,软件用户可以根据管道沿线的水力工况和流量情况在各站实现变流量分输操作。

4) 混油界面到站时间的查询

除了成都分输泵站104分输支线外,各分输站都不分输混油段。因此,准确跟踪界面位置至关重要。软件为用户提供了各混油界面到站时间图,现场操作人员可以借助软件提供的界面到站时间安排取样工作,减少取样人员的工作量。图2-4给出兰成渝管道分输油品混油界面到达各分输站的时间。

5) 分输调度计划的输出

软件可根据调度人员、承运方和接受方对分输调度计划信息的不同要求和现场实际需求,提供多种输出格式(如Excel格式等)和信息,以满足不同用户的需求。表2-3是向调控中心提供的兰成渝管道部分分输计划表。

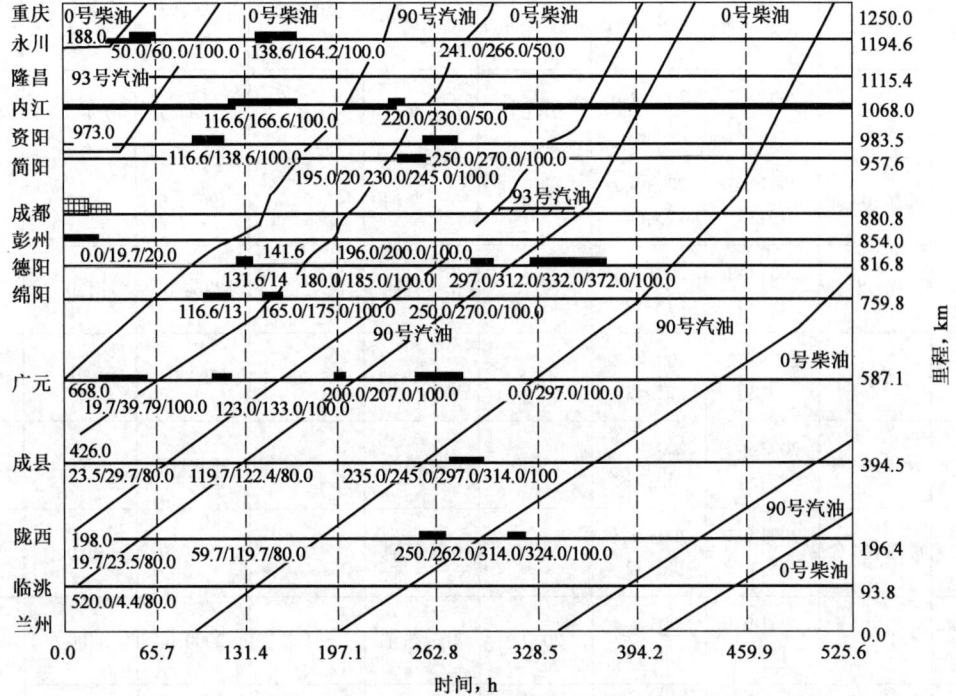

图 2-3 兰成渝管道油品运移

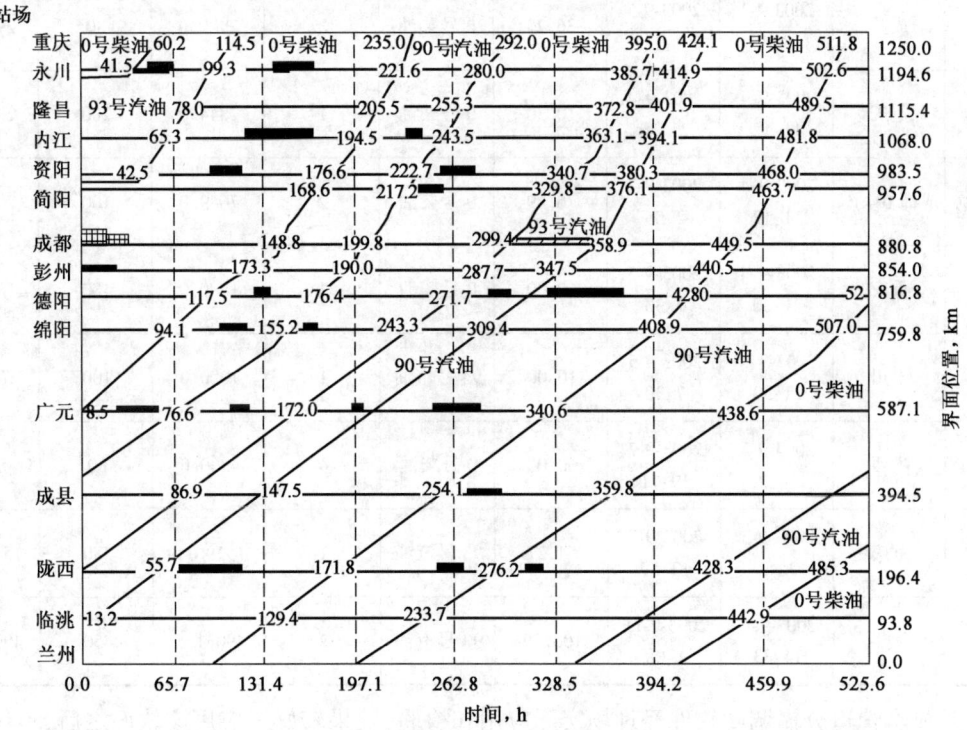

图 2-4 兰成渝管道分输油品混油界面到达各分输站的时间

表2-3 调控中心兰成渝管道部分分输计划

序号	分输站	开始日期	结束日期	持续时间,h	油品名称	管道初始状态(批次)	计划总量 m³	分输流量 m³	实际总量 m³
1	兰州	2003-9-2 19:30	2003-9-6 14:33	91.05	0号柴油	4	41844.7	460	41884.7
2	成都104库	2003-9-2 19:30	2003-9-2 23:54	4.40	0号柴油	2	19635.0	260	1144.0
3	彭州	2003-9-2 19:30	2003-9-3 15:12	19.70	0号柴油	2	2364.0	120	2364.0
4	临洮	2003-9-2 19:30	2003-9-2 23:52	4.38	93号汽油	2	350.0	80	350.0
5	成都104库	2003-9-2 23:54	2003-9-3 15:12	15.30	0号柴油	2	18491.0	340	5202.0
6	成都104库	2003-9-3 15:12	2003-9-4 11:12	20.00	0号柴油	2	13289.0	280	5600.0
7	广元	2003-9-3 15:12	2003-9-4 11:12	20.00	90号汽油	1	2000.0	100	2000.0
8	陇西	2003-9-3 15:12	2003-9-3 18:57	3.75	93号汽油	2	300.0	80	300.0
9	成县	2003-9-3 18:57	2003-9-5 7:12	36.25	0号柴油	3	2900.0	80	2900.0
10	重庆	2003-9-4 11:12	2003-9-4 21:30	10.30	0号柴油	1	2844.0	280	2844.0
11	成都104库	2003-9-4 11:12	2003-9-7 4:05	76.89	0号柴油	2	7689.0	100	7689.0
12	重庆	2003-9-4 21:30	2003-9-5 7:30	10.00	0号柴油	1	1800.0	180	1800.0
13	永川	2003-9-4 21:30	2003-9-5 7:30	10.00	93号汽油	1	1000.0	100	1000.0
14	陇西	2003-9-5 7:12	2003-9-7 19:11	60.00	0号柴油	4	4800.0	80	4800.0
15	重庆	2003-9-5 7:42	2003-9-7 13:59	54.27	93号汽油	1	15196.1	280	15196.1
16	兰州	2003-9-6 14:33	2003-9-11 1:08	106.59	90号汽油	2	49031.5	450	49031.5

兰成渝管道分输调度软件经现场实际应用和检验,效果较好。应用该软件之后,不仅工作效率明显提高,而且还可及时为管道经营者提供准确的管输油品的输送计划和信息,有利于成品油销售商及时抓住市场契机,获取更大的经济效益。

习 题

1. 简述油气管道运行现状与技术发展现状,并展望未来发展趋势。
2. 天然气管道运行管理基本原则是什么?如果是输油管道运行管理,原则有哪些变化?
3. 输气管道末段储气量的影响因素包含哪些?
4. 输油管道运行管理时,哪些因素会影响输量?为什么?
5. 降低管道允许最低输量的措施包括哪些?
6. 简述成品油管道混油机理及控制措施。
7. 写出天然气管道调度优化模型并解释其物理意义,并试写出输油管道的调度优化模型。

参 考 文 献

[1] 杨筱蘅. 输油管道设计与管理[M]. 东营:中国石油大学出版社,2006.
[2] 张城. 原油管道运行技术[M]. 北京:石油工业出版社,2007.
[3] 李长俊,黄泽俊. 天然气管道输送[M]. 3 版. 北京:石油工业出版社,2016.
[4] 王光然. 油气管道输送[M]. 北京:石油工业出版社,2012.
[5] 秦飞. 天然气长输管道的调度运行管理[J]. 中外企业家,2013,19:87-88.
[6] 曾多礼,邓松圣,刘玲莉,等. 成品油管道输送技术[M]. 北京:石油工业出版社,2002.
[7] 王卫东. 成品油管道输油工[M]. 北京:中国石化出版社,2013.
[8] 范华平. 成品油管道输油计划与优化的软件开发[D]. 青岛:中国石油大学(华东),2010.
[9] 李明,梁永图,宫敬,等. 成品油管道调度计划制定中应考虑的因素[J]. 油气储运,2007(7):54-57.
[10] 梁永图,宫敬,王永红,等. 兰成渝成品油管道分输调度软件的开发与应用[J]. 油气储运,2004(12):51-54.
[11] 梁永图,宫敬,曹金水. 用成品油管道运行模拟软件制定分输调度计划[J]. 油气储运,2003(9):44-46.
[12] 严大凡. 输油管道设计与管理[M]. 北京:石油工业出版社,1986.
[13] 陈伟. 离心泵最小连续流量[J]. 化工设备与管道,1994(5),43-46.
[14] 梁翕章. 国外成品油管道运行与管理[M]. 北京:石油工业出版社,2011.

第三章 管道的维护管理

为保障管道安全平稳运行,积极应对输油气管道日常维护与突发事件,完善应对突发事件的技术知识,建立有序应急抢险体系,规范紧急救援行为,达到快速反应、相互协作、有效控制、妥善处理、减少损失、尽快修复和重建损毁设施,恢复正常投产试运,必须建立和不断完善管道日常维护管理与事故应急救援体系。

维护作业可以划分为两类:常规维护作业和应急响应作业,其中常规维护作业包含需紧急维护的维护作业。常规维护作业包括不涉及意外事件的计划内作业,可以按照管道或设备的相关要求进行维护作业,确保对危害进行控制。应急维护作业指通常因为某些意外事件(如断裂或泄漏),更换管道段或安装维修套管。

管道系统能否安全可靠地运行,除依赖合理的设计和优良的施工之外,投产后的良好维护与检修也是关键。随着管道设施应用范围的扩大,管道系统维修的复杂性也随之增加,涉及的技术领域也在不断扩大,维护与检修的重要性越来越被人们重视,相继推出如 SHS 01005—2004《工业管道维护检修规程》、QSY GD0008—2011《油气管道管理与维护章程》等管道维护规范标准。

表 3-1 给出了依据石油天然气行业要求在主要管道要素的维护进度和频率。

表 3-1 石油天然气行业主要管道要素的维护进度和频率

维护作业	维护进度和频率	要求和备注
管线检查	工作压力在 4MPa 或介质温度大于 375℃ 的管道,每年一次	每年或结合装置检修进行拆卸检查或清扫试压一次
	其他管道至少每六年一次	至少每六年进行一次检查和水压强度试验(不拆保温),介质腐蚀性较强的管线必须每年或每次检修时鉴定一次
	埋地管线每年至少重点抽查一次	在个别管段应挖开土壤检查
架空管线的支架	每隔三年检查一次	—

表 3-2 总结了依据中国石油天然气集团公司要求在主要管道要素的维护进度和频率。

表 3-2 中国石油天然气集团公司主要管道要素的常规维护进度和频率

维护作业	维护进度和频率	要求和备注
保护电位	每月一次	在测量保护电位时,对防腐质量差、阴极电流漏失大的管段,要注意管地电位的影响
输油气干线防腐层检漏	每两年进行一次抽样测试	鉴定防腐层绝缘性能(绝缘电阻率、黏着力及主要物化指标)变化情况,由此分析腐蚀情况
典型地段检查片	每 2~3 年挖取计量其保护度	—
架空管线的支架	每隔三年检查一次	—
电焊机、发电机	每半月试运一次	—
潜水泵、钻井泵	每月检查一次	—

第一节　管道现场维护

一、管道日常巡查

管道日常巡查是指每月对所有管道开展一次全面巡查,检查管道标志桩、转角桩、标志牌等是否完好;检查管道沿线防护带状况(如管道是否存在覆土塌陷、裸露、施工开挖、滑坡、下沉、人工取土、搭建打谷场、蔬菜大棚、饲养场、温床等建(构)筑物等现象);检查管线防护带内地面的活跃程度情况;检查在管道安全防护带内有无种植果树(林)及其他根深作物、打桩、堆放大宗物质及其他影响管道巡线和管道维护的物体;以及检查穿跨越管段与裸露管段(如跨越管段目测防腐层是否完好,检查钢结构本身的锈蚀情况等;穿越管段检查穿越管道保护工程的稳固性及河道变迁等情况;裸露管段检测防腐层是否完好,对于由于土壤流失导致管道裸露的管段,特别是浸泡在水中的管段,应重点检查水与空气界面的管道外观、腐蚀状况)。

CIPS(密间隔电位法)、DCVG(直流电位梯度法)是更为现代化、科学化的管道维护手段。

2004年,西南油气田引进了CIPS、DCVG管道防腐层破损检测仪对管道外防腐层状况进行调查。该仪器既可用于有阴极保护管道防腐层测试,也可以用于无阴极保护管道防腐层测试,克服了单一技术的局限,检测准确。应用该仪器在川西地区开展管道防腐层状况调查,通过开挖验证,准确率达到100%。

2005年,中国石化科技攻关项目"川西气田腐蚀监测与防治技术研究"启动,旨在针对川西气田须家河组气藏高温、高压、高产气井开采过程中产水量大、地层水矿化度高对气井生产管柱及地面集输管线腐蚀性强的特点,开展川西气田腐蚀监测与防治技术攻关,解决气井管柱及地面集输管线的腐蚀问题,满足气田安全平稳采输的需要。

二、管道防腐层与阴极保护维护

管道防腐层与阴极保护维护要遵循以下原则:

(1)阴极保护的投运与管道运行同步。管道沿线电位分布:新管道为 $-0.85\sim-1.25V$ (参比电极 $Cu/CuSO_4$ 电极);环境中含有硫酸盐还原菌且硫酸根含量大于0.5%的地区,最低电位提高至 $-0.95V$。旧管道的电位分布:可适当提高通电电位,但全线最高电位不宜超过 $-1.5V$;仍达不到要求时,要采取牺牲阳极或更换防腐层等其他保护措施,管道表面与土壤接触的参比电极之间测得的阴极极化电位差不得小于100mV。

(2)保护电位的测量每月进行一次。测试管地电位的电压表内阻不应低于100MΩ。各站测电位用的电压表每年内需标定一次,误差超过+10mV应及时修理或更换。在测量保护电位时,对防腐质量差、阴极电流漏失大的管段,要注意管地电位的影响。

(3)各分公司每年对所管辖输油气干线进行一次防腐层检漏,并及时处理漏点。每两年进行一次抽样测试,鉴定防腐层性能(绝缘电阻率、黏着力及主要物化指标)变化情况,由此分析管道腐蚀状况。

(4)管道防腐要求开机率大于或等于98%,阴极保护完好率为100%。

(5)要沿管线典型地段埋设检查片,每2~3年挖取检查,计算其保护度。

(6)为定期分析管道防腐层老化情况和不同管段的漏电量,各管线应设置、添补电流测试桩。电流测试桩的分布原则:新管线每10km加设一个,老管线可参照执行。

三、管道补漏

我国油气田站场及管线大部分建设于20世纪90年代,由于当时建设不规范,建设质量难以保证。因此,随着管线运行时间的延长,防腐层逐渐老化,管道的腐蚀日渐加剧,部分管线已出现防腐层龟裂脱落、斑点腐蚀、孔蚀、应力腐蚀等现象,一些管线已开始出现大面积腐蚀穿孔现象,形成了诸多的不安全因素,给管道的安全运营及沿线居民带来安全隐患。

管道在运行过程中发生泄漏时,如果采用常规的管道补漏方法需对管道全线停输,并放空管内的天然气进行泄压,极大地影响了气田的正常生产、管网的合理调度和下游用户的正常用气,造成较大的经济损失。川西气田根据实际环境情况,开发了管道带压补漏技术。

1. 卡具带压补漏技术

卡具带压补漏技术是川西气田最早发明和使用的一种带压补漏技术,其基本原理是在管道泄漏处用特制专用卡具在管道上形成一个固定外套,同时卡具上焊接一个螺帽,并将泄漏点正对卡具上螺帽的中心,然后在泄漏处放置一块高强度、高弹性的耐油橡胶片,最后在螺帽上拧上螺栓,并利用螺栓的推进力和卡具的夹持力将橡胶片紧紧地压在泄漏点上,从而将泄漏点堵住。

虽然卡具带压补漏技术可以成功地将泄漏处堵住,但是,由于该补漏技术的核心材料橡胶片在高应力挤压和管道内部介质的双重影响下容易老化失效,导致管道发生再次泄漏(卡具带压补漏的有效使用时间只有半年至一年左右),使得卡具带压补漏技术的应用和发展受到了很大的限制。

2. 带压黏接补漏技术

带压黏接补漏技术是基于卡具带压补漏技术发展而来的。1999年11月,为了提高管道维护技术,川西气田采输处张百灵、李渡、杜青山等自主研发了带压黏接补漏技术(图3-1),并获得了专利。该技术的应用对破裂管道实现了不停气、不放空在线管道补漏,解决了管道补漏维护中停产、停气和放空损耗这一重大技术难题,取得了巨大的经济效益和社会效益。此后,带压黏接补漏技术在川西气田管道补漏中得到广泛使用。

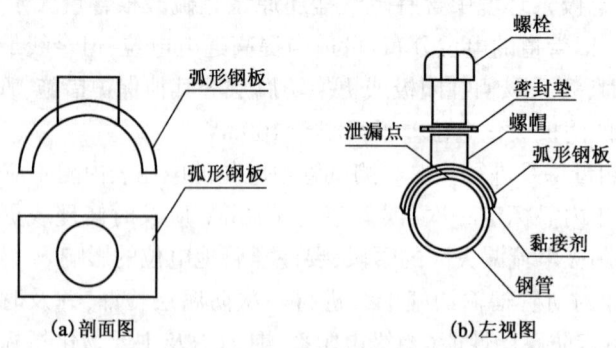

图3-1 带压黏接补漏技术示意图

四、管道穿跨越河流、沟渠的维护

(1)新开河流、沟渠与管道交叉时,夹角应参照管道与公路、铁路交叉有关规定确定。河道建设部门应按管道管理部门的要求采取措施。大型穿跨越工程为管道安全防护的重点,应设立固定的守护观察点,掌握和观察穿跨越工程变化情况。管道穿越段上下游100m河床内严禁挖沙取土。管道与沟渠交叉穿越时,管顶敷土厚度不得小于1m。

(2)应在中型及以上河流的管道穿越处,设置永久性水文尺,汛期应有专人进行水文监测,收集流量、流速等数据,随时通报险情。

(3)每年汛期前后,应对大型水工工程的稳固性、水下穿越管段的埋深、水流冲刷、清淤疏浚,以及河道变迁等情况进行调查,并及时采取相应措施。

(4)管段跨越河流、沟渠的维护应执行SY/T 6068—2014的规定。

(5)管段处(或各输油气分公司管段科)应对重点穿跨越管段防护工程的维护提出技术要求,委托设计,严格控制施工质量。

(6)对穿跨越管段阴极保护参数的测量,应与每月的干线阴极保护测试一并进行。

五、管道线路工程的维护

管道线路工程,即用管子、管件、阀门等连接管道起点站、中间站和终点站,构成管道运输线路的工程,包括管道组装和敷设,管道阀门和管件的安装,河流、湖泊、道路等障碍的穿跨越,管道防腐和管道附属构筑物的修筑(如水土保护、线路标志)等工程项目。管道线路工程是管道工程的主体部分,约占管道工程总投资的2/3。管道线路工程的建设程序是先进行路由选择和线路图设计,再进行管道施工。

由于管道系统多为连续运行,一旦投入运行,很难停机,在管道线路工程施工期间应严格做好维护与检修工作,否则将会引起重大经济损失。管道线路工程的维护应注意以下几点:

(1)应将管线按工艺流程和各单元分布情况划分区域,明确分工,进行维护和检查。

(2)应定期对管道进行检查和修理。管子、管件、阀门、法兰、螺栓等部位发现腐蚀、磨损、变形和裂纹等现象时,应及时更换或修理。

(3)经常检查管道的外表面情况,应特别注意阀件、焊缝、法兰、垫片、排水装置、补偿器、支吊架、保温、防腐层表层以及管线的振动情况。发现问题时,应及时采取措施,消除缺陷或安排在检修中予以处理。

维护检修的内容与方法为:

(1)检查内外表面和密封部分,充分利用所有检查表面缺陷的仪器和工具,如放大镜、窥管仪、磁力探伤器、超声波探伤仪等。

(2)对管子进行壁厚定点测量(可用钻孔法或超声波测厚仪)。

(3)检查管子连接的焊缝、法兰有无裂纹、变形和渗漏。

(4)检查与修理管线的支架、吊架。

(5)检查和修理阀杆、阀座、螺栓、螺母、填料箱、垫片及密封圈。

(6)单体和系统地进行水压试验及气密试验:①水压试验压力为操作压力的1.5倍,并不得小于0.2MPa,达到试验压力后,保持5min,再降至操作压力进行全面检查,以没有渗漏、变形和裂纹现象为合格;②气密性试验压力为操作压力的1.25倍,以没有渗漏、变形和裂纹现象为合格。

第二节　管道内防护

含有大量 CO_2、凝析油、H_2S 和气田卤水等天然气井和油井的开采、输送过程中,油气管道存在严重的内腐蚀。由于油气管道输送的介质一般为气、水、烃、固共存的多相流介质,尤其是油气田开发后期,因注水开采使输送介质含水量增大,加剧了管道内腐蚀。因此,油气管道的内腐蚀机理和内防护技术已引起现场和有关防腐科研机构的广泛重视,逐渐成为研究的热点和重点。

油气管道内腐蚀有3个显著特点:
(1)气、水、烃、固共存的多相流介质;
(2)高温和高压的环境;
(3)主要腐蚀介质为 CO_2、H_2S、O_2、Cl^- 和水。其中 Cl^- 为催化剂,CO_2、H_2S、O_2 为腐蚀剂,水为载体和溶剂。

因此,油气管道内腐蚀的研究应集中在以下几个方面:高温高压下的 CO_2、H_2S、O_2 和 Cl^- 在 H_2S 腐蚀和 CO_2 腐蚀中的作用及在上述条件下多相流腐蚀的腐蚀机理影响因素等;在上述研究的基础上,有针对性地采取有效的综合内防护措施解决现场的实际问题。

油气管道应用的安全性和稳定性,对于社会的稳定发展是极为重要的,更关系着人们的正常生活。由于油气管道内腐蚀问题所造成的巨大危害,对其进行科学的处理是非常必要的。针对油气管道内腐蚀问题,通过合理的防护手段,降低输送介质中腐蚀物质与内壁的直接接触等方式,达到管道内防护的目的。

下面介绍两种常用的内防护技术:添加缓蚀剂和内涂层防腐与衬里防腐技术。

一、添加缓蚀剂

缓蚀剂是指少量加入腐蚀介质中,从而抑制金属或合金的腐蚀破坏过程和改变其机械性能过程的物质。缓蚀剂可分为有机缓蚀剂和无机缓蚀剂两大类,油气田现场广泛使用有机缓蚀剂。使用的缓蚀剂有以下明显的优点:
(1)基本上不改变腐蚀环境,就可获得良好的防腐蚀效果;
(2)基本不增加设备投资,操作简便,见效快;
(3)对于腐蚀环境变化,可通过相应改变缓蚀剂的种类或浓度来保证防腐蚀效果;
(4)同一配方的缓蚀组分有时可以同时防止多种金属在不同腐蚀环境中的腐蚀破坏。

缓蚀剂选用必须对被保护金属、腐蚀介质、缓蚀剂本身是否有毒性和与其他药剂的配伍性方面进行综合考虑,并通过现场试验,筛选出适合现场腐蚀工况的缓蚀剂。

由于 H_2S、CO_2 对金属的腐蚀是以氢去极化腐蚀为主,金属原有的氧化膜易被溶解,因此不应采用钝化型缓蚀剂而应采用能吸附在金属表面、改变金属表面的状态和性质从而抑制氢去极化腐蚀的吸附型缓蚀剂。CT2-1 缓蚀剂是一种油溶性油气井缓蚀剂,略带胺味,流动性好,缓蚀效果很好。在 $H_2S-CO_2-Cl^-$ 介质中缓蚀率大于95%,且自20世纪70年代末研制出来后,一直用于含硫油气井套管、井口装置及集输管线内防蚀。

此外 CT2-4、T2-14、CT2-15 和 CZ3-1Z、ET-1 等缓蚀剂也都有很好的缓蚀效果。

缓蚀剂的缓蚀效果与缓蚀剂的加注工艺、加注量和周期有着十分密切的关系;缓蚀剂未到达的腐蚀区或气流或液体段塞将缓蚀剂膜剥离,均起不到保护作用。因此,缓蚀剂注入位置和注入方法的选择应确保整个生产系统受益,即注入的缓蚀剂不仅能在起始浓度下在整个系统的金属表面形成一层有效的保护膜,而且在缓蚀剂膜被气流剥离后还能不断地提供足够浓度的剩余缓蚀剂来修补缓蚀膜。

为提高缓蚀剂的缓蚀效果,应考虑缓蚀剂与除硫剂、除氧剂、杀菌剂等配合使用,以得到更好的防腐效果和工艺效果。并设置在线腐蚀检监测系统,监测腐蚀速率的变化情况,据此来调整缓蚀剂的添加方案,以确保腐蚀得到很好的控制。

二、内涂层防腐与衬里防腐技术

钢管内涂层防腐及衬里防腐技术也是集输管道采用较多的内防腐措施之一,其原理是在管道内壁和腐蚀介质之间提供一个隔离层,从而起到减缓腐蚀的作用。采用内涂层防腐和衬里防腐技术不但有效地防止了内腐蚀,节约大量的管材和维修费用,还可显著提高输送效率,减小动力消耗,并防止天然气水合物堵塞管道,减少清管次数。另外,由于内涂层或衬里表面光滑度较高,使管道检测容易进行,借助管道的光泽就可方便地进行管道内壁检查,发现管道内壁缺陷,从而避免和减少管道事故。

可供含 H_2S、CO_2 的酸性油气田选用的有机内涂层和衬里有环氧树脂、聚氨酯以及环氧粉末等,有关喷涂及表面预处理工艺都很成熟。环氧粉末内喷涂的工艺流程如图 3-2 所示。

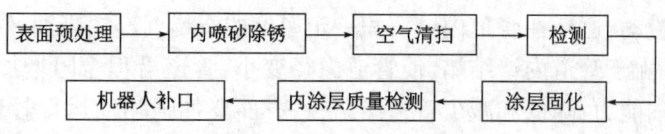

图 3-2 环氧粉末内喷涂工艺流程

钢管表面预处理是十分重要的,内喷砂除锈的质量关系到内涂层能否与基体紧密黏结及内涂层是否会出现大量缺陷。GB/T 8923.1—2011 规定管道预处理需达到 Sa 2½ 级的除锈等级。

钢管内喷砂除锈装置采用洁净的压缩空气带动磨料(非金属磨料如燧石、石英砂,金属磨料如钢丸、钢丝段)通过特殊形状的耐磨喷嘴高速喷出、冲击或冲刷钢管内表面,将钢管内表面的铁锈、氧化皮等污物除去,以达到规定要求的清洁表面和一定的粗糙度。钢管边旋转喷枪边在管内移动,来实现对管内壁的全面清理。除锈是涂敷内壁的前期工作,也是影响涂层寿命最关键的环节。

补口机器人可高效完成喷涂后内涂层质量检测和在需要补口部位进行自动补口。因此,整个管道预制、喷砂除锈、喷涂、内涂层固化及检测补口工序均可由涂敷商高效大批量生产以满足现场对防腐管道的需求,具有很好的经济性。

由于内涂层或衬管不可避免地存在针孔,尤其是有机内涂层易在针孔处起泡剥落,而在生产维护过程中也可能使防腐层损伤,所以使用防腐层的同时通常要添加适量的缓蚀剂。

此外,玻璃钢复合材料是很好的有机衬里材料,玻璃钢内衬管具有玻璃钢的耐蚀性能和钢管的强度,尤其适合用作温度和压力较高的集输管道,胜利油田就已较广泛地采用该管道进行油气集输。玻璃钢内衬管具有强度高、耐强酸、碱、盐和卤水腐蚀,电和热绝缘性好等优点,其防腐性能比内涂层要好。此外,采用玻璃钢内衬法可对气田的旧有输气管道进行修复。国外资料报道,采用此技术修复的管道,其再服役寿命可达 50 年。玻璃钢内衬管还有保温功能,起到很好的保温作用,防止管道内结蜡、结垢和水合物堵塞。但由于国产玻璃钢的质量、制管和施工水平较差,使国产玻璃钢内衬管不能得到广泛地应用。目前,玻璃钢内衬管一般都由国外进口,成本较高。

第三节　管道清管作业

一、清管目的

1. 天然气管道清管目的

清管设备是天然气管道施工和运行过程中需要用到的设备之一,其作用包括:(1)清管以提高管道效率;(2)测量和检查管道周向变形,如凹凸变形;(3)从内部检查管道金属的所有损伤,如腐蚀等;(4)对新建管道在进行严密性试验后,清除积液和杂质。

2. 输油管道清管目的

在运成品油管道需要定期清管,其主要作用是:(1)延缓管道内壁腐蚀速度,延长管道使用寿命;(2)检查出管道有无严重变形部位,预防和减少事故发生;(3)减少管道摩阻,降低输油能耗;(4)清除管道低洼处积水,防止管道冻堵,确保输送油品质量。

原油在管道内流动,逐渐在管道内壁沉积一定厚度的石蜡、胶质、凝油、砂和其他杂质的混合物,统称为结蜡。由于管道内壁结蜡,使管道内径变小,管道沿程摩阻增加,输送能力下降。为了确保管路的输油能力,降低和减少管道结蜡,一方面要加强输油运行管理,选择合理的输油工艺参数;另一方面则应健全完善管道清蜡装置,坚持周期性的管道清蜡。

二、清管器

1. 清管器组成

清管器的设计和安装应满足一定的使用要求,如清管器的尺寸和结构要求,并应遵循有关的设计规范,保证其适应性和安全性。

如图3-3所示,清管器主要部分包括:(1)收发筒;(2)隔断阀;(3)平衡阀和平衡管;(4)连接清管器的导向弯头;(5)线路主阀;(6)锚固墩和支座。此外,还包括通过指示器、放空阀、放空管和清管器接收筒排污阀、排污管道以及压力表等。

1)收发筒

收发筒直径应比公称管径大1~2级。发送筒的长度应不小于筒径的3~4倍;接收筒的长度除了考虑接纳的污物外,有时还应考虑连续接收清管器,其长度应不小于筒径4~6倍。收发筒上应有平衡管、放空管、排污管、通过指示器、快开盲板。

收发筒为钢制筒体,顺介质流动方向与水平线由高向低呈倾斜8°~10°倾斜安装,即接收筒进清管器一端高而快开盲板取出清管器的一端低,发送筒则是放入清管球的快开盲板一端高而取出清管器的一端低,这种倾斜结构便于将清管器放入发送筒和从接收筒取出清管器。多类型清管器的收发筒应当水平安装,收发筒离地面不应过高,以方便操作。

排污管应接在接收筒下部。放空管应接在收发筒的上部。清管器信号指示器应安在发送筒的下游和接收筒入口处的直管段上。

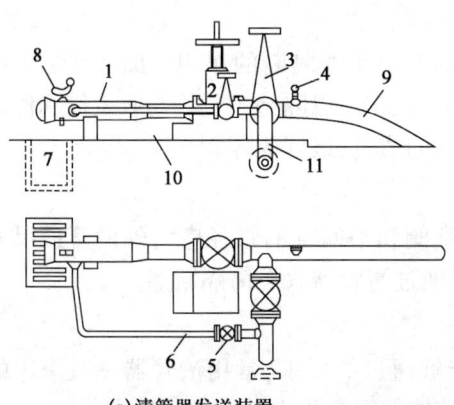 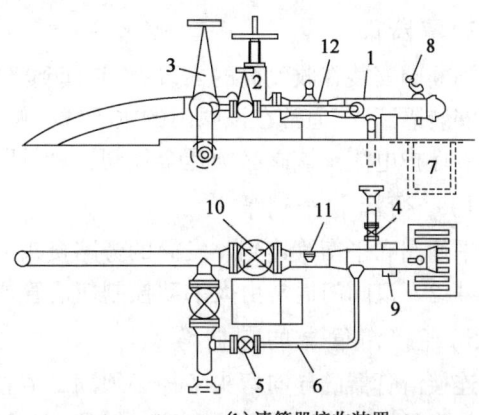

(a)清管器发送装置	(b)清管器接收装置
1—发送筒;2—隔断阀;3—线路主阀;4—通过指示器;5—平衡阀;6—平衡管;7—清洗坑;8—放空管和压力表;9—导向弯头;10—支座;11—锚固缆	1—接收筒;2—隔断阀;3—线路主阀;4—通过指示器;5—平衡阀;6—平衡管;7—清洗坑;8—放空管和压力表;9—放空管和压力表;10—放空阀;11—排污阀;12—排污管道

图3-3 清管器

发送装置的主管三通之后和接收筒大小头前的直管上(一般在1m左右),应设通过指标器,以确定清管器是否已经发入管道和进入接收筒。在进站前500~100m位置上也设置一个能够发出远传信号的清管器信号发送器,以便清管器进站前发出信号,提醒操作人员提前做好接收清管器的准备。收发筒上必须安装压力表,面向快开盲板开关操作者的位置。有可能一次接收几个清管器的接收筒,可多开一个排污口,这样,在第一个排污口被清管器堵塞后,管道仍可以继续排污。

输油管线上的接收筒上带有两条回油管线,两条回油管线的距离略大于清管器的长度,以防瞬间量过小,管道压力超过允许压力值。收发筒上装有排气阀和排污阀。为便于接收清管器,清管器接收筒盲板部位略低于与干线连接部位。

目前我国使用的收发筒规格见表3-3。

表3-3 收发筒规格

干管直径 mm	筒体直径 mm	旁通管直径 mm	压力平衡管直径 mm	发球旁通管直径 mm	干线放空管直径 mm	排污管直径 mm	筒体放空管直径 mm
300	350	250	50	150	100	100	50
350	400	300	50	150	150	150	50
400	500	350	50	150	150	150	50
500	600	400	50	200	200	200	50
600	700	500	50	200	200	200	50
700	800	600	50	200	200	200	50

2)快开盲板

快开盲板是收发筒的关键部件,清管器的装入、取出和密封均由它来实现。快开盲板通过一水平短节与筒体相连,它主要由盲板盖、压圈、开闭机构、法兰、密封环、保安螺栓、保安弯板、防松楔块、锁环等部分组成。快开盲板应方便清管器的快速通过,并应安有压力安全锁定装置,以防止当收发筒内有压力时被打开。

3）隔断阀

隔断阀安装在收发筒的入口处，它起到将收发筒与主干线隔断的作用。如果在主干线上没有安装隔断阀，通常在该阀门的主干线一侧安装绝缘法兰，以隔绝主干线与收发筒和阀门间的阴极保护电流。该阀必须是全径阀，以保证清管器的通过，最好为球阀。

4）平衡阀和平衡管

平衡阀和平衡管连到收发筒的旁路接头上，平衡阀和平衡管的管径应为外输管道尺寸的 $1/4 \sim 1/3$。该阀门通常由人手动控制使清管器慢慢通过清管器收发筒隔断阀。

5）连接清管器的导向弯头

连接清管器的导向弯头半径必须满足清管器能够通过的要求，常用清管器一般采用的弯头最小半径等于管道外径的 3 倍。但是，电子测量清管器需要更大的弯头半径。

6）线路主阀

线路主阀通常用于将主干线和站本身隔开。要求该阀为全径型，以减少阀门产生的压力损失。该阀靠近主干线处应有绝缘法兰以隔绝主干线阴极保护电流。

7）锚固墩和支座

通常使用的锚固墩是钢筋混凝土结构。但是根据土壤条件，也有其他类型的锚固墩，如钢桩和钢支架。

所有地面管件、收发筒和阀类必须安装在一定基础上，并防止管件在基础上发生任何侧向位移。

2. 常用清管器

常用清管器有清管球、皮碗清管器等。

1）清管球

清管球是由氯丁橡胶制成的，呈球状，耐磨耐油，结构如图 3-4 所示。当管道直径小于 100mm 时，清管球为实心球；当管道直径大于 100mm 时，清管球为空心球。长输管道中所用清管球大多为空心球。空心球壁厚为 $30 \sim 50mm$，球上有一个可以密封的注水孔，孔上有一个加压用的单向阀，用来排气和控制注入球内的水量以调节清管球直径对管道内径的过盈量。

使用时注入液体使其球径调节到过盈于管径的 $5\% \sim 8\%$，使球成为弹性的实体，在管内具有一定的顶挤能力。当管道温度低于 0℃ 时，球内应注入低凝固点液体（如甘醇），以防止冻结。清管球在清管时，表面将受到磨损，只要清管球壁厚磨损偏差小于 10% 和注水不漏，清管球就可以多次使用。清管球对清除积液和分隔介质是很可靠的。

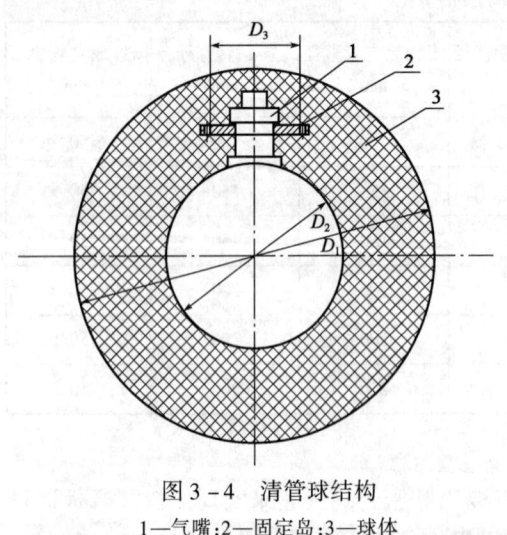

图 3-4 清管球结构
1—气嘴；2—固定岛；3—球体

输油管道投产初期或管道运行一段后有变形大的管段，多采用橡胶清管球清管。但用于管道清蜡时，效果较差。

清管球规格见表3-4。

表3-4 清管球规格

序号	公称直径 mm	管子外径 mm	球体外径 D_1 mm	球体内径 D_2 mm	固定岛直径 D_3 mm	质量 kg
1	200	219	215	155	19	5
2	350	377	375	275	19	25
3	400	426	426	334	19	63
4	500	508	505	405	19	60
5	500	529	535	435	19	56
6	600	630	622	522	19	75
7	700	720	717	607	19	92
8	800	820	820	640	19	200
9	1000	1020	1020	820	19	600

2) 皮碗清管器

皮碗清管器结构如图3-5所示。当皮碗清管器工作时,其皮碗将与管道紧紧贴合,气体在输送后产生压差,从而推动清管器的运动,并把污物清出管外。皮碗清管器还能清除固体阻塞物。同时,由于它保持固定的方向运动,所以它还能作为基体携带各种检测仪器。

清管器的皮碗形状是决定清管器性能的一个重要因素。按照皮碗的形状可分为锥面、平面和球面三种皮碗清管器,如图3-6所示。其中锥面皮碗较为通用,使用广泛;平面皮碗清除块状固体阻塞物能力强;球面皮碗通过管道系统能力好,允许有较大的变形量。皮碗材料多为氯丁橡胶、丁蜡橡胶和聚酯类橡胶。

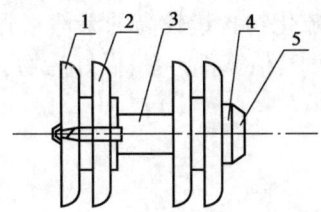

图3-5 皮碗清管器结构
1—QXJ-1型清管器信号发射机;2—皮碗;
3—骨架;4—压板;5—导向器

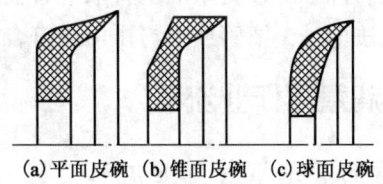

(a)平面皮碗 (b)锥面皮碗 (c)球面皮碗

图3-6 清管器皮碗形状

三、清管管理

1. 原油管道清管管理

对新建管线投产前的清扫,宜采用机械清管器;管线清管应采用机械清管器;在发送管内检测器前,应对管道进行清管和测径。对首次和不定期清管管线,应首先按有关要求制定清管方案,并报上级主管批准;对不定期清管的管线,宜在清管前3~5天提高管线运行温度和输量。首次通机械清管器时,应对管道变形情况进行确认,以保证清管器的通过,且清管器应携带跟踪系统,并且对首次采用机械清管器进行清管的管线,应做好封堵抢修的保障措施。

清管期间应尽量保证运行参数稳定,及时分析清管器的运行情况,对异常情况应采取措施。清管过程中若清管器破损而滞留在管线内,且管道压力没有变化时,可根据情况发送第二个清管器,将破损的清管器顶出。清管过程中若发生清管器卡阻,出站压力升高,应及时判断卡阻位置,采用提高出站压力顶挤或采用短时间反输进行反推再正输的方法推动清管器;如清管器还不能运行,则应采取在清管器前开孔放蜡或不停输封堵的方法取出清管器。

在有分支管线清管时,宜在预计清管器通过分支接点的前后一段时间里安排支线暂时停输,确认清管器通过后,再恢复支线的输油。

2. 成品油管道清管管理

安排清管作业时,应根据管道运行和油品质量检测情况安排管道清管作业。清管作业应制定相应的清管方案,明确清管作业组织机构、清管器的选用、清管步骤、清管操作、运行控制、事故预案等事宜。制定清管方案时应遵循"循序渐进"的原则,避免出现堵塞、卡阻等现象。清管作业宜安排在价值较低的油品批次中进行,并做好相应的清管器跟踪工作。

3. 天然气管道清管管理

清管前应对管道输气流量、输送状况、输送效率等进行分析并掌握管道历次清管情况。首次清管前应进行管道状况调查,对不符合清管要求的管道和设施进行整改。如果管道内污物、积液较多、高程差较大,应注意防止清管过程中的水合物堵塞。清管前和清管过程中应进行水力计算、分析,预测和掌握清管器的运行位置和时间。

清管过程中应随时掌握清管压差及变化,且清管过程中清管器运行速度不超过 5m/s。应监测和跟踪清管器运行时间。宜对清管器安装信号发送装置,监听点宜配备信号接收装置,便于跟踪定位。应根据管道沿线地理情况、线路阀室及穿跨越情况设置清管器监听点。

在打开收球筒前宜对其进行氮气置换。

清管器卡阻后宜根据运行情况采取调整清管器上下游压差、发送第二清管器顶推等办法解决;以上方法无效时,采取割管取清管器的办法。对硫化物含量较高的天然气管道,宜采取湿式作业法取球。清管放空与排污应符合安全、环保要求,估算排污量,做好污物、污液处理。

四、清管器作业流程

1. 输油管道清管作业流程

输油管道清管作业流程如图 3-7 所示。

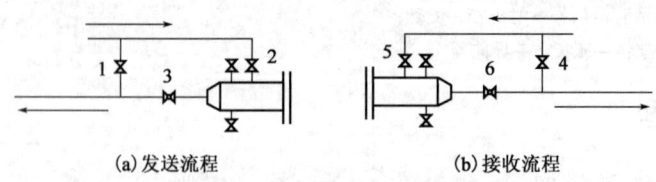

(a) 发送流程　　　　　　(b) 接收流程

图 3-7　输油管道清管作业流程

1、4—旁通阀;2—发送阀;3、6—球阀;5—接收阀

在清管器发送端,管道通过旁通阀 1 正常输送。发送清管器时,打开快开盲板,将清管器放入发送筒,上好快开盲板,先开发送阀 2,再开球阀 3,逐渐关闭旁通阀 1,油流将清管器发出;清管器发出后,先开旁通阀 1,再关闭发送阀 2 和球阀 3,恢复正常输送;此时,通过清管器发送装置上的放空阀和排污阀放空,排污后,打开快开盲板,清理发送装置,预备再次发送。

在清管器接收端,管道通过旁通阀 4 正常输送。接收清管器时,先开球阀 6,再开接收阀

5,逐渐关闭旁通阀4,清管器在油流的推动下进入接收装置;清管器接收后,先开旁通阀4,再关接收阀5和球阀6,恢复正常输送。此时,打开接收装置上的放空阀和排污阀,泄压,排净污油,打开快开盲板,取出清管器,清理发送装置,预备再次接收。

原油管道的清管作业时,应注意以下几点:(1)清管器发送前应检查清管器发送筒、接收筒,清管器装入发送筒内后应排尽发送筒内气体并将筒内充满原油;(2)确认清管器发出或收到后,应恢复正常流程,并将发送筒内的原油回收;(3)清管器到达转球筒或收球筒前,应将筒内充满原油;(4)清管器到达转球筒后宜停留一定时间后转发;(5)接收筒内原油排净回收后,应及时清理筒内凝蜡等杂物,取出清管器。

2. 天然气管道清管作业流程

1)清管器发送过程

(1)关闭发送筒隔断阀门和平衡阀门;

(2)打开放空阀,卸掉发送筒中的压力,在发送筒中压力达到大气压力前,不能急于打开快开盲板;

(3)打开快开盲板,放入清管器,直到清管器到达发送筒颈缩管处,并在该处紧紧贴合;

(4)关闭快开盲板;

(5)轻微地打开平衡阀排出发送筒中的空气;

(6)关闭放空阀并慢慢使发送筒中的压力增加到管线压力;

(7)关闭平衡阀,若没有关闭平衡阀就打开清管器发送筒的隔断阀,可能会损坏清管器;

(8)打开清管器发送筒隔断阀;

(9)打开平衡阀,关小线路主阀,使清管器通过发送筒;

(10)打开线路主阀,关闭发送筒隔断阀门和旁通平衡阀。

2)清管器接收过程

(1)关闭放空阀和快开盲板;

(2)在清管器到达之前,先打开平衡阀,然后打开隔断阀,若清管器没有进入接收筒,应慢慢关闭线路主阀直到清管器被压入接收筒为止;

(3)一旦清管器进入接收筒,应打开线路主阀;

(4)关闭接收筒隔断阀和平衡阀;

(5)打开放空阀排出筒中的压力,待接收筒中压力下降到大气压;

(6)打开快开盲板并取出清管器;

(7)关闭快开盲板;

(8)轻微地打开平衡阀,排出接收筒中的空气;

(9)关闭放空阀,并慢慢使接收筒中压力上升到管线压力;

(10)关闭平衡阀,若要接收下一个清管器,平衡阀和接收筒隔断阀应保持打开状态。

五、清管周期

1. 原油管道清管周期

随着结蜡层厚度的增加,一方面输量下降,摩阻增加,使动力费用变大;另一方面结蜡层有保温作用,随着结蜡层厚度的增加,热损失逐渐减少,热力费用不断降低,每次清管都要一定的费用,随着清管周期的变大,平均每天的清管费用下降。因此,要确定经济清管周期,可计算出不同清管周期对应的运行成本,即动力费用、燃料费用和清管费用的总和,从经济方面考虑,最小成本对应的时间就是经济清管周期。

假设清管周期为 T 天,运行成本的计算过程如下:

1) 清管后 t 天泵机组的动力费用

清管后 t 天输油泵机组的输入功率为

$$N_t = \frac{\rho g Q H}{1000 \eta_j \eta_b} \tag{3-1}$$

式中 N_t——清管后 t 天输油泵机组的输入功率,kW;
ρ——原油的密度,kg/m³;
Q——体积流量,m³/s;
H——加热站间所需压头,m;
η_j——电动机效率;
η_b——输油泵效率。

清管 t 天内泵机组的动力费用为

$$S_p = 24 \times N_t \times e_d /(G_d \times L_R) \tag{3-2}$$

式中 S_p——清管后 t 天泵机组的动力费用,元/(t·km);
e_d——电力价格,元/(kW·h);
G_d——日均输油量,t/d;
L_R——相邻两加热站间距,km。

2) 加热炉的燃料费用

清管后 t 天加热炉的燃料费用为

$$S_R = C_y (T_R - T_Z) e_y /(L_R \eta_R B_H) \tag{3-3}$$

式中 S_R——清管 t 天内加热炉的燃料费用,元/(kW·h);
C_y——原油的比热容,kJ/(kg·℃);
T_R——相邻两加热站间管路的起点温度,℃;
T_Z——相邻两加热站间管路的终点温度,℃;
e_y——燃料油价格,元/t;
η_R——加热炉效率;
B_H——燃料油热值,kJ/kg(取 4.18×10^4 kJ/kg)。

3) 清管费用

清管后 t 天的清管费用为

$$S_c = e_c /(G_d T L_R) \tag{3-4}$$

式中 S_c——T 天内的清管费用,元/(t·km);
e_c——一次清管费用,元。

在输量 G_d 一定的条件下,清管周期为 T 天时的运行成本为

$$S = \frac{1}{T} \sum_{t=1}^{T} S_p + \frac{1}{T} \sum_{t=1}^{T} S_R + S_c \tag{3-5}$$

式中 S——清管周期为 T 天时的运行成本,元/d;
T——清管周期,d;

t——清管后天数,$t=1,2,3,\cdots,T$。

分别计算清管周期天数 $T=1,2,3,\cdots$ 时的运行成本,运行成本最低时的清管周期即为经济清管周期。

2. 天然气管道清管周期

天然气管道周期性清管周期的理论判断法是以管道输送效率降低到某一临界值(如 SY/T 5922—2012 规定为 0.95)为根据的,但该方法存在一些方面的缺陷,制约了清管作业在实际工程中的应用。因此,宜根据管道输送的气质情况、管道的输送效率和输送压差确定合理的清管周期。

天然气管道清管周期的影响因素主要包括:(1)管道的最大允许积液量,即管道终端捕集器(或分离器)的液体处理能力;(2)管道中气液混合物的最大允许压降及流速;(3)管道的纵断面形状,特别是液体容易积聚的低谷数量及尺寸。其中最直接且可靠地反映管道中沉积物的因素主要是管道内的积液量,其次则是管段的压降。因此有必要通过管网模拟软件对输气管道进行仿真模拟,或直接在管道关键点处设置监测仪,用以监测管道内的积液液面或管段压降,再运用管道最大允许积液量或最大允许压降的判决来确定管道清管周期。

第四节 管道维抢修技术

一、管道维修技术

管道维修一般指管道的修补、修复和管道。修补多指管道日常的维护、维修以及泄漏事故发生时的抢修和临时性维修,而修复及更换则属管道的永久性修复,也就是管道的大修。在管道大修中要对管道防腐涂层进行修复和更换,更为主要的是对管道的管体缺陷进行永久性修复。

统计资料表明,我国早期投入使用的管道,每年用于维修、旧管道更新的费用约占新建管道工程建设投资的 10%~20%,管道维修已经成为油气集输过程中一项必不可少、经常性的工作。随着科技的不断进步,管道维修的新技术和新方法不断涌现,本节主要介绍国内外管道维修技术的常用方法和几种新型修复技术。

1. 管道防腐层修复技术

管道防腐层修复根据管道内、外检测报告,结合地面检漏结果及日常管理资料进行。管道防腐层修复主要包括埋地管道开挖、旧防腐层清除、管体表面处理、防腐层涂敷以及回填等步骤。目前,我国管道防腐层修复主要采用不停输沟下作业方式,由于受管道应力条件限制,一般不允许连续大规模开挖。另外,缠带类防腐层和环氧类涂料作为防腐层修复的主要材料。主要以手工缠绕和刷涂为主。

国内管道防腐层修复有以下特点:沟内作业,间断开挖;缠带类防腐层为主;开挖面积小、作业空间有限;手工消除旧防腐层、手工施工防腐。

图 3–8 为典型的国内管道防腐层修复现场旧涂层清除和表面处理。

目前,国外的机械修复设备已能实现管道在停输或不停输条件下的沟内、沟外修复。一些专业公司具有配套的沟上、沟下修复设施和成熟的工程施工经验。管道涂层修复工作主要包括开挖管道周围土壤、清除管道旧涂层、管体表面处理、涂敷新涂层以及管沟回填等工序。

图 3-9 是国外管道喷涂设备。

(a) 旧涂层消除　　　　　　　　　　　(b) 表面处理

图 3-8　国内管道防腐层修复现场

图 3-9　国外管道喷涂设备

国外管道建设、运行管理及修复技术先进,修复方式和修复手段多样化,修复设备机械化,能够确保修复效率和修复质量。而国内的修复水平与国外相比有一定的差距,主要表现在修复技术相对单一、缺乏机械化修复设备、修复进度缓慢、手工修复质量难以保证等方面。结合我国管道特点,应有针对性地组织各方面的人力,集中研究国外先进的修复技术、方法和设备,重点放在机械化修复设备、管体缺陷修复技术以及国外公司修复项目的组织、实施和管理上,进一步提高我国油气管道修复的整体水平。

2. 管体缺陷类型

管体缺陷按成因分为腐蚀缺陷、环境造成缺陷、制造缺陷和施工缺陷或第三方破坏四大类缺陷。

(1) 腐蚀缺陷。金属腐蚀是金属与周围介质发生化学、电化学或物理作用成为金属化合物而受破坏的一种现象。按照管道腐蚀部位的不同,可分为外腐蚀和内腐蚀。根据腐蚀的作用原理,腐蚀又可分为电化学腐蚀、选择性腐蚀、沉淀物腐蚀以及细菌腐蚀几种类型。

(2)环境造成缺陷。环境造成缺陷包括氢致开裂、应力腐蚀开裂、疲劳开裂、蠕变开裂以及脆件断裂。

(3)制造缺陷。管道在制造过程中,可能产生以下缺陷(不限于此):砂眼、分层、夹渣、未焊透、冷焊、咬边、焊接裂纹、硬点、搭接等。

(4)施工缺陷或第三方破坏。在管道施工或维护过程中,可能出现凹坑、划痕、电弧烧伤、褶皱和裂纹等缺陷。

3.国外管体缺陷常用修复技术

管体缺陷修复技术种类有很多,针对不同的管体缺陷类型,都有一些修复技术与之相适应。

根据管道敷设方式、管道缺陷类型及修复方式的不同,下面将管体缺陷的修复方法按照陆上埋地管道的修复、海底管道的修复分别加以叙述。

1)陆上埋地管道的修复

按照美国运输部对钢质管道非泄漏缺陷(如腐蚀、凹坑、划痕、点蚀和裂纹)的修复方法分类,可以将陆上埋地管道的修复方法分为换管修复、全封闭钢质套筒修复、机械夹具修复、复合材料修复及其他修复技术五大类。

(1)换管修复。换管修复可以一次性且永久地解决修复段所存在的所有问题,是一个非常好的修复选择。但是,换管修复也有着显而易见的缺点,即施工作业时影响管道正常输送,给管道公司造成大的经济损失,并会对下游的用户产生一定影响。同时,换管作业也存在一定的安全和环境风险,尤其是天然气、成品油等危险介质管道,对施工作业的安全措施要求较高。另外,换管施工作业需要大型的设备和优秀的焊接技术工人,耗费的时间也较长。因此,在大多数情况下,换管修复是成本最高的修复方案,也是管道公司最不愿意采用的修复方案。但是当需要连续修复较长距离的管道时,或者管道存在包括材质在内的多个问题时,换管修复可能是唯一选择。

(2)全封闭钢质套筒修复。全封闭钢质套筒修复的原理是根据管体减薄处在内压作用下的径向应力增大,利用全封闭钢质套筒恢复管壁减薄处的承压强度,使其不能因达到塑性变形极限而破裂。这种方法消除了直接在因腐蚀等原因而减薄的管体上施焊所引起的所有弊端,就这个角度而言,可认为是免焊的,因此该方法是相对安全的。

(3)机械夹具修复。机械夹具修复用于管道的临时抢修。由于机械夹具造价较高,主要是在管道发生泄漏时使用。根据泄漏的情况可以选择不同类型的夹具。机械夹具主要有三种类型:点状式泄漏夹具、对开式泄漏夹具和耦合式泄漏夹具。机械夹具的优点是无须在管体上进行焊接,避免了焊穿和发生氢脆、冷脆的风险。缺点是安装机械夹具时需要动用大型的施工设备,且施工工艺相对复杂,成本较高。

(4)复合材料修复。复合材料修复的原理是介质在管道内输送时,管道内部的压力作用于管壁的各个方向,当管壁某处受损或变薄时,受损部位将会承受比正常部位更大的压力,而复合材料修复就是利用涂敷在缺陷部位的高强度填料,以及管体上和纤维材料层间的强力胶,将作用管道损伤部位的应力均匀地传递到缠绕在其上的复合材料修复层上,使得复合材料修复层承受大部分压力,提高管体的抗拉与抗压能力,并控制缺陷的继续发展。这种修复技术的优点是在工厂制造过程中严格控制修复层的加工,使得增强材料和树脂成分的比例几乎完全一致,而且修复层材料经过工厂挤压、烘干、热处理及固化后作为一个完整的产品被运到现场,大部分的可变因素得到精确控制,从而修复效果受现场作业情况的影响很小。缺点是由于修复层在工厂预制成型,因此幅宽无法改变;对于较长缺陷,只能采用若干修复层连续安装的方法进行修复,成本相对较高;并且由于修复层硬度较大,不能弯曲。因此,复合材料修复不能用于管道不规则部位(如弯头、接头等)的修复。

(5)其他修复技术。打磨、补焊、带压开孔、连接器连接、焊接盖帽等。

2)海底管道的修复

海底管道所处的环境比陆上管道要复杂得多,因此对海底管道而言,施工过程更困难,且费用更高。同样,海底管道发生事故所引发的问题(如生态破坏和环境污染)也比陆上管道更为严重。对海底管道出现缺陷乃至事故,所采取的修复和抢险工作的要求也更为严格。以下是进行海底管道修复的常用方法。

(1)高压焊接。高压焊接是世界范围内广泛使用的海底管道修复连接方法。潜水员或焊工在水下居留舱内完成焊接。焊接时,初始焊道采用钨极惰性气体焊接工艺,由于管端调整难度和高焊接质量要求,使得焊工在进行这一操作时,十分缓慢和困难,而其余焊道使用金属极电弧熔焊工艺。根据管径和壁厚的不同,确定焊接的层数。除了更换管道需要进行焊接外,许多适合于修复管道不同类型缺陷的方法也要进行焊接。使用这些修复方法时,焊工同样需要乘坐高压水下居留舱潜到管道损坏部位进行焊接。高压焊接主要包括补焊、半圆补强板、非压力全封闭套筒、全封闭承压套筒。

(2)敷管过程中的修复。一般而言,大部分管道损伤是在敷管过程中造成的(如吊管过程中悬吊部分的管段会发生弯曲)。在试压时,这些小的损伤又可能发展成泄漏或断裂。管道在正式运行过程中,很少会发生事故。海底管道出现弯曲有两种情况:干式弯曲和湿式弯曲。针对管道不同的弯曲情况,可采取相应的修复方法。

(3)提升修复。提升修复是业内广泛认同的一种修复方法,即将几个吊臂线缠绕在受损管段两端,而将其提升至水面进行修复,包括表面焊接修复、表面旋转接头修复、带压开孔几种修复方式。

4.国内管体缺陷常用修复技术

国内对管体缺陷,通常采用补焊、补板、管卡、换管和复合材料补强等方法进行修复。

(1)补焊。补焊是国内使用较多的管壁腐蚀修复方法,采用该方法修复时对腐蚀的深度有一定要求。对于深度大于 2.5mm 的点蚀和深度大于 2mm 的大面积腐蚀,为防止焊穿管壁,不能采用补焊进行修复。当腐蚀面积较大时,也不宜进行补焊。

(2)补板。补板是国内常用的管体缺陷修复方法,适用于修复面积不大的腐蚀、直径小于 8mm 的腐蚀孔、长度小于管道周长 1/6 的裂纹及其他不宜进行换管的管体缺陷。补板虽然在国内应用普遍,但存在一定安全隐患。其原因是补板的角焊缝的焊接强度达不到要求。因此,美国禁止采用补板方法进行高压管道泄漏或非泄漏缺陷的修复。对一些低压管道,美国规定补板焊接必须采用对接焊接形式,即将补板打出坡口进行对接施焊。

(3)管卡。对于直径小于 8mm 的腐蚀穿孔、油压较低和不停输或不允许长时间停输的管道可进行管卡修复。安装管卡前,先用熔断丝或削成圆锥形的木塞堵住泄漏孔,然后将一块硬质橡胶垫黏在泄漏孔上,最后安装管卡,并用螺栓拧紧。

(4)换管。对于管道长距离严重腐蚀、焊缝开裂及管道断裂等无法使用其他方法进行修复的管体缺陷,采用换管进行修复。

(5)复合材料补强。管体缺陷复合材料补强技术是近年来国内管道行业引进和发展起来的一项新技术。与传统的焊接、补板等修复方法相比,复合材料补强方法具有作业简便、快速,不需要大型专用设备,且无须焊接等优点。

5. 新型修复技术

1)管体缺陷碳纤维复合材料修复技术

用于管道修复的复合材料一般由基体(树脂)和增强材料组成,使用较多的树脂种类包括不饱和聚酯、环氧树脂和乙烯基树脂,增强材料有玻璃纤维、碳纤维、方族聚酰胺纤维等类型。目前,国际广泛应用较多的是玻璃纤维复合材料利碳纤维复合材料。

管体缺陷碳纤维复合材料修复技术主要有预成型法、湿缠绕法和预浸料法三种成型方法。管体缺陷碳纤维复合材料修复示意图如图3-10所示。

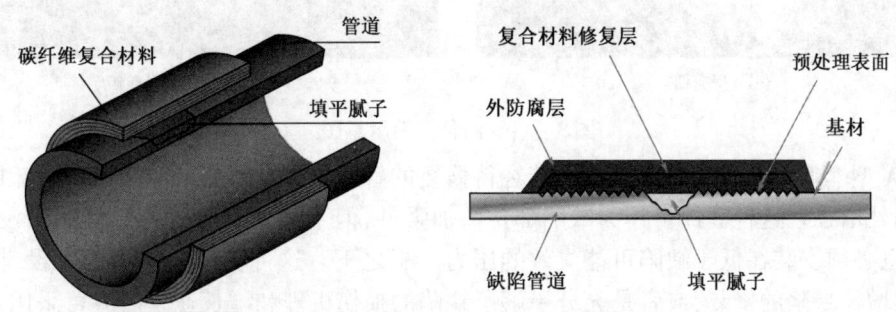

图3-10 管体缺陷碳纤维复合材料修复示意图

管体缺陷碳纤维复合材料修复技术可应用于以下几方面:

(1)缺陷程度低于80%壁厚管道的腐蚀、裂纹、机械损伤、焊缝缺陷等缺陷的修复补强;

(2)内腐蚀管道临时增强、单点补强,也可用于整体管段的缺陷补强;

(3)增加管道安全系数和管道提高运行压力的提压增强;

(4)不规则管件,如弯头和三通的缺陷修复。

采用该技术施工无须降压、动火,操作简单,所使用的碳纤维复合材料具有良好的柔韧性,但是三种成型方法又各有其局限性:

(1)预成型法由于修复层在工厂预制成型,因此幅宽无法改变;对于较长缺陷,只能采用若干修复层连续安装的方法进行修复,成本相对较高;另外,由于修复层硬度较大,不能弯曲,因此不能用于管道不规则部位(如弯头、接头等)的修复。

(2)湿缠绕法的缺点是修复层树脂与增强材料的比例难以控制,树脂的饱和度、增强材料的调整以及修复层强度的一致性受安装过程的影响较大。

(3)预浸料法在很大程度上克服了上述两种施工方法的缺陷,但是其现场施工需要加热设备,加热温度一般在100℃以上,且需要较严格地控温。

值得注意的是,该类修复技术不能用于泄漏型缺陷、环焊缝缺陷、缺陷程度超过80%的缺陷和内腐蚀缺陷修复。

2)套筒修复技术

套筒修复技术是利用两个由钢板制成的半圆柱外壳覆盖在管道缺陷外,通过焊接连接在一起,套筒与管壁紧密结合,协同变形,控制管体缺陷的继续发展,提高缺陷管体承压能力。该修复技术中所述套筒有两种类型,即 A 型套筒、B 型套筒(图 3 - 11)。套筒可使用钢管或轧制板材制作。

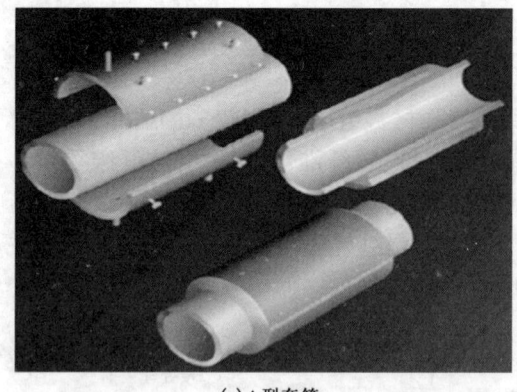

(a) A 型套筒　　　　　　　　　　　　(b) B 型套筒

图 3 - 11　两种套筒示意图

(1) A 型套筒。A 型套筒末端不焊接在待修复的管道上。A 型套筒不能保持内部压力,但可对缺陷处增强。这种套筒可作为缺陷部位的加强件,但不能带有压力并只能用于没有泄漏的缺陷,也必须安装在低于缺陷可能失效的压力水平之下。这种套筒只能应用于没有泄漏和不会继续增长缺陷的修复,或者是充分了解了缺陷的损伤机理和增长速率后方可采用。

(2) B 型套筒。B 型套筒的末端采用角焊的方式固定在输送管道上。B 型套筒可保持管道内压,因为它末端焊接在管道上。此类套筒可用于修复含泄漏型缺陷和以后可能泄漏的缺陷管道,可以加强因缺陷降低轴向载荷的管道。B 型套筒可以承压,也能承受因管道受到侧向载荷而产生的轴向应力,因此它必须是一个高度完整性的构件,必须仔细装配以确保它的完整。

6. 管道更换技术

随着中国经济的持续发展和城市化进程的不断加快,城市地下空间的管线日益增多,管网的规模不断扩大,大批管道的敷设时间久远,并且当时的施工工艺和管道材质都比较差,在长年的运行中地层沉降或地面过大的动载荷引起部分管道本身发生结构性的损坏,造成排水管道污水泄漏或地下水渗入管内沉淀结垢,排污不畅。部分承压管道也会因为使用时间过长,导致管道的承压能力下降或老化管道的破裂。也有部分管道由于物理、化学、电化学、或生物等的作用,管道的内壁会逐渐形成管道垢,且随着使用时间增长而不断增厚,导致管道内壁的过流性能恶化,输送能力下降。因此,有必要对这些年代久远的管道进行分期分批的改造和更新,降低漏耗、提高管道的过水能力和承压能力。

非开挖管道更换实际上是在旧管线的原位处进行更换,即以要更换的旧管为向导,在专用机具破碎旧管的同时将直径相同或稍大的新管拉入或顶入以取代旧管,完成更换作业。非开挖管道更换技术主要有爆管法、吃管法、劈管法和 HDD 管道更换法等。

1) 爆管法

爆管法是在世界范围内使用最广的一种非开挖管道更换技术,典型的爆管法施工工艺(图 3 - 12) 是将一个圆锥形的爆管工具插入待换旧管道中并通过拉或顶驱使它通过管道并使其破裂,破碎的管道碎片被挤入管道周围的土体中,与此同时,接在爆管头后面的新管道也通过拉或推的方法敷设。大部分管道都是采用拉力的方法敷设的。

图 3-12 爆管法施工工艺示意图

爆管法的适用范围非常广,破碎的旧管道类型应该是脆性及塑性材质的管道,管径为50～1200mm,替换用的新管道可以是各种材质,包括 PP、PE、PVC、GRP 或陶土管道,半径可以等于或略大于旧管道半径,但最大不能超过旧管道半径的1.5倍。施工长度为100～250m,因为旧管道的碎屑是被挤入新管周围土层中,所以该技术只适用于可压密的土层。

2) 吃管法

吃管法是在微型隧道敷管法在管道更换领域的应用和改进。该方法采用切削具将待换的旧管道碾碎,特殊设计切屑具可以"吃"掉管道、土层以及土层内的任何障碍物。管道碎屑通过切削头后面连接的新管道排出到地表。新的管道连接在挖掘机的后部被顶入。整个系统采用远程监控和激光导向。

吃管法可以更换的旧管道类型为金属管、钢筋混凝土管等较硬的管道,其旧管半径为100～900mm,用来替换的新管可选用铸铁管、钢筋混凝土管、陶土管等,新管半径等于或比旧管略大,置换的最大长度为200m。该方法适用于较复杂的地层。但因施工费用与其他的管道更换方法比要高,因此在选择该方法时应该结合管材类型和地层类型来综合考虑。

3) 劈管法

劈管法(切割法)是使用一个带有切割刀具的切割头将管道切割开,切割刀具在钻杆或绳索施加的拉力将旧管道切割开一条裂缝。切割开的管道在切割头的挤压作用下撑开,与此同时连接在切割头后面的新管道被拉入,撑开的管道包裹在新管道的周围,对新敷设的管道起到保护作用,可以增加管道的使用寿命。

劈管法的应用范围比较有限,首先要求待更换的旧管道不能是脆性的,应该具有一定的柔韧性;其次只适用于可压密的土层中。需要替换旧管道的半径范围为50～150mm,替换的新管道可以是各种类型的管道,但是半径不能大于旧管道的1.5倍。

4) HDD 管道更换法

HDD 管道更换法(回拉螺旋法)是水平定向敷管法在管道更换中的运用。该方法(图3-13)首先将导向钻杆插入管道中,然后将一个特别设计的带有切屑齿的回拉扩孔头安装到钻杆上,

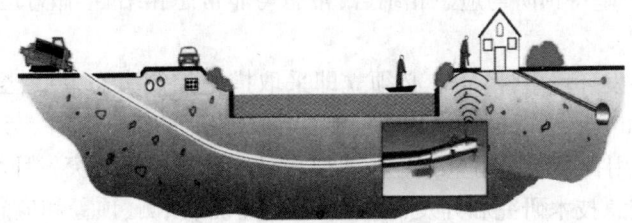

图 3-13 HDD 管道更换法示意图

扩孔头在钻机的拉力下将已存的管道破碎,管道碎屑被钻井液通过钻杆排出到地层。新的管道连接在扩孔头的后面,扩孔的同时被拉入。

该方法需要的设备比较简单,一般的 HDD 敷管钻机就足够,适用于埋深较浅的地层,但是只能用于管径较小、强度较低的管道更换。

二、管道抢修技术

管道作为连接油气田与用户的纽带,对整个油气田的开发、开采及发展起着重要的作用。长输管道具有距离长、途径地区等级多变、土壤结构复杂、穿跨越多等特点,因而更容易受到腐蚀和人为破坏。表 3-5 列出了国内外管道破损的原因及其所占比例。

表 3-5 国内外管道破损的原因及所占的比例

管道破损的原因	所占比例,%	
	国内	国外
腐蚀	36.2	40.0
操作失误	35.2	32.2
机械损伤	4.0	4.5
焊缝缺陷、损伤	10.4	10.0
第三方破坏	14.2	13.5

管道抢修技术是一项综合技术,其中涉及应急预案编制、修复技术、事故后处理等多方面内容。

1. 应急预案编制

应急预案又称应急计划,是企业针对可能的重大事故或灾害,为保证迅速、有序、有效地开展应急行动、降低事故损失而预先制定的方案或计划。它是在辨识和评估潜在的重大危险、事故类型、发生的可能性、发生过程、事故后果及影响严重程度的基础上,对应急机构与职责、人员、技术、装备、设施、物资、应急行动及其指挥与协调等方面预先做出的具体安排。它明确了在突发事故发生之前、发生过程中以及结束之后,谁负责做什么、何时做以及相应的策略和资源准备等。编制重大事故应急预案是应急救援准备工作的核心内容,也是我国有关法律法规的基本要求,在《中华人民共和国安全生产法》《中华人民共和国消防法》《危险化学品安全管理条例》中均有明确规定。

企业编制应急预案时应立足于以下基本原则:

(1)树立全面、协调、可持续的科学发展观,把维护公众健康和人身安全作为环境应急工作的出发点和落脚点,最大限度地减少突发事件及其造成的人员伤亡和危害。

(2)加强环境危险源的监控,建立环境污染事件风险防范体系和信息报告体系,从源头控制环境事件的发生。坚持预防与应急相结合,常态与非常态相结合,做好应对突发事件的各项准备工作。

(3)一旦发生突发环境事件,企业必须立即采取措施控制事态发展,全面实行企业自救,并及时向地方政府和集团公司报告。企业应接受地方政府的统一领导,与地方政府部门协同合作,由地方政府动用社会救援力量,严谨、快捷、有序、冷静地应对突发环境事件。

(4)加强环境应急技术研究和开发,采用先进的监测、预测、预警和应急处置技术和设施,充分发挥专家队伍和专业人员的作用。

(5)应急预案的编制应遵循如下基本要求:科学性、可操作性以及体系化。

1）应急预案的结构

企业应急预案通常由综合预案、专项预案和现场预案组成，以保证预案文件体系的层次清晰和开放性。

综合预案是企业的整体预案，从总体上阐述应急方针、政策、应急组织结构及相应的职责、应急行动的总体思路等。通过综合预案可以清晰地了解企业的应急体系及预案文件体系，是企业应急救援工作的基础，起应急指导作用。

专项预案针对某种具体的、特定类型的紧急情况，如危险品泄漏、火灾或某一自然灾害等的应急而制定。专项预案是在综合预案的基础上，充分考虑了某特定危险的特点，对应急的形势、组织机构、应急活动等进行更具体的阐述，具有较强的针对性。

现场预案是在专项预案的基础上，根据具体情况需要而编制的。它是针对特定的具体场所，通常是该类型事故风险较大的场所或重要区域等所制定的预案。其特点是针对某一具体现场的特殊危险及周边环境情况，在详细分析的基础上，对应急救援中的各个方面做出具体、周密而细致的安排，因此，现场预案具有更强的针对性和对现场具体救援活动的指导性。

上述的综合预案、专项预案和现场预案由于各自所处的层次和适用的范围不同，其内容在详略程度和侧重点上会有所不同，但都可以采用相似的基本结构，即一个基本预案加上应急功能设置、特殊风险预案、标准操作程序和支持附件构成，以保证各种类型预案之间的协调性和一致性。

2）应急预案的核心内容

应急预案是针对可能发生的重大事故所需的应急准备和应急行动而制定的指导性文件，其核心内容包括以下几个方面：

（1）对紧急情况或事故灾害及其后果的预测、辨识、评价；

（2）应急各方的职责分配；

（3）应急救援行动的指挥与协调；

（4）应急救援中可用的人员、设备、设施、物资、经费保障和其他资源，包括社会和外部援助资源等；

（5）在紧急情况或事故发生时保护生命、财产和环境安全的措施以及现场恢复；

（6）其他，如应急培训和演练规定、法律法规要求、预案的管理等。

3）应急疏散

（1）发现油品泄漏导致着火、爆炸后，首先要保证自身及周边人员安全，快速疏散、警戒，并立即上报，应急领导小组根据情况确定降压、停输，现场人员根据情况确定灭火、防爆措施。阀室值守员、巡线工组织周边居民疏散。通知附近乡、村政府协助疏散。

（2）如果大量油品、天然气泄漏，严禁动用明火和使用无防火防爆性能的通风设备及抢修设备，要重点做好防爆、防中毒、确定其他扩散区域工作，并组织居民向上风向疏散。

（3）安全区域设置。安全区域依据先遣组现场检测结果进行设置，但要不间断进行监测，防止由于泄漏量变化和环境因素造成不安全区域扩大。疏散区域按照500m范围确定以预防非操作人员进场，交通道路要安排专人进行守护和应急车辆指引。

（4）如果有人员受伤则在确保安全的情况下组织开展营救工作，佩戴避火服、空气呼吸器等护具，消防部门赶到后则在其指挥下统一进行救援行动。

（5）所属单位接到站场汇报后立即启动所属单位级综合预案，命令维抢修单位随即启动应急响应。维抢修单位先遣组在接到抢修令后30min内出发，赶往现场与场站对接，做好警戒、疏散工作。

（6）先遣组携带的必要装备有呼吸器、防火服、检测仪器、隔离带、隔离桩、望远镜、对讲机、通信工具、相机、劳保用品等，对现场有关物证进行收集、保管，记录影像资料，以便分析事故原因。

4）应急响应

所属单位接到汇报后立即启动本单位应急预案，并汇报公司应急办公室，公司应急领导小组组长宣布启动公司应急响应（如果为Ⅱ级及以上突发事件），召开首次会议，通报事件地点、位置、情况、性质，确定运行工况调整、抢修方案、抢修单位、赴现场指挥人员等内容，调度长组织调度将会议决定的内容短信通知公司应急领导小组成员、事发单位负责人、主管抢修副处长、维抢修中心主任，短信内容包括：

（1）公司首次会议决定调整运行工况、启动油气长输管道突发事件及相关专项应急预案；

（2）采取的抢修方案、需调动的抢修队伍及物资；

（3）事件地点、事件类型、联系人及联系电话，如有外协单位则写明。

管道处根据抢修方案确定所需应急物资，规划计划处按照物资清单进行调拨并配送到事件现场，物资运送过程中带车人应将所处位置及预计到达时间每2h向调度汇报一次。

2. 管线抢修准备及前期控制

1）抢修准备

（1）属地抢修单位负责人下达抢修令，分配抢修任务。任务下达后，各小组随即装运抢修物资，在30min内组织抢险设备、机具、物资装车完毕并分批赶往抢修现场。

（2）先遣人员到达现场，判断事件程度，调查现场情况。协助站场人员设置安全警戒、隔离措施，疏散事故点附近人群。向所属单位应急领导小组组长汇报。

（3）其他维抢修单位接到抢修令后，立即组织人员设备装车，1h内装车完毕出发赶往事故现场。

（4）所属单位负责联系大型抢修机具、焊口检测、公安、消防、医疗等单位，编制动火方案，上报作业许可。

2）油品管道抢修前期控制

（1）降压、停输：换管等动火作业前，根据现场油品泄漏情况进行管线降压，若抢修在不停输情况下进行，焊接时应将管线压力降至管道允许工作压力的0.4倍，如无法达到条件则需进行强度校核计算。如果泄漏量较大则需要停输，排空管道内的油品。

（2）控制泄漏油品：根据现场泄漏情况，选择合适位置设置引流渠，开挖防渗集油坑，确保泄漏油品能够汇入集油坑内，收集油品，为人员、设备等进场作业做准备。具体按照"一河一案现场处置预案"执行。

3）天然气管道抢修前期控制

（1）降压、放空、拆除：换管等动火作业原则上应进行管线天然气放空，若抢修在不停输情况下进行，焊接时应将天然气管线压力降至管道允许工作压力的0.4倍，如无法达到条件则需进行强度校核计算。若需要停输，应将管线内天然气全部放空。如阀室被毁则放空后进行拆除清理，详见《阀室工艺恢复处置方案》，感兴趣的读者可自行查阅。

（2）氮气置换：换管等动火作业原则上应整体置换，整体置换后，利用磁力钻开孔检查管道内天然气浓度及有无凝析油，如天然气浓度符合动火要求，管道内无凝析油则可用火焰切割机进行管道切割。若在允许停输时间内不能完成整体置换,则应采取局部置换方式确保作业安全。采用局部置换时,向两侧各注氮5km;如果有敞口不具备注氮条件,则将敞口部分堵塞住,在管道上开2in孔,注氮5km,用同样的办法向另一侧注氮5km。

3. 管道泄控装置

随着管道输送压力的提高,抢修难度加大,油品泄漏后产生的危害也逐渐增大。鉴于目前缺少高压泄漏控制技术和装备的现实,提出设计高压泄漏控制与漏油回收装置。中国石油管道研究中心研制的高压泄漏控制与漏油回收装置(以下简称泄控装置)是世界上第一台具有遥控操作、高压泄漏控制且在流体喷射阶段就能进行油品回收的装置。与现有抢修装备相比,泄控装置具有控制压力高、可远程控制以及回收效率高等技术优势。

1) 结构和参数

泄控装置分为执行和控制两部分:执行部分是泄控装置的主体,如图3-14所示;控制部分主要是遥控操作控制台,如图3-15所示。以管道泄漏后的喷射力为基础参数,考虑技术的实现性和泄控装置的应用与运输环境,确定整机参数,远控泄控装置的整体重量为4.2t,行走速度为2.4km/h,总功率为22kW,最大运输尺寸为1518mm×5250mm×2470mm。

图3-14 执行部分

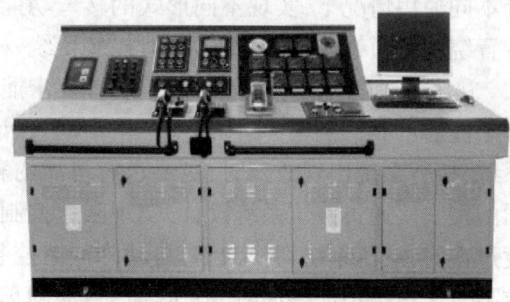

图3-15 遥控操作控制台

(1) 执行部分。

整个泄控装置的执行部分由行走机构、工作平台、清障支撑机构、收油器工作机构四部分组成。

行走机构用于实现泄控装置的双速前进、后退、回转、刹车,包括底盘部件、橡胶履带、托链轮、支重轮、张紧轮、驱动轮和液压马达驱动部件。

工作平台是液压系统、漏油回收执行机构、动力系统等的支撑,包括支撑平台、配重。

清障支撑机构实现了在前进中的清障和漏油回收过程中对泄控装置的支撑,包括油缸驱动部件和执行部件。

收油器工作机构实现了漏油回收过程中收油器的移动、回转寻点和漏油控制,包括大臂、小臂、连接体、收油器和油缸驱动部件。

(2) 遥控操作控制台。

遥控操作控制台包括监视器、操作面板和计算机柜三部分。

监视器用来接受遥控摄像机的视频信号,操作人员可以通过鼠标切换视频通道,在不同的时间监视不同的方位。

操作面板包括1个操作手柄和19个按钮:操作手柄控制泄控装置的前进、后退、行走中的左右转弯;按钮用来在泄控装置停止后,调整泄控装置的方位和收油器的位置角度等。

计算机柜安装有一台具有防震功能的工业控制计算机,用来对操作人员通过按钮发出的指令进行编码,传送给无线发射模块;接收遥控摄像机的视频信号,并对摄像机的通道进行切换。

2) 主要功能

(1) 遥控行走。

①遥控功能。利用安装在控制和执行部分的无线发射、接收装置,通过编码、解码,实现远程操作人员在300m外对泄控装置的各种动作进行控制。另外,在执行部分安装一套随车操作系统,其控制功能与遥控操作台相同,在遥控信号传递失灵的情况下对泄控装置进行直接控制。

②爬坡行走功能。泄控装置行走部分采用履带式结构,可以满足复杂路况的要求,爬坡角度上限为25°,可行走距离不小于300m。动力由液压系统提供,左右履带分别由两台低速大扭矩马达驱动,通过分别控制两台液压马达液压油的流量和方向,实现远控泄控装置的直线、爬坡、转向行走、后退、停车等功能。通过液压系统实现快慢速自动切换,即平地快速、爬坡慢速行走。

③转弯功能。通过对液压系统回路控制,远控泄控装置在行走或调整收油器的方位角度等不同使用情况下,实现不同形式的转弯功能,即实现行走过程中调整方向的转弯、远控泄控装置绕一侧履带快速转弯、远控泄控装置绕一侧履带慢速转弯。

④行走刹车、限速功能。泄控装置要求能够上下坡道,在抢修工作进行时,远控泄控装置必须能够可靠的制动,车体确保严格不动,保证后续工作准确可靠地进行。在动力系统、传动系统、执行系统出现故障时,更要求有可靠的刹车装置,否则泄控装置会翻下山去,造成无法挽回的损失。通过液压系统设计,实现限速控制。泄控装置下坡时,当由于重力作用设备行走速度过快时,液压系统切换油路,自动降低泄控装置的行走速度。当液压系统停止供油,或由于故障液压系统不能供油时,液压马达自动刹车,保证泄控装置安全。

(2) 找管定位。

泄控装置行走过程中,用遥控摄像头远程监控路面情况和管道位置情况。

人工远程控制泄控装置行走到漏油油管附近后,停止行走并刹车制动。通过遥控摄像头监控,分别控制大臂、小臂和收油器三个部件的旋转运动,实现泄漏控制和漏油回收部件的定位。

(3) 喷射控制和漏油回收。

利用流体喷射形成的动能把喷射出来的油液导流到指定位置,据此要求开发了收油器。采用内锥形小锥角大导油管结构,减少了油流喷射到收油器时在导流方向的运动能量损失。收油器下端设有回收檐,以减少反射回来的油流的速度和泄漏油的雾化,降低收油器的振动。

(4) 防爆。

防爆是泄控装置研制的关键点和难点,主要从以下几个方面考虑:

①电气控制方面。电气控制系统分强电控制系统和弱电控制系统,强电控制主要包括液压系统防爆电动机的启动和停止控制、防爆电磁阀的换向控制、防爆投光灯的开关等;弱电控制主要包括遥控信号的传送和接收,各种检测信号、视频信号的传输等。

②静电放电控制方面。静电的产生是不可避免的,所以在泄漏控制过程中就可能会产生放电现象。目前,只能在控制电荷电量和放电形式上下功夫,把静电控制在不造成危害的范围

内。合理设计泄控装置的收油器结构,将静电放电控制成电晕放电。电晕放电是连续型的,放电的能量比较小,不会使油气混合物点燃;泄控装置充分接地,使静电电荷快速释放,使电荷不产生过度聚集,尽量避免泄控装置成为孤立的导体;非金属部件选用防静电材料。

4. 溢油污染环境修复技术

近年来,我国溢油污染问题日益凸现,对生态环境、食品安全和人体健康构成严重威胁。溢油环境污染修复技术是综合利用机械围堵、化学分散、物理吸附和生物降解等方法,快速控制地上或水体溢油扩散,通过添加高效营养盐,促进降解石油微生物的大量繁殖,加速溢油污染物的降解,快速完成溢油污染环境的自我修复。溢油污染环境修复过程主要包括:溢油控制→溢油回收与清理→污染物处理→环境修复。溢油污染环境修复技术主要包括物理修复、化学修复和生物修复技术,自20世纪80年代以来,生物修复技术取得了长足发展,与传统物理修复、化学修复技术相比,它具有成本低、无二次污染、不破坏环境生态系统、处理效果好、操作简单等特点。

1) 物理修复

(1) 焚烧法:该方法只适用于小面积被石油烃类严重污染土壤的治理,要求温度为815~1200℃,而且对焚烧过程中可能产生有毒物质,要进行收集处理,进入焚烧炉的土壤颗粒直径不得大于25mm。该方法因设备投资大,处理成本过高而不适用于大面积污染土壤的修复。

(2) 热熔法:将被石油烃类污染的土壤放入搅拌容器中,按一定比例加入80℃左右的热水,按一定的搅拌速率搅拌反应一段时间后静置分离,对熔解在水中的原油进行回收。该方法适用于土壤颗粒大于2.5mm的污染土壤,石油烃的去除率在50%左右。

(3) 隔离法:采用黏土或其他人工合成的惰性材料,把被石油烃类污染的土壤和周围环境隔离开来,防止污染物质向环境迁移。该方法适用于渗透性差的地带,与其他方法相比,运行费用较低,但只是暂时地防止了石油烃类的迁移,不能作为永久的治理方法。

(4) 换土法:换土法可分为翻土、换土和客土三种方法。翻土就是深翻土壤,使聚集在表层的污染物分散到土壤深层,达到稀释和自处理的目的。换土就是把污染土壤取走,换入新的干净土壤。客土是向污染土壤内加入大量的干净土壤,覆盖在表层或混匀,使污染物浓度降低或减少污染物与植物根系的接触。

(5) 电处理法:把电极垂直插入被污染的土壤中,形成有损耗的电容器排列,电极连续排列并和高频电压相连,输送电磁能到被污染的土壤中。在整个处理期间,发射的电磁波产生电介质和欧姆式的热并使污染土壤沸腾,收集从土壤中逸出的气体污染物。该方法操作简单,但耗电量较大,具体操作有待进一步提高。

(6) 物理吸附法:被油污染的土壤,上面覆盖废棉花,并撒土吸附剂,盖上帆布,最后将吸有油的棉花收集起来,统一焚烧。该方法适用于污染面积较大且浓度较高的情况。

2) 化学修复

(1) 萃取法:根据相似相溶原理,使用有机溶剂对被石油烃类污染土壤中的原油进行萃取,然后对有机相进行分离,回收其中的原油,实现废物的资源化。该方法适用于油污浓度较高的土壤。

(2) 土壤洗涤法:将污染土壤破碎,混入足够的水和洗涤剂,得到土壤、水和洗涤剂相互作用的浆液,静止、分离,并加入微生物活性剂和H_2O_2,使污染物降解。由于该方法不涉及物质的相变过程,故具有能量消耗低、设备投资小、处理费用较低等优点。

(3)化学氧化法:向被石油烃类污染的土壤中喷洒或注入化学氧化剂,使其与污染物质发生化学反应来实现净化。化学氧化法不会对环境造成二次污染,但操作比较复杂。

(4)光催化法:在有 O_2 存在的条件下,太阳光就具有足够的能量使石油烃类发生氧化分解。该方法虽利用了太阳能,但历时较长,油烃的去除率不高。

(5)CSP法:CSP法即净化土壤法,该方法用含碳的物料(如煤和焦炭)作为吸附物,在90℃和强烈搅拌下通过煤表面强力吸附烃基污染物,然后用重选或浮选法将干净的土壤和吸附有烃基化合物的煤分开。该方法可处理被原油、重油、石油和来自煤里面的柏油以及其他石化产品污染的土壤。

3)生物修复

生物修复是指利用特定的生物(植物、微生物或原生动物)吸收、转化、清除或降解环境污染物,实现环境净化、生态效应恢复的生物措施。由于生物修复具有费用低、处理效果好、对环境影响低、无二次污染、不破坏植物生长所需要的土壤环境等优点,因此生物修复技术将成为我国生态环境保护领域最有价值和最具生命力的生物处理技术。

(1)微生物修复技术。微生物修复主要利用土壤中的土著微生物或向污染环境补充经驯化的高效微生物,在优化的环境条件下,加速分解污染物,修复被污染的土壤。微生物修复技术根据是否取土操作分为两大类,即原位微生物修复和异位微生物修复。

(2)植物修复技术。利用植物及其微生物与环境之间的相互作用,对环境污染物质进行清除、分解、吸收或吸附,使土壤环境重新得到恢复。植物的生活周期会对其周围环境发生物理化学和生物的影响,在枝条和根的生长、水和矿物质的吸收、植株的衰老及其腐解等过程中,植物都能极大地改变周围的土壤环境。植物修复的方式有植物提取、植物降解以及植物稳定化。

5. 管道抢修设备缆索运载技术

中国石油管道研究中心研发的管道抢修设备缆索运载技术借鉴架空索道,通过架空索道线路原理、运输工艺以及设备组成等进行详细分析,结合油气管道应急抢修特性,提出了快拆装模块化缆索运输系统。采用简易架空缆索方式运载抢修设备,通过将模块化缆索运输系统快速架设于抢修现场,利用该系统的长距离起重运输功能,实现陡坡或跨越地段管道抢修设备的快速运输,是对传统运载方式的一种技术革新。本技术可适用于山区陡坡或跨越地段的油气管道维抢修设备应急运输。

管道抢修设备缆索运载技术具有以下技术特点:

(1)适用于运载车辆无法通过的陡坡地段或跨越地段的管道维抢修设备运载;

(2)与其他常用起重机械设备相比,具有跨度大、速度快等特点;

(3)运载部件可人力运输,不受气候和地形条件的限制,设备现场安装快。

管道抢修设备缆索运载技术的主要指标见表3-6。

表3-6 管道抢修设备缆索运载技术的主要指标

技 术 指 标	承重质量,kg	运载跨距,m	现场安装时间,h	部件单件质量,kg
技术性能	≤2000	≤500	≤8	≤70

习 题

1. 管道现场维护的主要内容是什么?
2. 管道泄漏的原因是什么? 常用的补漏技术有哪些?
3. 油气管道清管的目的是什么? 简述清管器发送和接收过程。
4. 分析原油管道与天然气管道清管周期确定的原则以及影响因素。

参 考 文 献

[1] 崔斌,臧国军,赵锐.油气集输管道内腐蚀及内防腐技术[J].石油化工设计,2007,24(1):51-54.
[2] 卢兰天,何强.油气集输管道内腐蚀及内防腐研究[J].中国石油和化工标准与质量,2013,13:263-266.
[3] 聂永臣,何敏,苏继祖,等.油气集输管道内腐蚀及内防腐[J].油气田地面工程,2015,34(1):83-84.
[4] 赵春艳.针对油气集输管道内腐蚀及内防腐的探究[J].科技与企业,2014,13:392.
[5] 中国石油管道公司.油气管道检测与修复技术[M].北京:石油工业出版社,2010.
[6] 莫西特普尔.管道运行与维护:实用方法[M].北京:石油工业出版社,2007.
[7] 张城.原油管道运行技术[M].北京:石油工业出版社,2007.
[8] 《中国油气田开发志》总编纂委员会.中国油气田开发志:卷21 西南(中国石化)油气区卷[M].北京:石油工业出版社,2011.
[9] 王绍周.管道工程设计施工与维护[M].北京:中国建材工业出版社,2000.
[10] 工业管道维护检修规程:SHS 01005—2004[S].
[11] 油气管道管理与维护章程:Q/SY GD 0008—2011[S].
[12] 曾多礼,邓松圣,刘玲莉.成品油管道输送技术[M].北京:石油工业出版,2002.
[13] 黄春芳.原油管道输送技术[M].北京:中国石化出版社,2003.
[14] 天然气管道运行规范:SY/T 5922—2012[S].
[15] 成品油管道运行规范:SY/T 6695—2014[S].
[16] 原油管道运行规程:SY/T 5536—2016[S].
[17] 陈思锭,汪是洋,付剑梅.输气管道清管周期的确定[J].油气田地面工程,2013,4.
[18] 林爱涛.含蜡原油管道结蜡特性研究[D].青岛:中国石油大学(华东),2008.

第四章 管道系统自动化

　　管道的运行调度中心是对管道、泵站压缩机站以及计量装置进行监测控制的中心,这种监测和控制系统就是 SCADA 系统,即监督控制与数据采集系统。随着计算机技术和通信技术的飞速发展,SCADA 系统得到了很大的改进和提高,这些改进和提高实现了复杂的管道监控。除了对管道系统进行基本的监控外,SCADA 系统也是大多数信息系统的核心。对于液体管道,SCADA 系统一般包括管道模拟、储罐管理、泄漏检测、批量跟踪和容量统计、收益核算、开具账单和客户报告等;对于气体管道则包括管道模拟、管存量和燃料管理、实时输气监测计量、数据验证、气体统计核算、客户报告和管输量预测等。

第一节　管道自动化和控制系统

　　管道自动化是指利用各种检测仪表、执行器、显示仪表、调节仪表、控制装置或电子计算机、通信技术等自动化技术,对管道输送生产过程进行自动检测、监视、控制和管理,其目的是在保证安全的情况下,以对供需双方最少的限制,用最经济的方式、最快的手段,将产品从供方输送到用户手中。此外,自动化还能改善劳动条件,节省人力和提高环保水平。

　　早期的长输干线管道大部分是点对点的形式,即一个首站,相继几个中间泵站,一个接收(分配)末站,原油从一个站的油罐泵送到下一站的油罐。这是一种非密闭的输送方式,或称开式输送方式,其特点是每两个站之间的管线都可当作一个独立的热力、压力和管理系统,对站内自动控制和全线自动化控制及管理要求不高,每个站有人值守即可。密闭输送工艺的出现使整个管道系统成为一个统一的热力和压力系统,各站之间必须协调运行,才能保证管线正常工作;此外,随着管线的增加,越来越多的生产方要通过管线输送产品,越来越多的用户要从管线得到产品,供需双方对产品质量和供需变化的要求也越来越苛刻;再者,管线终点越来越接近最终用户,直接通往居民区,怎样防止易燃、易爆和有毒产品对雇员、设备和居民的伤害,保证安全显得更加重要。最初是由中心调度人员通过电话来指挥管线的运作,显然这种调度指挥方式过于缓慢,任务也太繁重,难以满足密闭输送的协调运行、供需变化及安全经济运行的要求。解决问题的方法就是提高管道自动化控制和自动化管理的水平。

　　管道自动化系统的基本组成如图 4-1 所示,管道自动化系统是一个分级控制系统。最高一级称为生产经营管理级,通常位于公司管理部门办公室;第二级为中心监控级,该级的主机英文名称为 Host,通常位于控制中心大楼内;第三级为站控级,站控级的控制系统位于泵站或压缩机站的站控室内,它们离中心监控级较远,故称站控级的主机为远程终端单元,英文缩写为 RTU(remote terminal unit);第四级为装置控制级,该级的控制系统一般为计算机控制系统,且是直接控制装置,因此也称为直接控制级,英文缩写为 DDC(direct digital control)。由于生产经营管理级和中心监控级具有接受外部管理及生产过程信息、并据此对整个管线的生产和经营进行管理的功能,因此,将这两级合起来称为管理信息系统,英文缩写为 MIS(manage information system)。中心监控级、站控级和装置控制级具有监督控制与数据采集功能,故将这三级合称为 SCADA。下面对各级的基本功能和组成进行简单的介绍。

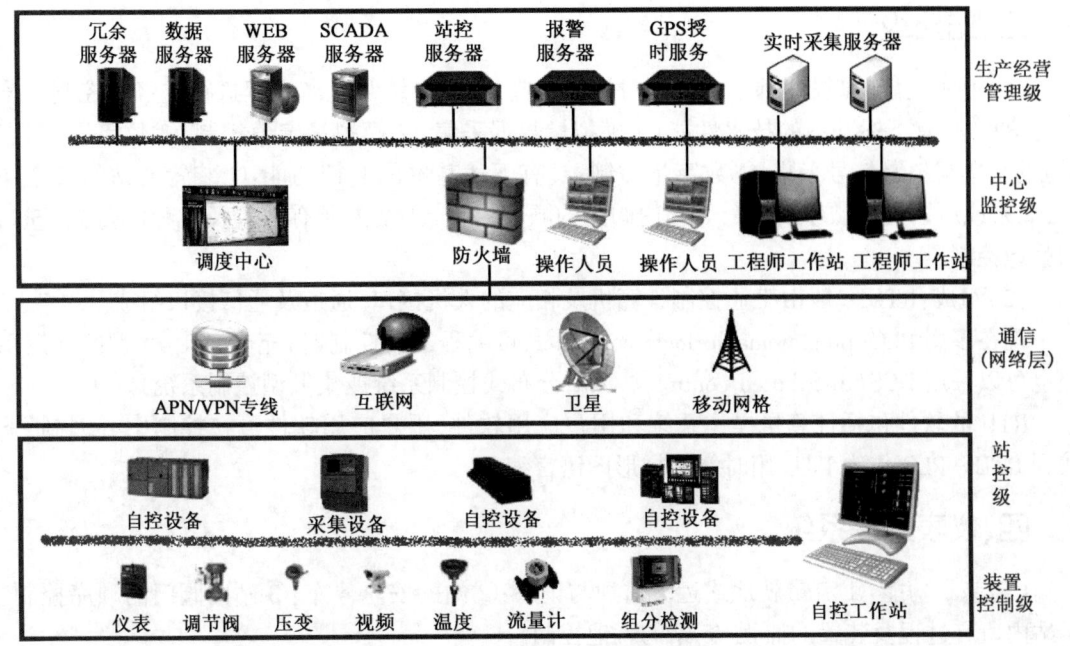

图 4-1 管道自动化系统基本组成

一、生产经营管理级

(1)基本功能:根据管道公司的经营策略、公司所属其他管道经营状况及市场信息等,并考虑本管道生产运行状况,生产经营管理级计算机系统中有关管理软件做出决策,向本管道的 SCADA 系统下达生产计划、管理命令等。其最佳目标通常是获取最大的经济效益。该级还可以对 SCADA 系统进行监督,通过人机接口掌握生产状况,如系统或站的流程图及动态数据、历史数据与趋势、有关数据库等并制表作图。该级决策的特点是目标宏观、决策周期长。

(2)组成:一般由一个性能较强的微型计算机系统组成,在离 SCADA 系统较远时,往往需要卫星、微波或光纤等远程通信设施。由于该级不直接参与生产过程控制,因此对该级主机的可靠性要求不如 SCADA 系统高,通常不必采用冗余技术。

二、中心监控级

(1)基本功能:该级负责整个管线的调度和监控,例如对供方和需方产品的监视和计量,控制产品输送过程,对各站下达监督性的控制命令,全线生产协调控制(水击控制、清管、越站等)。如果 SCADA 系统还设有分控中心或称区域控制中心,则分控中心可以完成上述控制中心的某些任务。

(2)组成:控制中心的计算机一般为网络冗余结构,冗余方法有热备(自动切换)、冷备(人工切换)等。当今,几乎所有管道的控制中心都采用热备技术。除主机可热备用外,外部设备、关键部件也可以采用冗余技术。

控制中心的计算机软件一般有三类:①计算机操作系统,由计算机生产厂家随机提供;②SCADA 系统软件,一般由 SCADA 系统厂家提供,也可由第三方提供;③用户应用程序,可由用户自己编制,也可由 SCADA 系统供应商或第三方提供。

三、站控级

(1)基本功能:该级的基本功能是对站内装置、辅助系统及生产过程进行监督和控制。该级的 RTU 具有下述基本的技术性能:①模拟量数据采集,②模拟量定值控制,③数字量(状态量)的采集与报警信号采集,④数字量控制;具有下述基本的监控功能:①装置或站的安全停车,②泵或压缩机的顺序启、停,③站内阀门的顺序遥控,④站内所有装置及过程的监视,⑤站的就地控制。

(2)组成:RTU 一般由工业控制计算机及相应的人机接口、通道及通信接口组成。

现在多用 PLC(programmable logic controller,可编程逻辑控制器)充当 RTU,大型的站控系统也可以采用 DCS(distributed control system,分布式控制系统或集散型控制系统)。

RTU 的软件包括计算机操作系统和用户应用软件,用户应用软件可在控制中心编制,下载到 RTU。PLC 作为 RTU 用时常用梯形图语言编程。

四、仪表站控系统

(1)基本功能:①流量就地或远方监视与记录;②站的安全停车;③站内阀门的顺序控制;④站内所有过程及装置的监视;⑤站的就地控制。

(2)组成:主要由流量计算机及仪表盘组成,仪表盘上可以有孔板仪表、透平仪表、压力和流量调节仪表等。

五、装置控制级

(1)基本功能:站内大型设备,如泵机组、加热系统等,往往配有自己的控制系统,这就是装置控制系统,它直接对生产装置进行控制。这类控制系统往往由装置生产厂家配套提供。

(2)组成:装置控制级的硬件构成与 RTU 相似,但管道系统广泛采用 PLC 作为装置控制系统。这是由于装置控制多为逻辑控制,且装置又在环境较恶劣的生产现场,PLC 的特点恰好满足了这种要求,故而多用。

六、通信

(1)基本功能:通信是 SCADA 系统的命脉,实现控制中心与远方站 RTU 或控制中心与区域控制中心之间的信息传递。信息类型有语言、数据、视频信息等。语言通信用于工作人员之间传递操作或维护信息、行政管理会议、技术讨论、私人通话等。数据信息有 SCADA 系统的数据和控制信息、安全信息、电子邮件、电传、互联的计算机相互传递信息等。视频信息传递静态或动态图像。

(2)组成:生产经营管理级与中心控制级之间距离较近时,可以采用有线通信,例如电缆、光纤,若距离较远可以采用微波或卫星通信。

中心控制级和站控级之间的通信与上类似,目前国内外多采用微波和卫星通信。光纤通信在成本下降时,也将会用于远距离通信。

在站控级和站附近的一些 RTU(如截断阀上的 RTU,某些监测站上的 RTU)之间往往采用 VHF 和 UHF 通信。

在管道维护作业时,还会用到移动通信。

在智能化仪表不断发展的今天,现场仪表与 RTU 或 DDC 之间将更多地通过现场总线 FB (field bus)通信。

第二节 管道自动监测及调节系统

一、管道工艺运行参数的自动监测

自动监测管道工艺运行参数(包括设备运行参数)是自动化管道 SCADA 系统的基本功能之一。以一个输气管道工艺运行参数的自动监测为例,其基本原理和实现过程为:

(1)天然气管道工艺站场检测某个工艺运行多数(或某台设备的某个运行参数)的一块检测仪表,通过仪表电缆,与站控 PLC(或 RTU)的一块模拟量输入(analog input,简称 AI)模板的相关端子(即某个 AI 通道的接线端子)连接,构成模拟量数据检测回路。

(2)数据检测回路将其测到的信号(一般为 4～20mA 直流电流信号)输入给 AI 模板的一个相关通道(一块 AI 模板有 16 个 AI 通道)。

(3)带有 CPU 处理器的 AI 模板样本通道接收到的 4～20mA 模拟量信号进行模数(A/D)转换,转换成数据转置信号。

(4)站控 PLC(或 RTU)的处理器通过用户编制的数据采集程序,周期性地适时扫描和处理来自 AI 模板相关通道且经过 A/D 转换的数据量,并对其进行工程量量化,变成含有工程单位意义的数字,然后传给站控系统的监控(显示)终端,供操作员查看。

(5)调度控制中心主机实时查询各站控 PLC(或 RTU)处理过但未进行过工程量量化的数字量,将其存入主机实时模拟数据库的一个对应 AI 点中,对其进行工程量量化处理、报警限定值(分高报警、高高报警、低报警、低低报警等 4 个报警类别)处理等,然后实时显示在调度控制中心监控终端的相关监控屏幕图上或数据表中,组态成实时趋势图、柱形图等,供操作员观看和分析。

以上是有关压力、流量、压差、调节阀开度等工艺运行参数的自动监测原理和实现过程。天然气温度的自动监测原理和实现过程也是基本相同的,只不过天然气温度的检测一般使用 PT100 铂电阻,其检测变送信号不是 4～20mA 直流电流传号,而是电阻信号。这种检测仪表与 PLC(或 RTU)的热电阻(RTD)模板的接线端子构成数据检测回路。如果用热电偶检测天然气温度,则其变送信号是 4～20mA 的直流信号,其数据检测回路的构成原理与压力变送器等的数据检测回路相似。

不同的工艺站场需要进行自动监测的工艺运行参数及设备运行参数也不尽相同,主要有以下四种情况。

1. 干线或进气支线首站

干线或进气支线首站需要进行自动监测的工艺运行参数及设备运行参数有:

(1)天然气中的硫化氢(H_2S)含量,由比较复杂的 H_2S 含量分析仪检测。超过高报警限定值时,分析仪给出报警信号提醒操作员监督来气质量或要求天然气卖方加强脱硫处理,降低 H_2S 含量,当 H_2S 含量超过最高允许值时,分析仪可以发出一个关断来气管线流程裁断阀的指令信号,自动关断来气流程上的阀门,停止 H_2S 含量超标的天然气进入输气干线或进气支线。

(2)来气压力、温度、流量。

(3)出站压力、温度、流量。

(4)调节阀开度、节流差压。

(5)各台压缩机组(如果设置有这种设备的话)的有关运行参数。

对于不同厂家生产的不同规格型号的压缩机机组，需要进行自动监测的运行参数是不同的，主要由生产厂家根据对压缩机机组进行自动保护的要求而确定。也就是说，自动监测压缩机机组运行参数的主要目的是对压缩机机组实施运行参数设定值保护。如果压缩机机组的某个运行参数超标，如离心式压缩机的轴承温度过高或过低会对压缩机机组或机组的某些部件造成危害，则对它就需要进行自动监测。

2. 分输支线首站

分输支线首站，即分输站一般与中间压气站或中间清管站等站场结合在一起。对于与中间清管站结合在一起的分输站，需要进行自动监测的工艺运行参数一般有：

(1)进站压力、进站气温。

(2)分输支线压力调节阀阀后压力。

(3)调节阀开度、调节阀节流差压。

(4)分输流量、气温。

(5)清管站出站压力，即本站出站干线压力。

3. 中间压气站

中间压气站需要进行自动监测的工艺运行参数及设备运行参数一般有：

(1)进站气压、气温。

(2)各台压缩机的入口气压。

(3)出站压力、流量、气温。

(4)调节阀开度、节流差压。

(5)各台压缩机机组的有关运行参数。

4. 干线或分输支线末站

干线或分输支线末站需要进行自动监测的工艺运行参数一般有：

(1)进站气压、气温。

(2)压力调节阀上游压力。

(3)向门站供气的压力、流量。如果输气量较大，一般需将进入末站的来气管线先与第一段汇管连接，然后从汇管分出2~3路管线，天然气经这几路管线上的流量计分别计量并经过这几路管线上的阀分别调压后汇入第二个汇管，最后才从第二个汇管中引出一条管线将天然气输送去城镇或用气大户的配气门站。设计这种流程的目的是减小流量计和压力调节阀的几何尺寸，降低造价；同时也是为了生产备用。因此，压力调节阀上游压力和流量检测点就可有2~3个。

(4)调节阀开度、节流压差。

二、管道自动调节系统

自动化水平较高的管道在有关站场一般均设置有自动调节系统，用来调节管道工艺运行参数,保证管道在设置的允许工况范围内安全平稳地运行。自动调节系统主要由调节阀,与调节阀配套的电动、气动、电液联动或气液联动执行机构,以及检测被调参数的仪表等组成。

以天然气管道的压力调节过程为例,管道自动调节系统进行自动调节的原理和过程为:

(1)天然气管道调度控制中心的操作员从控制系统的人机界面(简称监控终端)上设置被调压力设定值。

(2)调度控制中心主机系统模拟量数据库中对应于设置投定位的一个模拟量输出(analog output,AO)点,将该设定值输出传送给站控系统。站控系统一般为可编程逻辑控制器(programmable logic controller,PLC),也可为远程终端单元(remote terminal unit,RTU)。

(3)站控系统 PLC(或 RTU)中的 PID(比例—积分—微分)自动调节程序将接收到的设定值与通过压力变送器检测到的压力现行值进行比较,再根据两数值之差(偏差)的大小和 PID 特性参数设置情况确定调节输出信号的大小。

(4)站控系统 PLC(或 RTU)将调节信号(一般为 4~20mA 直流电流信号)通过模拟量输出(AO)模板中的一个模拟量输出通道(简称 AO 通道)输出传送给压力调节系统的执行机构,该执行机构根据收到的调节信号大小决定压力调节阀的开度大小,从而进行开阀调节或关阀调节。

(5)一旦压力调节设定值设置完成,上述(3)和(4)将由站控 PLC(或 RTU)连续不断地执行,从而实现实时自动调节。

在管道自动化系统的控制权限设置为由站控系统控制的情况下,压力调节设定值只能由站控系统的操作员从站控系统的监控终端上设置,设定值直接进入站控 PLC(或 RTU)的 PID 调节程序。在控制权限设置为由调度控制中心控制的情况下,压力调节设定值只能由调度控制中心的操作员在调度控制中心的监控终端上设置,其工作过程与上述(1)~(5)相同。

天然气管道不同站场的自动调节系统略有不同,主要有以下四种情况。

1. 压气站进出站压力及输气流量调节

如果管道距离短、输量小、压缩机站数量少且压缩机功率不大(例如单机功率 3000kW 以下),压缩机站的离心式压缩机可以选择固定转速的电动机驱动。对不具备压缩机转速自动调节功能的压缩机站,其进站压力、出站压力和出站流量调节一般由安装在出站管端的调节阀完成。调节进站压力的目的是保证进站的压力不低于离心式压缩机对吸入压力的要求,防止压缩机发生喘振;调节出站压力的目的是保证本站下游管道不超压运行,同时也相应地调节了本站的外输气量;调节流量的目的是保证均衡稳定地输气。从功能上讲,流量调节与压力调节的作用有些重复,因为完全可以通过改变出站压力调节设定值并按此设定值调节出站压力来达到调节输气量的目的。但是,由于天然气的可压缩性非常人,出站压力的上升或下降过程比较缓慢,在这个出站压力缓慢地上升或下降并按出站压力设定值进行调节的过程中,外输气虽可大可小,如果不对输气量进行调节控制,通过压缩机的天然气量就不均衡,对压缩机的运行不利。所以,在基本不增加设备和仪表的情况下,在压气站用一套以调节压力为主的调节阀同时完成对进站压力、出站压力和外输流量的调节是合理可行的。这三个运行参数的调节过程为:

(1)当进站压力低于其设定值时,调节系统进行关阀调节,使进站压力上升,直到进站压力不低于其设定值为止。实际上,在关阀调节过程中,调节阀开度减小,在进站压力上升的同时,出站压力会下降,外输气量也会下降。由此可见,对压气站三个主要被调参数中的任意一个进行自动调节,都会或多或少地引起其他两个被调节参数的变化。

(2) 当出站压力高于其设定值时,进行关阀调节,使出站压力下降,直至出站压力不高于其设定值为止。

(3) 当进站压力不低于其设定值、出站压力不高于其设定值、出站流量也不高于其设定值时,调节阀进行开阀调节。

尽管 PLC(或 RTU)中的 PID 调节程序是按对三个被调参数组成三个调节回路进行自动调节而运行的,但通过程序输出的调节信号只有一个,通过 AO 板输出给调节执行机构的 4~20mA 直流电流调节信号也只有一个,由一个 AO 通道输出。

按照美国石油学会标准 API617 规定,离心压缩机的转速工作范围为额定转速的 65%~150%。压比(压缩机出口天然气压力与入口天然气压力之比)范围在试验喘振线和试验阻塞线之间,超出该范围压缩机无法正常工作;越过喘振线压缩机组将发生喘振现象,造成机组振动急剧增大,发生机械破坏;低于阻塞线工作机组压缩效率急剧降低;低于最低速度一方面压缩机功率很低,另一方面靠近转子统一临界速度容易出现机械共振;高于最高转速会造成叶轮端部离心力过大损坏转子,也容易出现超声速现象产生激波。离心压缩机工作区示意如图 4-2 所示。

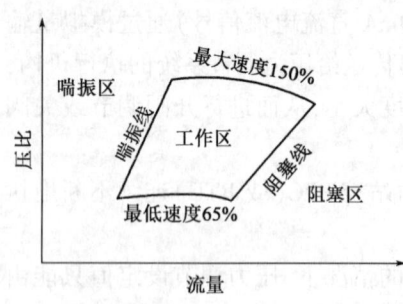

图 4-2 离心压缩机工作区示意图

离心压缩机的流量、压比及功率都与压缩机转速密切相关,在入口压力保持一致的情况下,压缩机转速与流量和压比是一一对应的,确定其中任何两个参数,第三个参数也就确定了下来,同时机组的功率也就确定了下来。

在正常的操作过程中,操作人员通过调节压缩机组的转速来调节出口压力或流量,一般情况下以出口压力为目标参数来调节机组转速,主要是因为出口压力参数比较稳定,而且便于调度人员估算整体管道的输送能力,也可以以流量为目标参数调节机组转速,但是流量参数变化幅度大、不直观,一般不采用。

大功率离心压缩机一般是与动力机直连(通过变速装置)。对于燃气轮机直接拖动的压缩机来说,调节压缩机转速也就是调节燃气轮机转边。调节燃气轮机的转速主要是调节燃料气供给量,在满足燃气机安全保护设定值的情况下,压缩机转速与燃料气流量是固定对应关系。燃料气体供给量的调节则是由燃气压缩机组自控系统调节燃料气调节阀的开度来实现的。

离心压缩机在一定转速下运行时,随着流量的减少及压比的增加,运行点逐渐向喘振线靠近,一旦到达喘振线,机组就会喘振。为了避免喘振的发生,压缩机组都配置了自动防喘系统,核心设备是安装在压缩机入口和出口连接管线(也称防喘回流线)上的防喘振回流阀。控制系统按照试验喘振线预留一定的富裕量设定防喘控制线,富裕量一般为喘损流量的 20%。当运行点达到防喘控制线时,控制系统自动打开防喘回流阀,使压缩机出口天然气经节流降压后回流到压缩机入口,增加压缩机入口流量,使运行点离开防喘控制线,如果运行点持续左移,则控制系统加大防喘回流阀的开度,最多直至防喘回流阀全开。

防喘回流阀一般是以压缩机最大负荷流量设计的,可以实现 100% 的气体回流。

防喘回流阀是保护设备,一般情况下处于关闭状态。当防喘回流阀开启后,部分气体在压缩机进出口阀及压缩机内循环,压缩机做的功耗散为热能,使气体温度不断升高。为了防止气体温度过高,防喘系统配备了循环气体冷却器对工艺气体进行降温,但这种运行方式的运行效率很低。

2. 进气支线进入主干线的气压调节

如果有一条或多条进气支线与输气干线连接,应对进气支线进入主干线的气压进行调节,以保证干线与支线在进气点处的压力平衡,并保证干线和进气支线在希望的输量比例下运行,避免因进气支线气压过低而导致支线内的天然气进入不了干线或因支线气压过高而导致干线进气点上游来气量下降,同时避免进气支线超压运行。

进气支线进入主干线的气压调节系统一般设在支线的起始端(支线首站的出站端)。如果进气支线的首站设有压气设备,也应对支线流量进行调节,将其纳入同一调节系统中。在一定流量下,压力调节设定值由输气干线与支线汇合点处所需的平衡压力再加上克服支线段的摩阻损失所需压力之和来确定。如果干线和进气支线的总输气量变化,或干线与支线的数量比例变化,压力调节设定值也应在允许的范围内作相应改变。改变设定值的操作既可通过人工计算,由操作员在调度控制中心或站控系统的监控终端上改变设定值来完成,又可在调度控制中心主机系统编制一个自动改变设定值的程序来自动完成。根据输气管网的工艺计算公式可以推出,在进气支线无中间压气站的情况下,进气支线首站出站压力调节设定值可以表示成一个包含干线进气点上游站出站压力、出站流量、干线与进气支线的数量比例等变量的函数。确定好这个函数后,设定值就可在调度控制中心主机中用一个自动计算程序实时连续地自动计算出来,并实时输出给进气支线首站的站控 PLC(或者 RTU)。

如果进气支线输气量相对较小,气源压力也比较稳定,则可采用自力式压力调节阀来调节支线首站的出站压力,使调节系统简单化。

3. 分输支线分输的压力调节

对于从输气干线的分输点或从干线工艺站场分支出去并延伸到天然气用户门站的分输支线,应设置压力自动调节系统以调节分输压力,保证分站流量基本稳定和分输支线不超压运行。分输压力设定值的大小根据用户用气量及在该输量下分输支线的摩阻损失来计算确定。

利用压力调节阀调节分输压力的过程是:当分输压力低于其设定值时,压力调节阀进行开阀调节,只要分输压力不高于其设定值,调节阀应保持全开;当分输压力高于其设定值时,调节阀进行关阀调节。

如果分输管线较长,分输流量也较大,应考虑将分输流量也纳入调节系统之中。如果分输气量较小,分输压力调节系统也可以采用自力式压力调节阀,使调节系统简单化。

4. 输气干线或分输支线末站的气压调节

输气干线或分输支线的末站与城镇或用气大户的配气门站连接并向其供气。末站气压(即向配气门站供气的压力)需要进行自动调节,以保证末站向门站按较稳定的流量供气,并保证门站及城镇配气管网不超压运行。末站气压自动调节系统宜采用以压力调节阀为主要设备的自动压力调节系统。

第三节　站场设备的自动监控

一、现场设备的操作方式

输气管道工艺站场的现场设备有以下两种操作方式:

（1）现场操作（local）。如果通过现场设备操作方式选择开关将其操作方式设置为现场操作,则只能在现场对设备进行人工电动操作,而不能对设备进行遥控操作。

（2）遥控操作（remote）。如果将现场设备操作方式设置为遥控操作,则只能通过站控系统或调度控制中心发命令或通过有关自控逻辑程序的输出控制命令进行遥控或远方操作,而不能在现场对设备进行就地操作。所以,将设备操作方式设置为遥控操作是对设备进行自动操作的前提。至于处于遥控状态的设备是从站控系统发命令还是从调度控制中心发命令进行自控操作则由天然气管道 SCADA 系统的控制权限选择来确定。这里所讲的从站控系统或调度控制中心发的命令是指操作员从监控终端上发出的执行一段按自动逻辑顺序遥控操作一台或多台设备的自控逻辑程序的"激发"命令,真正的操作现场设备的信号命令是指由站控 PLC（或 RTU）的处理器将自控逻辑程序输出的操作设备的执行指令输给 PLC（或 RTU）的数字量输出模板（DO 模板）中的相关 DO 通道,再从这个 DO 通道输出一个高电平直流电压信号给现场设备的操作执行机构来完成对设备的启/停或开/关遥控操作的。

如果现场设备处于"OFF"（断电）状态,则只能在现场进行手动操作,不能进行任何电动操作。

二、天然气管道 SCADA 系统控制权限的选择

SCADA 系统控制权限的选择根据对处于遥控状态的现场设备是由本站站控系统发命令还是由调度控制中心发命令进行自动遥控操作而确定。如果将 SCADA 系统中某一个站场的控制权限设置为由站控控制,则本站处于遥控状态的设备只能从本站站控系统监控终端发命令进行自动遥控操作;如果将该站场的控制权限设置为由调度控制中心控制,则本站处于遥控状态的设备只能从调度控制中心监控终端发命令进行自动遥控操作。这种控制权限的选择可以通过用户编制的调度控制中心主机应用程序,并结合站控系统应用逻辑程序来配合完成;也可以在站控系统设置一个控制权限选择开关来实现。后者的实现方法是:在站控室设置一块简单的控制权限选择操作盘,在该操作盘上设置一个与站控 LPC（或 RTU）的 DI（digital input,数字量输入）通道的接线端子相连接的 DI 检测回路,当选择开关扳到由站控控制时,该 DI 通道得到一个高电平直流电压信号（即一个接近或等于 24VDC 的信号,具体数值视 LPC 或 RTU 的硬、软件特性和要求而定,例如可把大于或等于 20V 的信号视为高电平信号）,该信号的采用使本站所有的自控逻辑程序只能接受来自调度按制中心的操作指令。这种方法的缺点是控调权限的选择必须在站控室内完成,调度控制中心的操作员对控制权限的选择无能为力。

三、输气设备运行状态的自动监测

对天然气管道输气设备进行自动监测的范围取决于该管道设计要求的自动化水平的高低。有的管道只监测站场的主要设备及相关配套设备,其余操作频率不高且与安全生产关系不大的非主要设备则仍采用现场操作方式进行操作;有的管道则对与管道生产运行相关的全部设备均进行自动监测。设备运行状态自动监测是指对设备的开/关状态或运行/停运状态、设备的故障（报警）状态和设备的操作方式状态（remote/local 状态）等进行自动实时监测。设备自动控制是指按用户编制的自动控制程序的规定,对处于遥控状态的设备进行自动开/关、启/停,或断/合等遥控操作控制或自动顺序逻辑控制,包括自动保护。

因为设备的运行状态是设备自动控制程序的执行条件,也是设备自动控制程序的执行结果,所以,对设备的自动控制是以对设备的自动监测为基础的。可以对设备进行只监测不控

制,但不能对设备进行只控制不监测。

输气设备运行状态自动监测的基本原理和实现过程为:

(1)仪表电缆将现场设备运行状态检测触点(如电动阀门的全开限位开关触点)与站控LPU(或RTU)某块状态量或DI模板的相关端子连接,构成设备运行状态数字量检测回路。

(2)数字量检测回路将设备运行状态检测信号(低电平或高电平直流电压信号)输入DI模板中的一个DI通道(每块DI模板有10个DI通道)。

(3)DI模板将直流电压信号转换成数字信号(大于或等于0V但小于某数值的低电平信号转换为"0",接近或等于24V的高电平信号转换为"1")。

(4)PLC(或RTU)处理器将这个"0"或"1"信号输入PLC(或RTU)应用程序地址表中的一个地址(一般定义为"1"地址)里,站控监控屏幕图等应用程序就可以将这个地址内的"1"信号取出来定义设备的运行状态(如:表示阀门全开等)。

(5)按制中心主机实时查询LPC(或RTU)中这个地址的数据,并将其存入主机实时数字量数据库中一个对应的DI点内,调度控制中心监控屏幕图等应用程序从该点取出其现行值来定义相应设备的运行状态。这样,设备运行状态就可以在监控屏幕图上用带有颜色变化的图形符号表示出来,也可以用字符描述的形式表示出来。

四、输气设备自动控制的模式、特点及实现方法

对于自动化水平较高的输气管道,输气设备的自动控制一般有以下三种模式(或三种自控水平),每种控制模式都有其相应的特点,其实现方法基本相似。

1. 单台(体)设备自动遥控操作

在单台设备自动遥控操作模式下,操作员在控制中心或站控系统监控终端上发出一个开或关某台设备的命令;站控LPC(或RTU)中的自控逻辑程序将该命令信号进行逻辑处理后,把自控程序的输出命令信号输出给LPC(或RTU)的一块DO模板;该模板将这个命令信号转换成接近或等于24V的高电平直流电压信号后通过该模板的一个DO通道输出给设备的开关执行机构(如电动阀的电动执行器,电机的开关相等);最后由现场设备的控制执行机构完成开/关操作。

单台设备自动遥控操作模式适用于以下三种情况:一是设备调试时需在这种方式下试验设备的可遥控操作性;二是自身功能比较独立且与其他设备的操作运行无关联关系的设备宜选用这种操作方式;三是自控水平要求不高的输气管道,所有设备的自控操作均可采用这种模式。在第三种情况下,为了保证运行安全,可以对单台设备的自动遥控操作加一些联锁条件,例如在压缩机吸入管线上的入口阀未全开的情况下,不能启动这台压缩机。

2. 单元顺序(unit sequence)自控操作

单元顺序自控操作模式的特点及实现方法是:

(1)将在操作及运行上相互关联且应按严格的先后逻辑顺序进行操作的几台(套)组成一个自控操作单元。

(2)根据该单元的工艺运行要求和设备运行要求,按自动逻辑顺序操作设计出该单元内全部设备的单元顺序自控逻辑图。单元顺序自控逻辑箱中已经包含了每台单体设备的自控操作逻辑,或者说,单元顺序自控逻辑,是将本自控单元之内所有单体设备的自控逻辑按工艺和设备运行要求关联起来的关联逻辑。

(3)在站控 LPC(或 RTU)内用梯形图语言或其他特定编程语言(如有些厂家的 LPC 可以用近似画流程图的方法和格式进行编程)将上述单元顺序自控逻辑图编制成单元顺序自控逻辑程序,并让这些程序在站控 LPC(或 RTU)内实时运行,还可以在线修改。

(4)上述单元顺序自控逻辑程序在选择由站控系统控制的控制权限下,只能接受来自站控系统监控终端的操作命令;在选择由调度控制中心的控制权限下,只能接受来自调度控制中心监控终端的操作命令。

(5)从站控系统或控制中心监控终端发出启动或停运某单元命令,站控 LPC(或 RTU)内的单元顺序自控逻辑程序按顺序输出启动或停运该单元内所有相关设备的指令给相关 DO 模板的特定 DO 通道。

(6)各台现场设备的操作执行机构接到来自 LPC(或 RTU)相关 DO 通道的启动或停运命令信号(接近或等于 24V 的电压信号)后立即启动或停运相关设备。

例如,从某压气站站控系统监控终端上发出一个启动某台离心式压缩机机组单元的命令,该机组单元顺序自控逻辑程序首先输出一个开启压缩机吸入管线上的入口电动球阀的指令。当入口阀全开后,再输出一个启动压缩组机的指令和同时开启压缩机出口管线上出口电动球阀的指令;当压缩机启动成功而且出口阀全开后,本单元顺序自控逻辑程序自动复位。

有关工艺站场的清管器接收系统和发送系统等均可按单元顺序自控操作模式进行自动控制。

3. 单站顺序(station sequence)自控操作

下面以一座简化为具有一只进站电动球阀、两套并联运行的离心压缩机和一只出站电动球阀的压气站为例,简要说明单站自动顺序启动的过程。

(1)操作员通过监控屏幕图,检查确认该站进站阀、出站阀、预选投运的一台离心式压缩机(例如 1 号压缩机)及其进口阀、出口阀,均处于遥控(remote)状态及关闭/停运状态。

(2)操作员在监控终端上发一个预选投运该 1 号压缩机的命令。

(3)确认该站 1 号压缩机已经被选中。

(4)操作员在监控终端上发一个启动该站的命令。

(5)该站的进站阀开始自动打开。

(6)该站的出站阀开始自动打开。

(7)当进站阀和出站阀均全开后,被选中的 1 号压缩机组开始按下列顺序启动:①进口阀自动打开;②进口阀全开后,离心压缩机自动启动,出口阀同时开始开启。

(8)出口阀全开且压缩机正常运转后,得到 1 号压缩机顺序启动成功信号,并得到本站自动顺序启动成功的信号。

(9)得到该站启动成功信号后,该站顺序启动程序被复位。

从以上单站自动启动顺序可以看出,单站顺序自动控制是单站自动顺序启动自控逻辑程序按单站自动顺序启动逻辑的规定执行的。单站自动顺序启动逻辑是将本站需要进行自动控制的全部设备的单体设备自控逻辑、单元机组顺序逻辑箱都关联起来的关联逻辑,它是在单体设备自控逻辑和单元机组顺序逻辑的基础上,加上需投运设备(或单元机组)预选逻辑和必须投运设备自动顺序启动逻辑等来实现的。

单站自动顺序控制包括上述单站自动顺序启动控制,也包括单站自动顺序停运控制和单站自动顺序保护停运控制。以前面单站顺序启动中所述的压气站为例,单站自动顺序停运控

制的执行过程为:

(1)操作员在监控终端上发出一个停运该站的命令。

(2)该站在运行的一台压缩机自动停运,相关的进出口阀门也自动关闭(如果并联运行的两台压缩机都在运行,则选停运并联运行的第二台压缩机,再停运第一台压缩机)。

(3)当在运行的压缩机均停运,且各台压缩机的进出口阀门均关闭后,该压气站的进站阀和出站阀自动关闭。如果操作员决定只停运本站运行的压缩机而不停运本站,就只能发停运压缩机的指令而不是发停运本站的指令,本站的进站阀和出站阀也就不会关闭。

(4)得到全站已停运信号,单站顺序停运程序自动复位。

当出现需要自动保护停运上述压气站信号时,单站自动保护停运程序自动发出停运本站的命令,保护停运过程与全站顺序停运的过程基本相同。

第四节　管道自动计量系统

由入口和出口管道、截断阀及其他设备安装成可被封隔的、用于天然气贸易计量的设施称为计量站。计量站中用于实现专门计量的全套计量仪表和其他设备称为计量系统。

一、计量站与计量系统的设计要求

(1)计量站应在所规定的压力、温度范围内正常工作,同时也应考虑气流中的杂质、粉尘和冷凝物对计量的影响。

(2)计量系统应安装成独立的装置或与其他系统安装在一起。

(3)计量站的设计应保证在事故发生时可以安全操作,紧急情况时可以安全关闭计量站。

(4)计量系统宜室内或半露天设置;如不影响操作和准确度,也可露天设置。

(5)检定或校准和核查场所应具有适宜和稳定的环境条件,并应消除振动。

(6)为防止发生回流,应考虑安装单流阀或类似装置。

二、计量系统的设计准则

(1)所选择的计量系统应充分减少随机误差和系统误差,履行法制性或合同性职责,并通过技术与经济论证。

(2)应注意避免脉动流和振动。

(3)可按供气合同要求设旁通。确定并行管路的数量应遵循如下原则:当某一流量计暂停工作时,其余流量计应在其技术要求范围内运行并能测量最大流量。

(4)如果流量计带有测量管,应将其安装在符合要求的上、下游直管段之间。

(5)一般情况下,每条计量管路应至少安装一只上游截断阀和一只下游截断阀。

(6)计量管路中安装快速启闭阀的地方或仪表入口阀差压超过0.1MPa(表压)的地方应安装一个小口径旁通,旁通管应通过一只小阀慢速开启来控制,以促使流量计和相关管道缓慢增压,避免设备、流量计等仪器仪表的损坏。如果流量计安装有旁通,应能检查密封。

(7)根据计量站的规模和技术要求,为提高计量结果的有效性,重要的仪器仪表或计量系统应有备用并可独立操作。该设计准则应经有关各方一致同意。

(8)加入添味剂不应影响计量系统的性能。

(9)计量系统任何外围设备的设计都不能影响计量过程。如果添味剂的添加位置和天然气计量位于同一计量站内,宜在流量计下游注入添味剂;流量调节阀或类似装置引起的气体压力和流量的波动,可能影响一次计量仪表的准确度,在设计阶段应将其影响控制在最小。

三、计量系统的输出参数

每座计量站都需要安装进行测量和计算所需变量的必要设备,以满足计量准确度要求。计量系统由流量计和带不同参数变送器的转换装置组成,以确定各输出参数。根据系统的组成,输出量可以是:(1)标准参比条件下的体积;(2)质量;(3)标准参比条件下的能量。

在特定的情况下对压力、温度和气体组成使用定值也是有效的,并应适当考虑进行现场维护、检查、校准的可能性。

按照计量准确度等级不同,可将计量系统分成不同等级(表4-1)。

表4-1 不同等级的计量系统

设计能力 q_{nv},m³/h(标准参比条件)	$q_{nv} \geqslant 500$	$5000 \leqslant q_{nv} \leqslant 50000$	$q_{nv} \geqslant 50000$
用于测量的校验用系统,例如串联标准流量计			√
温度转换	√	√	√
压力转换	√	√	√
Z转换	√	√	√
发热量和气体质量确定			√
每一周期时间的流量记录		√	√
密度测量(代替温度、压力、Z转换)			√
准确度等级	C级(3.0)	B级(2.0)	A级(1.0)

注:(1)规模较小的计量系统使用上述功能不受限制;
　　(2)"√"建议配套内容。

由于计量系统的等级不同,其配套仪表的准确度也会不同,表4-2给出了不同情况下计量系统配套仪表准确度。

表4-2 计量系统配套仪表准确度

参数测量	计量系统配套仪表准确度		
	A级(1.0)	B级(2.0)	C级(3.0)
温度	0.5℃	0.5℃	1℃
压力	0.2%	0.5%	1.0%
密度	0.25%	0.75%	1.0%
压缩因子	0.25%	0.5%	0.5%
发热量	0.5%	1.0%	1.0%
工作条件下体积流量	0.75%	1.0%	1.5%

四、我国天然气管道自动计量系统发展现状

输气干线首站、末端以及进气支线首站及分输支线末端等,均需设置自动计量系统。对于输气公司而言,干线及进气支线首站的自动计量系统用于买气计量,而干线及分输支线末站向

城镇用气大户供气的自动计量系统则是用于卖气计量。自动计量系统的工作原理是:站控系统将现场检测到的瞬时流量实时传送给调度控制中心的主机系统;主机系统将收到的瞬时流量值(按较短的时间间隔)连续地存入其历史数据库中;主机系统实时运行的自动计量程序从历史数据库中取出相关瞬时流量数值进行数据计算处理(如累积计算);进而得出从某时刻开始后一小时、一天、一月,甚至一季度或一年内的累计买气量或卖气量。

如果输气管道有关站场的站控 LPC(或 RTU)配置容量较大或配有专门用于计量计算的计算机,则上述自动计量计算过程可以在站控系统完成,无需在调度控制中心完成。

我国通过自主研发,形成了天然气及相似气体取样、气质检测及评价技术,物性参数测试技术,水露点、发热量、压缩因子、相对密度、沃泊指数、硫化氢、颗粒物、烃露点、汞、甲醇和水等测定技术,净化厂气体分析技术,流量检测技术,流量计应用技术,基于 LDV 和 PIV 的天然气管道内流场微观测试技术,天然气管道内流场数值模拟技术等 40 余项配套的测试技术和方法,总体技术水平达到国际先进水平,部分技术国际领先。其中,天然气中总硫含量氧化微库仑测定法达到国际领先水平,并转化为国际标准。

20 世纪 80 年代,我国开始在四川成都建设天然气流量标准装置。1996 年通过自主研发,建成质量—时间法原级标准装置,达到"90 年代中期国际同类装置的先进水平"(亚洲一流)。目前,已建立 0.1% 的原级标准及配套的传递标准和工作标准装置,形成了完整的量传溯源体系。

在现有天然气流量量传溯源体系的基础上,通过成都分站的扩容改造,进一步提高技术水平和能力,跻身国际先进行列。成都分站扩容改造后,将建立中低压(0.3~6MPa)、质量流量不确定度为 0.05%~0.076% 的原级标准装置。新建的环道检测系统作为工作标准,将现有临界流文丘里喷嘴次级标准装置从不确定度 0.33% 水平提高到小于等于 0.2%。

同时,为保证天然气分析的准确性和溯源性,我国研制了天然气分析用国家一级标准物质 9 种、二级标准物质 10 余种,初步构建了天然气组成分析量传溯源链。正在中国石油西南油气田公司天然气研究院建设的、达到国际先进水平的天然气分析用气体标准物质制备系统,将实现少量组分不确定度水平优于 0.5% 的天然气分析用气体标准物质体系的研发目标,以适应多气源、多品种天然气发展需求。

第五节 天然气管道 SCADA 系统的配置和工作原理

一、站控系统的配置和工作原理

1. 站控系统的配置

站控系统(station control system,SCS)是 SCADA 系统中的基本单元,所有需要进行数据监测和设备控制的站场需要配置一套 SCS。SCS 的基本配置包括:站控计算机、可编程逻辑控制器 PLC(或远程终端 RTU)、辅助通信设施和必需的外部单元等。SCS 通过 PLC(或 RTU)得到现场测量单元所测的参数,并控制和调节现场设备。同时,SCS 将从现场检测的参数和其他状态信息量等实时传送到调度控制中心(dispatch and control center,DCC)的主机系统,该信息实际是主机系统实时查询站控系统所检测的参数和状态信息,接收来自 DCC 主机系统的指令。SCS 可以独立运行,即当 SCS 与 DCC 的通信中断时,不会影响 SCS 完成数据采集和监控功能。PLC(或RTU)也可以在站控计算机故障时独立完成数据采集和控制功能。

SCS的配置有冗余配置和非冗余配置两种类型。为了保证匹配SCADA系统及生产运行的安全可靠性,比较重要的输气站场的SCS一般采用冗余配置,下面介绍冗余配置的SCS。

冗余配置的SCS配置(configuration)原理如图4-3所示。从图中可以看出,PLC(或RTU)是冗余配置的,PLC(或RTU)连在由小型工业计算机(也可用工作站)等组成的局域网(local area network, LAN)上;局域网中两台小型工业计算机(即站控计算机)是冗余配置的;PLC(或RTU)的I/O模板等则是非冗余配置的;该局域网通过通信路由器与通信站的通信系统设备连接,并通过通信系统与DCC的主机系统(另一个冗余局域网)进行通信。SCS通常采用电缆与本站通信系统设备连接。如果本站通信系统设备远离SCS,可以采用调制解调器(MODEM)进行连接,但通信速率将受到限制。

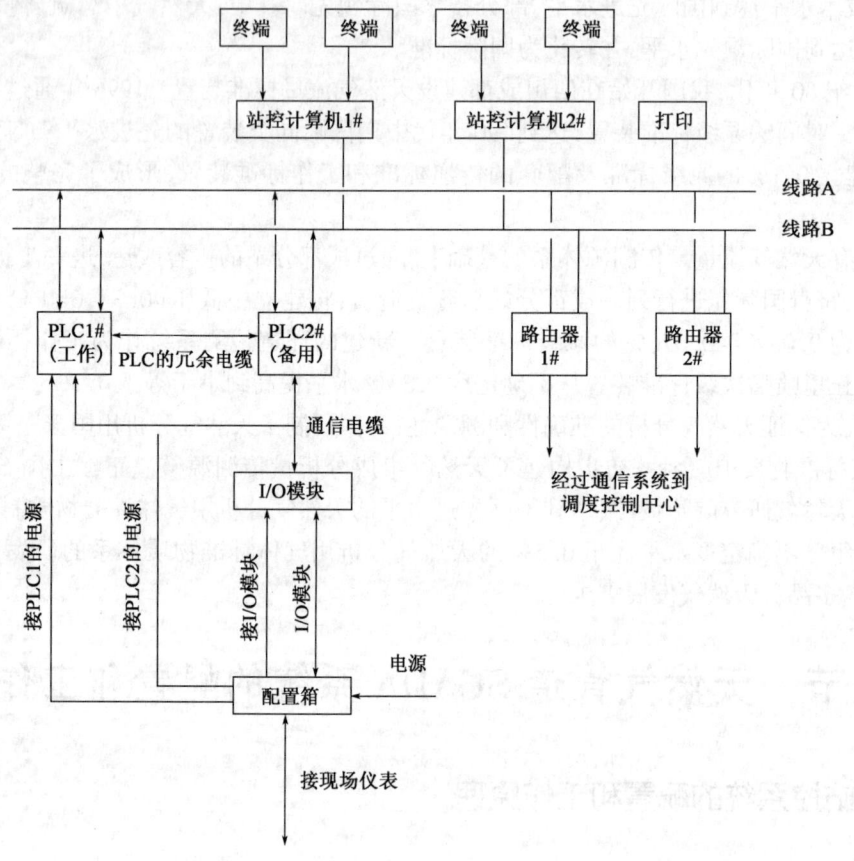

图4-3 冗余配置的SCS配置原理

冗余本地局域网通常采用TCP/IP(transmission control protocol/internet protocol)通信协议。网络配置必须具有安全性、可靠性,开放型的网络还应具有可扩展性。两台工业小型计算机以热备用模式工作。站控LPC(或RTU)的数据处理能力、逻辑处理能力、与本站局域网上其他计算机间的接口通信能力、与DCC主机之间的通信能力等取决于PLC(或RTU),则需外加一块带有处理器的专门用于与网上其他设备或DCC主机间进行通信的通信模板,才能挂在本地局域网上。

PLC(或 RTU)的 I/O 模板主要由 AI 模板、DI 模板、AO 模板、DO 模板及 RTD 模板等组成。每块 AI 模板有 16 个 AI 通道,每块 AO 模板有 16 个 AO 通道,每块 DI 模板有 16 个 DI 通道,每块 DO 模板有 16 个 DO 通道,每块 RTD 模板有 16 个热电阻信号输入通道。各 SCS 的 PLC(或 RTU)需要配置多少块不同类型的模板取决于该站所监控的各种类型的数据量的多少,即实际监控点数加备用量。

站控计算机一般为两台工业 PC 或工作站,其主要功能是负责网络管理、通信管理,并用作人机界面显示站控 PLC(或 RTU)传来的数据信息,显示监控屏幕图,反映用户编制的监控程序的输出信息,操作员从其上发出监控指令等。为避免与站控 PLC 等的称谓混淆,在 SCADA 系统中一般可将此处所说的站控计算机称为站控系统监控终端(或操作员工作站),这样可以与 DCC 的监控终端(或操作员工作站)保持称谓上的一致性,因为两者的功能是基本相同的。

必须说明的是,如果某些输气站场采用了较多的大型成套设备(如由燃气轮机和离心式压缩机组成的大型天然气压缩机组等),每套设备均有可能配带自己独立的控制器,这种控制器可以完成对本套设备的监控和保护。在此情况下,成套设备的控制器一般与 SCS 的 PLC(或 RTU)相接,通过软、硬件结合的方式完成两者间的通信。如果输气站场的某些分系统(如相对比较独立的变配电系统等)本身已经配置有档位较高的监控系统,则这种监控分系统可以直接在 SCS 的本地局域网上,作为 SCS 的一部分。

2. SCS 硬件组成的一般技术性能要求

SCS 硬件组成的技术性能要求一般取决于 SCS 所监测的信息量、所控制仪表设备的台数、自控逻辑程序的规模(程序指令数和行数)、业主对 SCADA 系统的自动化整体水平的要求,以及业主对投资控制的要求等。在做工程设计时需根据这些因素进行多方案的优先比较,得出优化的系统配置方案要求,从而提出优化的 SCS 硬件组成的技术性能要求,并由 SCADA 系统供货厂家制订满足这些基本要求的配置方式。对站控计算机硬件方面的要求包括 CPU 性能、内存大小、显示器性能、硬软盘要求以及接口要求等。

如果 DCC 与某输气工艺站场 SCS 之间的通信按点对点的方式配置(即该 SCS 用一个独立的通信信道与控制中心的主机系统通信),且该输气工艺站场 SCS 是配置在一个独立的局域网上,则 DCC 与该 SCS 之间的通信连接可采用通信路由器(router),即用路由器完成局域网与局域网之间的通信连接。为了保证数据传输的可靠性,DCC 与 SCS 之间还可采用一主一备两个通信信道进行通信。当主信道故障时,自动转换到备用信道通信。实际上,在主、备信道均无故障的情况下,两个信道均在同时传输数据。DCC 与 SCS 之间的通信连接过程是:某站 SCS—通信路由器—本站通信系统设备—(通信中继站系统设备)—DCC 通信系统设备—DCC 通信路由器—DCC 主机系统。需要说明的是,DCC 通信系统设备是整个通信系统的主机设备。DCC 通信路由器挂在 DCC 的冗余局域网上。

如果某输气工艺站场站控系统不是配置在一个独立的局域网上,则 DCC 与该 SCS 之间的通信连接需采用通信终端服务器(terminal server)。这种通信形式的特点是在一个通信道上可以传输多座站场的数据。因此,一套 SCADA 系统上有可能同时使用终端服务器和通信路由器作为 DCC 与各 SCS 之间的通信连接设备。

PLC(或 RTU)应易于编程和组态,应具有良好的可扩展性,易于维修,具有强大的自诊断能力、良好的适应环境能力和较高的可靠性。

3. SCS 的主要功能和工作原理

1）站控计算机（监控终端）的主要功能

(1) 所有被监测的工艺设备参数、工艺运行参数及其他相关参数都在站控计算机（监控终端）上显示、记录、报警。

(2) 显示设备运行状态、工艺参数实时动态趋势和历史趋势。

(3) 显示和打印天然气瞬时流量、计算累计流量，这一计算功能也可以放在 DCC 的主机内。

(4) 打印报警和事件。

(5) 下达控制现场设备的指令。

(6) 改变控制回路的设定值。

(7) 对 PLC（或 RTU）进行编程和组态。

2）PLC（或 RTU）的主要功能

(1) 数据采集、处理。

(2) 数字变换。

(3) 逻辑运行。

(4) PID 控制。

(5) 根据状态进行天然气流量计算，这一功能可以放在站控计算机或 DCC 的主机内。

(6) 自诊断故障时给出故障信号。

(7) 监视传输信道。

(8) 上位机及网上其他通信设备。

(9) 接收并执行从 SCS 计算机（监控终端）或 DCC 监控终端下达的指令。

3）工作原理

PLC（或 RTU）是 SCADA 系统的远程终端单元，是 SCADA 系统与被监控输气工艺站场（如压气站、配气站等）之间重要的界面设备。PLC（或 RTU）采集现场数据和信息，进行基础数据计算（如流量计算）、逻辑比较、逻辑运算和逻辑操作（如执行逻辑程序、互锁程序），通过通信网络将数据和信息传送到 SCS 的监控终端。SCS 的监控终端接收到数据和信息后，在监控终端屏幕上显示，同时将数据与设定值、报警限相比较，发出报警信息，提示操作员进行相关操作。PLC（或 RTU）中的有关程序也可将有关运行参数与其保护定值进行比较，当运行参数超过其保护定值时，自控程序的逻辑运算结果自动发出相应的指令，完成相应的控制。对于不是远程主站（remote master station）的站控系统，DCC 主机是通过通信系统及通信网络直接向 PLC（或 RTU）查询数据和信息，有关操作指令和设定值指令也是直接下达给 PLC（或 RTU）；如果某 SCS 属于远程主站，则 SCS 的站控计算机（监控终端）就成了次主机，该次主机内配置并运行与 DCC 主机相同的实时数据库。次主机实时地向本站 PLC（或 RTU）查询数据和信息，再通过通信系统传给同一广域网（wide area network, WAN）内的 DCC 主机或主站。从 DCC 主机系统监控终端上发出的命令也是先传给次主机，再传给站控 PLC（或 RTU）。实际上，由于主站和远程主站上运行着相同的实时数据库，两者间的数据和信息传送相当于在进行"一点对应一点"的数据和信息同步刷新。当然，也有受传输速率限制而造成相互刷新滞后的问题。在上游计算机（DCC 主机和 SCS 监控终端）故障或与 PLC（或 RTU）通信中断时，PLC（或 RTU）能独立完成数据采集和控制，且不会造成现场设备误动作。当上游计算机与 PLC（或 RTU）恢复通信时,PLC(或 RTU)可以将通信中断期间的数据按时间标记传送给上游计算机,从而保证 SCADA 系统数据的完整性。

二、调度控制中心的系统配置和工作原理

DCC 的计算机系统在整个 SCADA 系统中是主终端单元,称为主站,它管理和协调所有于系统和系统中的工艺设备。如前所述,一个 SCADA 系统中可以有一个主站,可以有一个或一个以上的远程主站,可以有一个或一个以上的远程站,还可以有一个或一个以上的远程监视站。其中主站和远程主站一般具有基本相同的功能、硬件配置和软件要求,远程监视站只具备监视功能,不具备控制功能。SCADA 系统中的 SCS 既可设置为远程主站,也可以不是远程主站、单纯地具有下位机性质的远程站。因此,DCC 的系统工作原理则相应的系统配置。下面仅对典型的 DCC 的配置和工作原理加以阐述。

1. DCC 的配置

1) DCC 的硬件配置

典型的 DCC 网络结构和硬件配置如图 4-4 所示。网络结构应按照国际标准化组织(ISO)的要求进行设计,即网络结构为开放式结构,且具有标准化、高弹性、可扩展性、良好的安全性和可靠性。

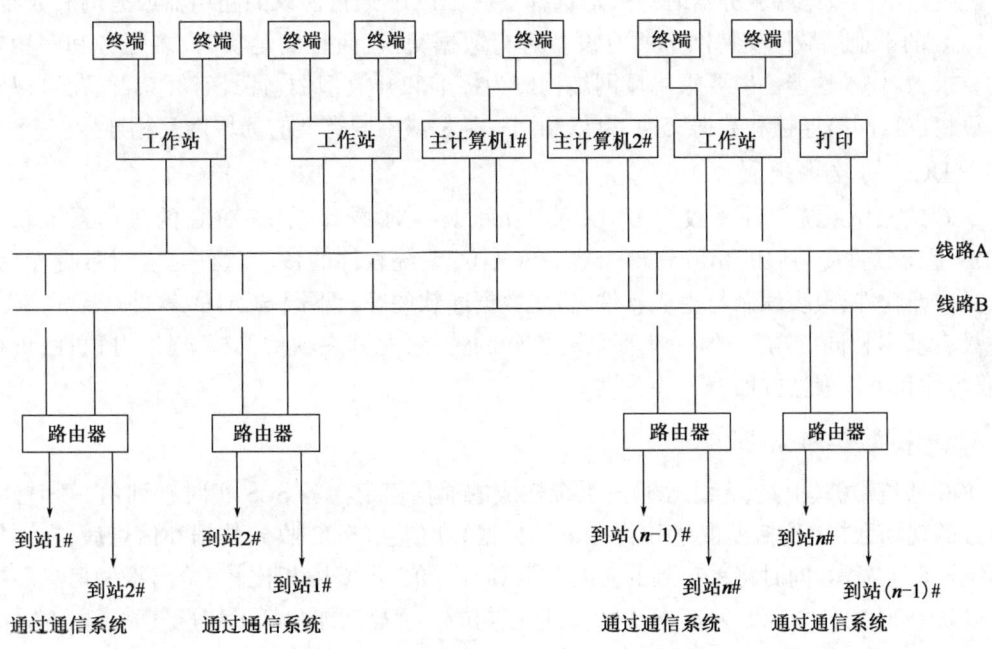

图 4-4 典型的 DCC 网络结构和硬件配置

DCC 的计算机网络一般为工作站或服务器型,一般使用 10BASE—T 以太网(ethernet)和 TIP/IP 协议。网上任意站点进出系统时都不影响其他设备。整个 DCC 网络还具有其他计算机网络连接的接口。DCC 通过冗余通信路由器或终端服务器和各个 SCS 通信。

DCC 的 SCADA 主计算机(host computer)配置为热备用模式,这样使它具有较高的可靠性,并具有强大的能力进行数据采集、计算、储存和监视工艺参数、设备状态;它的兼容性和可扩展性可以将来满足扩展系统的要求。

在 DCC 中，配置的主要内容有：SCADA 主机（两台工作站或服务器或小型工业计算机）；两台 SCADA 操作员工作站（operation station）；一台设计与管理工程终端（Engineering Station）。其中，SCADA 主机主要用于运行实时数据库、历史数据库、各种进程管理软件、主机操作系统、用户应用程序等。主机操作系统一般为 UNIX 操作系统，也有的为 VMS 操作系统，还有些厂家正在向以 Window—NT 作为操作系统的方向努力。操作员工作员主要用作人机界面，故称 DCC 主机系统监控终端，简称监控终端。人机界面一般用 Windows 或 Windows—NT 作为操作系统，在该系统下开发监控屏幕、实时趋势图、历史趋势图等比较方便。工程终端主要用于系统运行维护、系统管理和用户编程等。

2）DCC 中有关设备硬件的一般技术性能要求

DCC 中有关设备硬件的性能包括 SCADA 主计算机性能，其他计算机性能（包括 CPU、内存、硬盘、冗余以太网卡、显示器性能等）。此外 DCC 中设备性能还有通信路由器和通信终端服务器。DCC 和 SCS 之间使用通信路由器或终端服务器进行通信，通信路由器或终端服务器的一端连在局域网上，另一端连在卫星小站或微波站或光纤通信站的通信设备（如光纤通信系统的光端设备）的接口上，由于要求局域网是冗余的，路由器或终端服务器也是冗余配置的。路由器与通信系统设备间的物理接口一般为 V.35 或 V.28；终端服务器与通信系统设备间的物理接口一般为 RS—232 或 RS—242。

配置路由器或终端服务器时一般都选择支持 TIP/IP 通信协议的路由器或终端服务器。

DCC 的本地局域网支持网上所有设备进行数据交换，而且满足实时、多任务和多用户操作的要求，其技术性能一般要求局域网结构应为标准和开放型的，且具有冗余配置，可以和高层计算机进行网络连接和数据交换，可以和同一类型或不同类型的局域网互相连接。

3）DCC 的软件配置

DCC 的操作系统软件一般为 UNIX 或 Windows—NT 操作系统，DCC 的操作系统软件和 SCADA 系统软件应与服的相应软件兼容。SCADA 系统软件的核心软件是实时数据库，其次是人机界面软件、报表编制与生成软件、历史数据库软件等。不同 SCADA 软件厂家的 SCADA 软件具有基本相同的功能，但一般都具有不同的特点，尤其在软件的标准性、开放性、可移植性、兼容性和可扩展性方面有一些差别。

2. DCC 的工作原理

DCC 通过微波、卫星、光纤等通信系统构成的通信信道向各 SCS 实时查询由 SCS 检测并处理过的现场数据（包括模拟量和状态量等数据）和信息；DCC 收到数据和信息后，在主机监控系统屏幕上显示；同时将采集到的实时数据和设定值、报警限相比较，给出报警信息。操作员可以从 DCC 向各个 SCS 发送指令，完成远控功能。远控功能包括设定压气站或配气站的流量或压力、调节设定值、控制某些阀门开关、启/停压缩机、启动或停运某站等。DCC 发出的远控指令实际上是从 DCC 卸载到各站控 PLC（或 RTU）的信息。DCC 的操作员根据运行状态发出相应的模拟量或数字量指令，每个指令都要经过三个过程：产生指令—确认指令—执行指令。一些关键的控制指令（如停运某站）还应经过安全权限检验后才能发出，并同时在 SCS 的主机屏幕上显示该指令。

三、SCADA 系统软件的功能与要求

SCADA 系统软件（监控软件）的一般技术性能要求为对压气站、配气站等工艺站场内的工

艺运行参数、设备运行参数及各种设备的运行状态等,提供可靠的监视和采集功能。SCADA系统软件至少应具有以下功能:

(1)实时数据库管理:实现进出实时数据库所有数据的管理、储存、控制,且可以与第三方软件进行数据交换。SCADA 实时数据库软件应可以进行计算、数据源利用、数据处理和控制,如发送指令和改变设定值。

(2)工业标准图形用户接口:配置图形用户接口(graphic user interface,GUI)可以使系统具有高分辨率图像处理功能,使用 GUI 可以用轨迹或鼠标产生、修改、显示图像,还可以进行多个窗口显示。

(3)记录和报告:输出各压气站、配气站及其他相关工艺站场的运行报告,输出任意时间要求的运行报告(报告内容包括工艺参数和运行状态等),输出按事件激活的事件顺序报告。

(4)归档和检索:将 SCADA 的实时数据(包括工艺参数,操作指令和事件等)储存到磁带或光盘上作为档案保存,所归档的数据可以检索,以便进行数据分析和再利用。

(5)数据计算和处理:SCADA 系统一般具有流量叠加、管网供气流量平衡、管存、最大值、最小值计算功能。

(6)报警:SCADA 软件提供综合报警功能,能将工艺和设备的异常状况迅速及时反映给运行人员。

第六节 集散型控制系统

一、集散型控制系统概述

集散型控制系统(distributed control system,DCS),又称分布式控制系统,它采用控制分散、操作和管理集中的基本设计思想,采用多层分级、合作自治的结构形式。DCS 是 20 世纪 70 年代中期发展起来的,是集微型计算机检测技术、图形处理技术、数据处理技术为一体的新型现代化设备,是实现对过程分散控制、集中操作和管理的自动化装置。目前 DCS 在电力、冶金、石化等各行各业都获得了极其广泛的应用。

二、DCS 的发展历史

1. 第一阶段

1975—1980 年,在这个时期 DCS 的技术特点表现为:

(1)采用微处理器为基础的控制单元,实现分散控制;有各种各样的算法,通过组态独立完成回路控制,具有自诊断功能。

(2)采用带 CRT 显示器的操作站与过程单元分离,实现集中监视、集中操作。

(3)采用较先进的冗余通信系统。

2. 第二阶段

1980—1985 年,在这个时期 DCS 的技术特点表现为:

(1)微处理器的位数提高,CRT 显示器的分辨率提高。

(2) 强化的模块化系统。

(3) 强化了系统信息管理,加强通信功能。

3. 第三阶段

1985 年以后,DCS 进入第三代,其技术特点表现为:

(1) 采用开放系统管理。

(2) 操作站采用 32 位微处理器。

(3) 采用实时多用户多任务的操作系统。

进入 20 世纪 90 年代以后,计算机技术突飞猛进,更多新的技术被应用到 DCS 中。PLC 是一种针对顺序逻辑控制发展起来的电子设备,它主要用于代替不灵活而且笨重的继电器逻辑。现场总线技术在进入 20 世纪 90 年代中期以后发展十分迅猛,以至于有些人已做出预测:基于现场总线的 FCS 将取代 DCS 成为控制系统的主角。

三、DCS 的特点

DCS 是一个由过程控制级和过程监控级组成的以通信网络为纽带的多级计算机系统,综合了计算机(computer)、通信(communication)、显示(CRT)和控制(control)等 4C 技术,其基本思想是分散控制、集中操作、分级管理、配置灵活、组态方便。DCS 的特点如下:

(1) 高可靠性。由于 DCS 将系统控制功能分散在各台计算机上,系统结构采用容错设计,因此某一台计算机出现的故障不会导致系统其他功能的丧失。此外,由于系统中各台计算机所承担的任务比较单一,可以针对需要实现的功能采用具有特定结构和软件的专用计算机,从而使系统中每台计算机的可靠性也得到提高。

(2) 开放性。DCS 采用开放式、标准化、模块化和系列化设计,系统中各台计算机采用局域网方式通信,实现信息传输,当需要改变或扩充系统功能时,可将新增计算机方便地连入系统通信网络或从网络中卸下,几乎不影响系统其他计算机的工作。

(3) 灵活性。通过组态软件根据不同的流程应用对象进行软硬件组态,即确定测量与控制信号及相互间的连接关系,从控制算法库选择适用的控制规律以及从图形库调用基本图形组成所需的各种监控和报警画面,从而方便地构成所需的控制系统。

(4) 易于维护。功能单一的小型或微型专用计算机,具有维护简单、方便的特点,当某局部或某个计算机出现故障时,可以在不影响整个系统运行的情况下在线更换,迅速排除故障。

(5) 协调性。各工作站之间通过通信网络传送各种数据,整个系统信息共享,协调工作,以完成控制系统的总体功能和优化处理。

(6) 控制功能齐全。控制算法丰富,集连续控制、顺序控制和批处理控制于一体,可实现串级、前馈、解耦、自适应和预测控制等先进控制,并可方便地加入所需的特殊控制算法。DCS 的构成方式十分灵活,可由专用的管理计算机站、操作员站、工程师站、记录站、现场控制站和数据采集站等组成,也可由通用的服务器、工业控制计算机和可编程控制器构成。处于底层的过程控制级一般由分散的现场控制站、数据采集站等就地实现数据采集和控制,并通过数据通信网络传送到生产监控级计算机。生产监控级对来自过程控制级的数据进行集中操作管理,如各种优化计算、统计报表、故障诊断、显示报警等。随着计算机技术的发展,DCS 可以按照需要与更高性能的计算机设备通过网络连接来实现更高级的集中管理功能,如计划调度、仓储管理、能源管理等。

四、DCS 的结构

从结构上划分，DCS 包括过程级、操作级和管理级。过程级主要由过程控制站、I/O 单元和现场仪表组成，是系统控制功能的主要实施部分。操作级包括操作员站和工程师站，完成系统的操作和组态。管理级主要是指工厂管理信息系统（MIS 系统），作为 DCS 更高层次的应用。

DCS 的控制决策是由过程控制站完成的，所以控制程序是由过程控制站执行的。DCS 的过程控制站是一个完整的计算机系统，主要由电源、CPU（中央处理器）、网络接口和 I/O 组成。控制系统需要建立信号的输入和输出通道，这就是 I/O。DCS 中的 I/O 一般是模块化的，一个 I/O 模块上有一个或多个 I/O 通道，用来连接传感器和执行器（调节阀）。通常，一个过程控制站由几个机架组成，每个机架可以摆放一定数量的模块。CPU 所在的机架被称为 CPU 单元，同一个过程站中只能有一个 CPU 单元，其他只用来摆放 I/O 模块的机架就是 I/O 单元。

DCS 操作站分为操作员站和工程师站。从系统功能上看，前者主要实现一般的生产操作和监控任务，具有数据采集和处理、监控画面显示、故障诊断和报警等功能；后者除了具有操作员站的一般功能以外，还应具备系统的组态、控制目标的修改等功能。从硬件设备上看，多数系统的工程师站和操作员站合在一起，仅用一个工程师键盘加以区分。

五、DCS 的功能

1. 监视和操作功能

(1)系统日期、时间的显示及修改；(2)报警显示；(3)总貌显示；(4)控制调节、参数整定；(5)趋势显示；(6)事件显示；(7)流程画面显示；(8)控制分组显示；(9)操作指示显示。

2. 打印功能

(1)生产报表打印；(2)报警事件打印；(3)操作记录打印。

3. 应用软件组态与生成功能

(1)系统配置生产；(2)实时数据库生成；(3)数据文件下装；(4)系统运算状态的监视；(5)流程图画面生成；(6)报表生成；(7)控制回路、顺序逻辑、批量控制生成；(8)操作界面汉化。

4. 冗余功能

(1)系统的操作站与工程师站互为冗余；(2)系统的通信网络冗余；(3)系统控制站的冗余、CPU 及控制回路所有的 I/O 模板冗余。

5. 网络功能

(1)支持多种通信协议；(2)可与 Novell、Windows98、NT、2000、TCP/IP 连接；(3)提供 DCS 向 150m 范围内 PC 机的实时数据和历史数据上传显示。

六、系统报警说明

1. 流程测点及报警显示

从应用角度来说,在监控方面主要有系统管理、监视画面、系统报警、图形会话及文件打印五大功能,通过这些功能,操作员可对工业现场进行实时有效的监视、控制及管理,使生产过程安全地运行。

系统管理:包括运行控制、设定系统时钟、打印机设置、口令设置等多项管理功能。

监视画面:显示各流程图画面,以列表或曲线的形式显示各类数据的值及其变化过程等。

系统报警:以多种方式处理系统中所有的报警信息。

图形会话:包括点修改、控制回路的调节、各类手操作器的操作及对图形的操作等。

2. 流程图形显示及报警

在流程图形画面中,所有的数据在正常状态下是褐色的,在报警状态下是红色。PID连接位号处于手动状态是显示红色,处于自动状态是浅蓝色。当动态数据呈现绿色时,表示此数据通道短线或超量程状态;当数据动态呈现浅蓝色时,表示此数据通信故障。

3. 报警信息通知

当过程发生报警时,可以通过以下五个途径通知操作员:

(1)音响报警键盘:当发生报警时,组合键中报警就会发生音响。

(2)报警键上指示灯亮:

①指示灯闪亮:报警出现,需求确认;

②指示灯亮:报警已经确认,但未消除;

③指示灯不亮:无报警。

(3)顶部菜单中的Alarm的颜色有四种变化状态:

①绿色:表示过程无报警;

②闪动的绿色:表示无报警,以前的报警没有确认;

③闪动的红色:表示有报警,尚未确认;

④红色:表示报警已经确认,但报警尚未消除。

(4)组显示上的报警信息指示区会出现报警信息,报警信息出现状态有三种:

①白色大字红底:过程发出报警尚未确认;

②红色小字白底:报警已确认但尚未消除;

③UNACK:报警已消除,但未确认。

(5)流程图上,仪表位号、测量值数字的颜色和模拟液位的颜色会发生变化:

①仪表位号红色闪动,红色数字:过程发生报警,且尚未确认;

②仪表位号红色不闪,红色数字:报警已确认但尚未消除;

③仪表位号不闪,白色数字:无报警;

④模拟液位变红色:过程发生报警。

习 题

1. 什么是 SCADA 系统？什么是 DCS？两者最主要的区别是什么？
2. 管道自动化系统由哪几部分组成？各自有什么特点？
3. 工艺运行参数自动监测是如何实现的？

参 考 文 献

[1] 李长俊,黄泽俊.天然气管道输送[M].3版.北京:石油工业出版社,2016.
[2] 黄黎明.中国天然气质量与计量技术建设现状与展望[J].天然气工业,2014,34(2):117-122.
[3] 天然气计量系统技术要求:GB/T 18603—2014[S].

第五章 管道系统节能技术

第一节 输油泵节能技术

泵和压缩机是将原动机所做的功转换成被输送流体压力能和动能的流体机械,其中输送液体介质并提高其能头的机械称为泵。

在长距离输油管道中,由于油品沿管道流动需要消耗一定的压力能,因此必须建输油泵站,以将油品保质、保量、安全、经济地输送到油库。输油管道的压力能耗主要有两部分,一部分用于克服地形高差,这部分损失与输量无关;另一部分是与输量有关的摩擦阻力损失,包括油品通过直流管段时的摩擦阻力损失,以及通过各种阀门、管件时的摩擦阻力损失。在输油管道早期,多使用"从罐到罐"的输油方式,此时油品全部通过各中间站的油罐,蒸发损耗大。后来逐步发展为"旁接油罐",此时利用油罐调节两站间排量的差额。还有一种方式是"密闭输送",上游来的输油干管直接与下站泵机组的吸入管路相连,各站泵机组直接串联工作,又称为"从泵到泵"。由此可知,无论何种输油方式,都需建设输油泵站,输油泵站的任务就是供给油流一定的能量。

一、输油泵的类型与性能参数

1. 输油泵的类型

输油泵主要有离心泵和螺杆泵两种。由于离心泵具有排量大、能串联工作、运行平稳以及易于维修等优点,在输油管道上得到了广泛应用。同时,根据输量或输送距离的不同,通常采用多台离心泵并联或串联的方式来实现。螺杆泵与离心泵相比,构造复杂、维修不便、不能串联工作,故不适用于密闭输送流程;但适用于输送高黏度油品,常用于流量小、需要压头高的高黏油品输送。

油库作为用来接受、储存和发放原油或石油产品的企业和单位,主要用于协调原油生产、原油加工、成品供应以及运输,油库中油品的收发和输转是依靠泵和管路配合来完成的。油库中输送轻油和黏度在 $(4 \sim 5) \times 10^{-4} m^2/s$ 以下的油品,广泛采用离心泵;输送燃料油和润滑油一般采用往复泵、齿轮泵、螺杆泵和其他形式的容积泵。此外,在油库泵房中还用水环式真空泵所组成的真空系统使离心泵和吸入管路引油灌泵、抽吸油罐车底油以及利用虹吸作用卸油等。此外,油库消防系统、含油污水处理系统和给水系统也需要采用离心水泵。

2. 离心泵

1) 离心泵的结构

典型离心泵的结构如图 5-1 所示,主要由吸入室、叶轮、排出室、轴、密封轴承和支座等构成。有些离心泵还装有导叶、诱导轮和平衡盘等。

离心泵的过流部件包括吸入室、叶轮及排出室(又称蜗壳),其作用分别为:

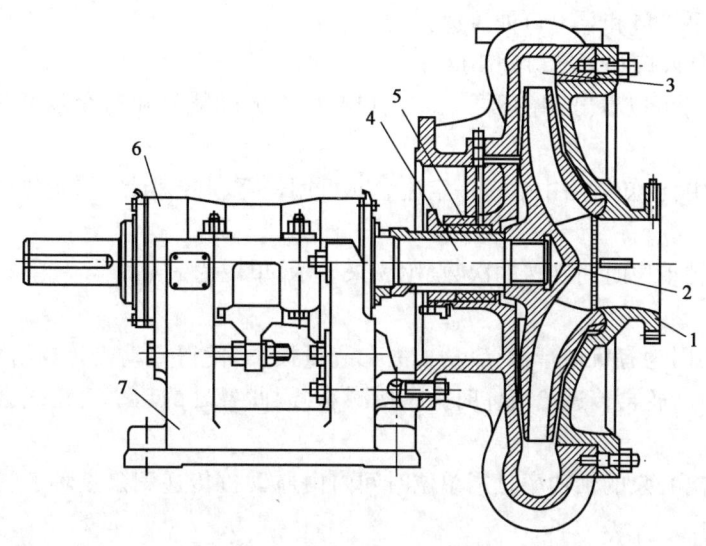

图 5-1 典型离心泵的结构
1—吸入室;2—叶轮;3—排出室(蜗壳);4—轴;
5—密封轴承;6—轴承箱;7—支座

(1)吸入室:吸入室位于叶轮进口前,其作用是把液体从吸入管引入叶轮,要求液体流过吸入室时流动损失较小,并使液体流入叶轮时速度分布较均匀。

(2)叶轮:叶轮是离心泵的唯一做功部件,液体从叶轮中获得能量。对叶轮的要求是在流动损失最小的情况下使单位质量的液体获得较高的能头。

(3)排出室:排出室又称蜗壳,位于叶轮出口之后,其作用是把从叶轮内流出来的液体收集起来,并按一定的要求送入下级叶轮入口或送入排出管。由于液体流出叶轮时速度很大,为了减小后面管路中的流动损失,要求液体在蜗壳中减速增压,同时尽量减少流动损失。

2)离心泵的性能参数

(1)流量。

泵单位时间内排出的液体量称为泵的流量,体积流量用 Q 表示,单位为 m^3/s;质量流量用 G 表示,单位为 kg/s。二者的关系为

$$G = \rho Q \tag{5-1}$$

式中 ρ——液体密度,kg/m^3。

(2)扬程。

单位质量的液体,从泵进口到泵出口的能量增值称为泵的扬程,即单位质量的液体通过泵所获得的有效能量。扬程常用 H 表示。在国际单位制中,扬程的单位为 J/kg,但习惯上离心泵的扬程常以液柱高度(m)来表示。虽然扬程的这一单位与高度单位一致,都是 m,但不应把泵的扬程简单理解为液体输送所能达到的高度,因为泵的总扬程不仅要用来提高液体的位置高度,而且还要用来克服液体在输送过程中的流动阻力,以及提高液体的静压能和速度能等。

根据定义,列出泵进口和出口处液流的能量方程,可得

$$H = \frac{p_d - p_s}{\rho g} + \frac{c_d^2 - c_s^2}{2g} + z_d - z_s \tag{5-2}$$

式中 p_s、p_d——泵入口和泵出口处压力,Pa;
　　　g——重力加速度,m/s^2;

c_s、c_d——泵入口和泵出口处流速,m/s;

z_s、z_d——泵入口和泵出口处高度,m。

从公式(5-2)可以看出,由于泵入口、出口截面上的动能差和高度差均不大,所以泵主要是增加液体压力。

在工程计算中,已知管路中输送一定流量时可用伯努利方程计算泵提供的扬程。

(3)转速。

转速是指泵轴单位时间旋转的次数,用 n 来表示,单位为 r/min。

(4)功率。

在离心泵中,因为有机械摩擦、流动损失和流量损失,使得原动机传递给泵轴的功率再传递给叶轮,以及由叶轮再传递给液体时会有所减小,因此各处的功率表达式会不同,具体表达如下:

①轴功率。离心泵的轴功率是指单位时间内由原动机传递到泵主轴上的功率,亦称输入功率,用 N 来表示。

②水力功率。离心泵的水力功率是指单位时间内泵的叶轮给出的能量,用 N_h 来表示,单位是 W。计算公式为

$$N_h = \rho g Q_T H_T \tag{5-3}$$

式中　Q_T——理论流量,m³/s;

　　　H_T——理论扬程,m。

③有效功率。离心泵的有效功率是指单位时间内泵出口流出的液体从泵中获得的能量,亦称输出功率,用 N_e 来表示,单位为 kW。其值可按下式计算:

$$N_e = \frac{\rho g Q H}{1000} \tag{5-4}$$

④机械损失功率。离心泵的机械损失功率是指叶轮外盘面与液体之间、轴与填料密封件之间以及轴与轴承之间的机械摩擦所产生的损失功率,其值为泵轴功率与水力功率之差,用 N_m 来表示。

(5)效率。

在离心泵中存在各种损失,因此需要使用不同的效率表达式来衡量损失的大小。

①容积效率。离心泵的容积效率是指实际流量 Q 与理论流量 Q_T 之比,用来衡量离心泵流量泄漏的大小,用 η_v 来表示。其值可按下式计算:

$$\eta_v = Q/Q_T \tag{5-5}$$

②水力效率。离心泵的水力效率是指有效扬程 H 与理论扬程 H_T 之比,用来衡量流动损失所占比例,用 η_h 来表示。其值可按下式计算:

$$\eta_h = H/H_T \tag{5-6}$$

③机械效率。离心泵的机械效率是指水力功率 N_h 与轴功率 N 之比,用来衡量机械摩损失的大小,用 η_m 来表示。机械摩擦损失越大,则机械效率越低。其值可按下式计算:

$$\eta_m = N_h/N = (N - N_m)/N \tag{5-7}$$

④泵效率。离心泵的泵效率是指有效功率 N_e 与轴功率 N 之比,又称为泵的总效率,用来衡量泵工作的经济性,用 η 来表示。泵效率越高,说明能量利用越好,损失越小。其值可按下式计算:

$$\eta = N_e/N = \eta_v \eta_h \eta_m \tag{5-8}$$

式(5-8)说明,泵效率 η 等于容积效率 η_v、水力效率 η_h 和机械效率 η_m 三者的乘积。要提高泵效率,就必须从设计、制造和运行等方面考虑,减少各种损失。

3. 螺杆泵

螺杆泵是由几个相互啮合的螺杆间容积变化来输送液体的容积转子泵。根据互相啮合同时工作的螺杆数目的不同,通常可将螺杆泵分为单螺杆泵、双螺杆泵、三螺杆泵和五螺杆泵等;按螺杆轴向安装位置还可分为卧式和立式两种。螺杆泵的主要特点是流量连续均匀,工作平稳,脉动小,流量随压力变化很小;运转比齿轮泵平稳,无振动和噪声;泵的转速较高,目前有的高达18000r/min;吸入性能较好,允许输送黏度变化范围大的介质;另外,其流量大(0.5~2000m³/h)、排出压力高(低于40MPa)、效率高。三螺杆泵常用于石油化工厂输送机泵装置的润滑油和密封油,在油库和泵站中常作为辅助用泵来输送润滑油、燃料油、柴油和中等黏度的原油。

螺杆泵一般具有如下工作特点:

(1)螺杆泵流量均匀。当螺杆旋转时,密封腔连续向前推进,各瞬时排出量相同,因此流量比较均匀。

(2)受力情况良好。多数螺杆泵的主动螺杆不受径向力,所有从动螺杆不受扭转力矩的作用。因此,泵使用寿命较长。有些泵做成双吸结构,还可以平衡轴向力。

(3)除单螺杆泵外,其他螺杆泵无往复运动,不受惯性力影响,故转速较高,一般转速为1500~3000r/min。

(4)运转平稳、噪声小。被输送液体不受搅拌作用,螺杆泵密封腔空间较大,有少量杂质颗粒也不妨碍工作。

(5)具有良好的自吸能力。因螺杆密封性好,可以排送出气体,启动时可不用灌泵,可进行气液混相输送。由于密封性好,可以在较高压力下工作,工作压力可达30MPa。

二、输油泵的调节与调速方式

1. 输油泵的调节方式

任何一台输油泵都必须和一定的管路系统联合工作。泵向液体提供能量,给液体以动力;而管路则消耗能量,给液体以阻力。在实际运行中,当供消双方发生不平衡现象时,就需要对某一方进行调节,使输油泵与管路的联合工作处于有利的状况,发挥较高的效率。

为了满足生产实际的需要,经常要根据客观运行条件的变化来调节输油泵的流量和扬程,改变泵的流量和扬程,就得改变泵的工作点,也就是要改变管路或泵的特性曲线。因为输油泵的工作点是由泵的特性曲线和管路特性曲线的交点来确定的。在转数不变的情况下泵的特性曲线只有一条;当管路上的装置不变时,管路特性曲线也不会变动,两条不变的曲线的交点也不会改变,而且只相交于一点。故泵在正常工作时,泵的工作点是一定的。因此,这种人为的、采取一定措施来改变泵工作点的做法,称为泵的流量调节。

输油泵的流量调节大致可分为两大类:一类是改变管路特性曲线的位置;二是改变泵的特性曲线的位置。只要改变其中任何一条曲线的位置,工作点就会发生位移,相应的流量和压力值也随之改变。

1)改变管路特性曲线的位置

(1)调节出口管路阀开度。

在离心泵转数不变的情况下,利用改变泵出口阀的开度来调节流量是一种最简单而常用的方法。如图 5-2 所示,设阀门全开时,管路的特性曲线与泵特性曲线的交点 1 是工作点,当改变输油泵出口阀开度时,出口管路内的阻力将增加或减少,从而改变管路特性曲线,使泵工作点发生位移(图 5-3),达到改变流量及压头的调节目的。

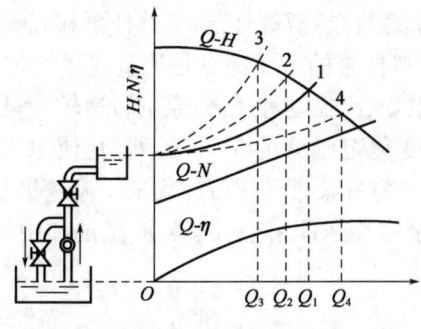
图 5-2 出口阀的开度调节示意图

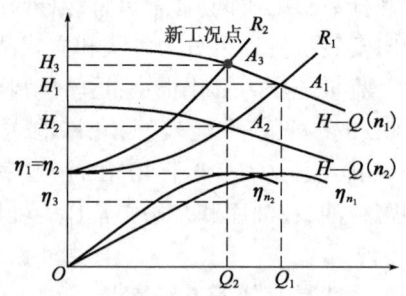
图 5-3 调节使流量变为 Q_2

假如泵的特性曲线不变,需把流量调小时,可把出口阀开度关小,则管路特性曲线变陡,工作点移至点 2 或点 3,此时流量相应变小,压头升高,功率和效率都相应降低,从而实现了流量调节的目的。这种方法虽简单、调节方便,但在泵出口阀上要消耗许多能量,损失大,泵装置的调节效率低,长期工作不经济。

(2) 回注法——利用进、出口旁通阀调节流量。

把泵的进、出口管线用旁通管线连接起来,使一部分出口液体流回入口管线,回流的大小用旁通阀的开度来调节。

如图 5-2 所示,当旁通阀上的阀门开启时,相当于两条管路并联工作,阻力降低,泵所需的压头降低,管路特性曲线变平,工作点移至点 4。这时,总的流量增加,然而由于液体的回流,从而使排出管输出的流量减小,从排出管经旁通管路流回吸入端的液体能量便白白消耗掉了。

2) 改变泵的特性曲线的位置

(1) 切割叶轮外径。

为了扩大泵的使用范围,可把叶轮外径分为几个不同的等级,配合泵的高效区达到流量调节的目的,因为叶轮外径的改变将改变泵的扬程、流量和功率。一般来说,增大叶轮外径受到泵的结构的限制,所以在实际应用中往往都是切割叶轮外径。

切割叶轮外径后,流量、扬程和功率的变化在低比转数泵和中、高比转数泵中有所不同。不同比转数叶轮外径切割情况如图 5-4 所示。

在低比转数离心泵中,可以近似地得到:

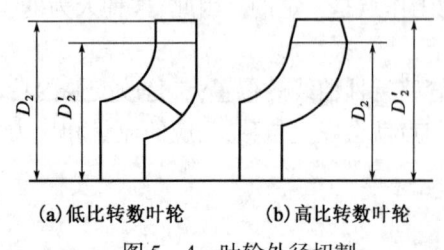
图 5-4 叶轮外径切割

$$\frac{Q'}{Q} = \left(\frac{D_2'}{D_2}\right)^2 \tag{5-9}$$

$$\frac{H'}{H} = \left(\frac{D_2'}{D_2}\right)^2 \tag{5-10}$$

$$H = K_1 Q \tag{5-11}$$

对于中、高比转数离心泵,可以近似地得到:

$$\frac{Q'}{Q} = \frac{D'_2}{D} \tag{5-12}$$

$$\frac{H'}{H} = \left(\frac{D'_2}{D_2}\right)^2 \tag{5-13}$$

$$H = K_2 Q^2 \tag{5-14}$$

式中 Q、Q'——叶轮切割前、后离心泵的排量;
D_2、D'_2——叶轮切割前、后叶轮的外径;
H、H'——叶轮切割前、后离心泵的扬程;
K_1、K_2——换算系数。

式(5-11)和式(5-14)分别为低比转数和中、高比转数泵的切割曲线方程,曲线形状如图 5-5 所示,A_1、A'_1 为高效工作点,式(5-11)表示一条直线,式(5-14)表示一条抛物线。它们都是叶轮切割前后相应工况的连线。在此连线上,每一点的 K 值都相等,且等于某一切割后的叶轮外径。

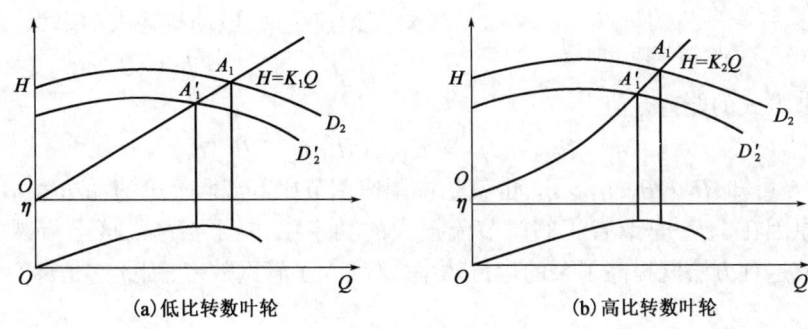

图 5-5 泵叶轮切割曲线

切割叶轮外径后,不仅扬程、流量和功率减小,而且效率也有所降低,同时,最高效率点也向小流量方向偏移。离心泵叶轮的切割量不能超过某一范围,这是因为切割量过多将使效率降低太多。一般来说,切割量不大时认为效率基本不变。随着切割量的增大,效率将降低,在高比转数离心泵中则更为严重。

(2)减少输油泵级数。

对节段式多级输油泵,采取拆除叶轮的办法来降低级数,使泵的流量基本保持不变,扬程、功率随叶轮级数的递减而降低,从而实现节能的目的。

(3)改变泵的转速。

在管线特性曲线不变的情况下,通过改变泵轴转速,即调速运行,使泵的特性曲线发生变化,这样就使工况点发生变化,从而引起流量的变化。这种调节方法并不造成附加的能量损失,调节效率高。

泵的调速运行是离心泵节能的一个重要措施,主要用于流量变化范围较大,且变化频繁的系统。下面将详细介绍输油泵的各种调速方式。

2. 输油泵的调速方式

1)调速节能原理

离心泵调节特性曲线如图 5-6 所示,当离心泵转速为 n_s 时,扬程流量曲线为 $H—Q(n_1)$,

效率曲线为 η_{n_1}，R_1 与 $H—Q(n_1)$ 交于 A_1 点，A_1 点为额定工况点，Q_1 为额定流量，H_1 为额定扬程，此时泵在高效区运行，效率为 η_1。运行中要减少流量到 Q_2，有两种实现方式：一种是节流调节，使管路特性曲线变为 R_3，R_3 与 $H—Q(n_1)$ 交于 A_3 点，A_3 点为新的工况点，Q_2 为对应流量，H_3 为对应扬程，此时泵运行偏离了高效区，效率为 η_3；另一种是调速调节，管路特性曲线 R_1 不变，泵转速由 n_1 变为 n_2，泵的 $H—Q(n_1)$ 曲线变为 $H—Q(n_2)$ 曲线，效率曲线为 η_{n_2}，R_1 与 $H—Q(n_2)$ 交于 A_2 点，A_2 点为调速新的工况点，Q_2 为对应流量，H_2 为对应扬程，效率为 η_2，根据叶片式水力机械的相似理论有 $\eta_2 = \eta_1$，因此泵仍在高效区运行。

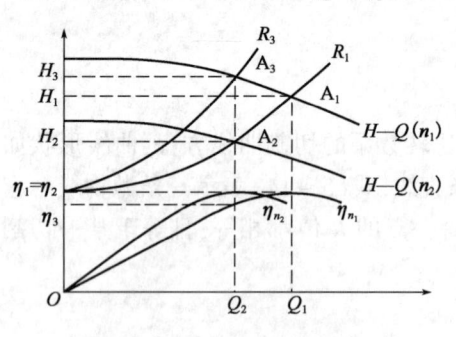

图 5-6 离心泵调节特性曲线

泵机组的电动机输入功率表示为

$$N_Z = K_Z Q H / \eta \quad (5-15)$$

式中 N_Z——电动机输入功率，kW；

K_Z——系数，与电动机效率、传动效率和流体密度有关。

对于节流调节，电动机输入功率为

$$N_{Z3} = K_Z Q_2 H_3 / \eta_3 \quad (5-16)$$

对于调速调节，电动机输入功率为

$$N_{Z2} = K_Z Q_2 H_2 / \eta_2 \quad (5-17)$$

两种调节方式的能耗差值为

$$\Delta N = N_{Z2} - N_{Z3} = K_Z Q_2 (H_2/\eta_2 - H_3/\eta_3) \quad (5-18)$$

由图 5-6 可知，$H_2 < H_3$，$\eta_2 > \eta_3$，也就是说调速调节比节流调节少消耗功率。调速调节消耗功率少的原因在于：一是节省了阀门节流损失的功率；二是泵在高效区运行减少消耗的功率。调速调节这种方法既提高了泵的运行效率，又增大了管网效率，因此它是离心泵节能的一个有效措施。

目前，在用的输油泵由于排量偏大、扬程偏高或经常在低负荷下运行，因而不得不采用阀门进行节流调节，浪费大量电力。理论上泵的耗电量与其转速的立方成正比。如果把节流调节改为调速调节，其耗电量便可按其与转速成立方的比例降低，节电的效果将非常显著。输油管道上常采用的输油泵的调速方式有两大类：第一类是原动机的转速不变，而在它与泵之间加装可变速的耦合器，常用的有液力耦合器和滑差离合器；第二类是由驱动泵的原动机或电动机变速来实现。电动机的变速方式主要有改变定子极对数、变频、变压和改变转差率四种。

2) 液力耦合器

液力耦合器是利用工作轮来传递动力的装置，由泵轮、涡轮及旋转外套（勺管室）组成。液力耦合器是一种结构简单、操作方便、投资省、见效快、经济效益高的调速设备，可应用在输量不饱满的输油管道上，以解决由于输量不满而造成的管泵不匹配使得管线运行很不经济的问题。

当部分输油管道受到油田产量的制约，出现了管道实际出站压力均较大程度地低于允许出站压力、远远低于泵压时，这部分压力约 40% 在实际运行中只好以节流的方式损失掉了，浪费了大量电能。因此采取一种安全、高效、可靠的调节手段，最大限度地降低节流损失是一项迫切任务。液力耦合器就能起到这一作用，它是一种调速型耦合器，当原动机转数不变时，通过改变耦合器工作腔中油量的多少以实现输出转数无级变速的目的。由于离心泵的固有特性，当改变转数时，泵的性能也有规律地发生变化，使泵的输出压力与输油管路需要压力相匹配，从而达到消除节流损失、降低电力消耗的作用。

3) 滑差离合器

在泵特性和管路特性不匹配的情况下,应用滑差调速离合器的传动能力曲线调节输油泵运行特性,回收泵出口阀门开度的节流损失,可获得明显的经济效益。

滑差离合器主要由主动摩擦片组、从动摩擦片组、工作压力系统、速度控制系统、输入轴及输出轴组成,运用油膜滑差、液体黏性传动原理,通过控制活塞工作压力来改变摩擦片组的结合程度产生滑差;或者说,传动的扭矩表现为在主动摩擦力、从动摩擦力的作用下实现输出轴的无级调速。滑差离合器实际上是一种片式可调速高效节能离合器,因为输油离心泵的功率同它的转数呈三次方变化,即

$$N''/N = (n''/n)^3 \tag{5-19}$$

式中 N、N''——离心泵改变转数前、后的功率;

n、n''——离心泵改变前后的转数。

当转数下降时功率大大减少,所以是一个显著的降低输油泵转数的输量调节方法。

4) 变频调速装置

变频调速装置的基本工作原理是将电源通过整流器变成恒定的直流电压,然后通过大功率晶体管组成的逆变器逆变成可变电压,可变频率的交流电源由于采用微处理机编程的正弦波 PWM(脉冲宽度调制)控制,电流输出波形近似正弦波,故可用于交流电动机的无级调速。这种调速方式具有如下优点:

(1) 无级调速而且调速范围宽;

(2) 柔性起动,对电网及系统无冲击,可延长设备使用寿命;

(3) 系统保护功能强,具有过压、欠压、断路及短路等保护功能;

(4) 线性好,控制精度高;

(5) 施工简单,对系统无特殊要求;

(6) 易于实现闭环自动控制。

三、输油泵的节能经济运行

输油泵的作用是给原油加压,克服原油在管道中的摩阻损失这一摩阻损失的计算公式为

$$H_L = 0.0246 \frac{G^{1.75} \nu^{0.25} L}{(\rho g)^{1.75} D^{4.75}} \tag{5-20}$$

式中 H_L——原油在管道中的摩阻损失;

G——输油量,m^3/s;

ν——原油黏度,m^2/s;

L——管道长度,m;

ρ——原油密度,kg/m^3;

D——管径,m。

对一条计划已定的管道,D、L、G 皆为定值,H_L 仅与原油在输送的平均温度 T 下黏度 ν 及密度 ρ 有关。

站间实际摩阻损失 h_L 可由出站压力 p_H 与下站进站压力 p_K 按下式计算:

$$h_L = \frac{p_L - p_K}{\rho g} \pm \Delta h \tag{5-21}$$

式中 Δh——两站间的位能。

原油的平均温度 T 可按下式计算：

$$T = 5T_H + 7T_K \qquad (5-22)$$

式中　T_H——原油出站温度；

　　　T_K——原油进站温度。

由式(5-22)计算出 T，按原油物性资料查出 ν 和 ρ，代入式(5-20)计算出 H_L。由 h_L 与 H_L 的对比研究，了解管道在输送过程中状态的变化，决定是否清管。

对输送原油物性 ν 和 ρ 的测试，与研究管道摩阻、调整输油操作有密切的关系。所以应当引用已有的较成熟的密度和黏度在线测试仪表，进行不间断的检测，以便正确计量 G 及判定 D。

当输油量为 G 时，管道中压头损失为 H_L，则要求泵正好供给压头 H 以克服 H_L 及位差，从泵性能曲线关系式(5-20)看，当 G、H 已定时，只有通过调节泵的转速 n 来满足对 G、H 的要求。在此情况下消耗的能量最少、最合理。因此，研究调速动力设备或变速装置，可节约输油能耗。

$$H = An^2 + BnG + CG^2 \qquad (5-23)$$

式中　H——泵的供给压头；

　　　n——泵的转速；

　　　A、B、C——系数。

目前应用的都是固定转速的泵，泵的转速一定，则泵性能曲线 Q—H 相应确定(随输送介质黏度不同而略有改变)，因此，多台泵操作时，对并联泵是按泵站扬程的数量级改变，来满足 G 和克服摩阻 H_L 的要求。两个泵站之间输送时所需的压头由式(5-24)确定。当按输量已确定开泵台数时，则按泵性能所提供的压头 H 也随之而定。这时，$H = H_S$ 是最合理的，但一般是 $H > H_S$。因而，应当努力使 H 趋于 H_S，也就是使输油节流损失最少，耗能就最省。输油所需压头 H_S 可按下式计算：

$$H_S = H_L + h + \Delta h \qquad (5-24)$$

式中　H_S——输油所需的压头；

　　　h——站内摩阻。

如以旁接油罐方式输油，油品有一定蒸发损失，泵的余压不能被利用。但各站具有相当的调节容量可以用来调节操作，而不要求有自动控制设备。主要调整运行操作方法，使 $(H-H_S)$ 值最小，可采取如下三种方法：

(1)按储油能力及输油要求安排高低输量间隔运行，选用泵型搭配调整开泵台数，既满足输量要求，又充分让泵在高效区运行。

(2)提高输油油温，降低原油黏度，减少输送阻力。但由于输送油温提高，管道散热损失增加，需要多烧燃料油。当在某一输送段，所需克服阻力不多、多开一台泵压头剩余太大时，可采用这一方法，多烧油，少用电，费用较低。与上述相反，如泵的余压较大，为了充分利用余压，可以适当降低加热温度。压头损失增大，则可以少烧燃料油。由于输油温度降低，在下站进站时可能接近凝点，在接近凝点时，原油黏度变化较大，摩阻变化也大，容易形成凝管事故。所以，只有在充分研究接近凝管时油品的流变特性才能有把握地决定用降温输送的办法来利用泵的较大余压。

(3)当多台泵并联运行时，因泵在设计制造时有最佳高效运行区，如何选择各泵的运行状态成为关键。如泵站输量为 Q，用 a 台泵输送。其一，用 $(a-1)$ 台泵在高效区 Q_1 运行，有一台

泵其输量为 Q_3，$S(a-1)Q_1+Q_3=Q$；其二，为各泵输量大体均等为 Q_2，则 $aQ_2=Q$，上述两种办法中按泵的特性曲线看 $Q_1>Q_2>Q_3$，而相应 $H_1<H_2<H_3$，相应的泵效 $\eta_1>\eta_2>\eta_3$，按一定方法推算可知，对不同特性的泵选用不同的运行状态，可使运行功耗最小。

当采用密闭输油方式时，由于全线一通到底，各站缓冲调节余地很小，为了及时调整操作，必须使用自动控制，这是工艺运行的需要。

由于油品运行状态与管路状态的变化会引起输量的变化，故在输送开始即应在首站采用流量调节，以保持输油量稳定，这样对各站操作控制的稳定都是有利的。在正常情况下，首站流量调节是可行的，但当中间站在事故状态时（即排量减小时），将使控制趋向超过管道承受压力超高失控，故在采用流量调节时必须用出站管道压力超限闭锁，使控制不会进入超压状态。

在中间站由于需要来油量与排出油量相等，故采用进站压力调节来保持平衡，各站都采用自动控制，以便能及时准确地调节。由于管道很长、状态各异、各泵特性的差异以及操作的需要，所以在自动控制中应有事故保护措施，即进出站防止水击超压、防止超负荷和抽空的自动保护措施。

密闭输油时，在运行中要使能耗最少，所采用的方法除了旁接油罐方式中所述的三种方式外，密闭输送不仅减少了油品蒸发损失，还提供了充分利用上站余压（即进站压头 P_{KC}/γ）的可能。

上站余压的利用受泵和管路承受压力的限制，即受进站管路设备设计最高压力和轴机械密封最高承受压力的限制，故 P_{KC}/γ 只能小于或等于泵入口机械密封最高压力或进站管路设备设计压力，超过这一限制的多余压力只能由上站节流（调节）去掉。在出站方面也一样，由泵的 Q—H 曲线求得 H，如果 $(P_{KC}/\gamma+H)$ 大于管路设计压力，则其超过部分也只能节流（调节）去掉。如果相应的 H 已大于管路或设备的设计压力，则余压全部被利用是不可能的。

第二节　加热炉节能技术

一、加热炉的基本知识

加热炉是利用燃料燃烧所释放的热能对被加热介质进行加热的设备的总称。加热炉通常由燃烧室（又称辐射室、炉膛）、对流室、炉管、烟道、烟囱等部分构成。其中，辐射室既是燃料燃烧的场所，又是火焰与炉管进行换热的场所，沿内壁布置有辐射受热面；对流室位于辐射室后部，主要靠烟气进行对流换热，对流室内布置多排炉管，烟气以较大速度冲刷炉管，进行对流换热；炉管是被加热介质的受热面，布置在辐射室以吸收辐射热为主的炉管叫辐射炉管，布置在对流室内以对流换热为主的炉管称为对流炉管；烟道是将烟气由辐射室导入对流室的通道，一般为半圆形。

1. 加热炉的类型

加热炉的类型很多。按热源与被加热介质的关系可分为直接加热炉和间接加热炉两种；按被加热介质吸热面的形式可分为管式加热炉和火筒式加热炉两种；按结构形式可分为卧式圆筒形加热炉、立式圆筒形加热炉、方箱形加热炉等。

1) 直接式原油加热炉

利用燃料燃烧产生的热量直接对炉管内原油(无相变)进行加热的设备称为直接式原油加热炉。它属于工业中管式加热炉的一种,简称加热炉,一般由辐射室、对流室、燃烧器和烟囱等部分组成,其结构如图5-7所示。

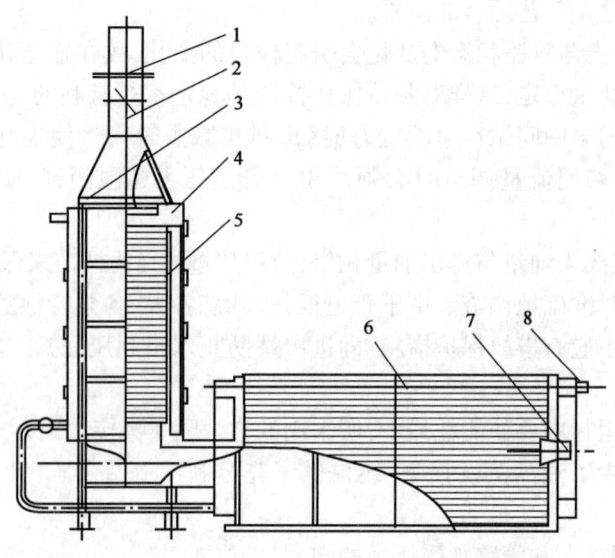

图5-7 加热炉结构示意图
1—烟囱;2—烟道挡板;3—原油进口;4—对流管(对流室);
5—对流管板;6—辐射管(辐射室);7—燃烧器;8—原油出口

在加热炉内,低温原油先经对流室加热,再经辐射室的炉管,被加热到所需要的温度后送出炉外。燃料燃烧产生的高温火焰和烟气以辐射换热的方式把热量传递给辐射炉管;烟气放出热量后,温度降低至750~850℃,然后流向对流室,以对流换热的方式将热量传递给对流炉管,最后流出烟囱。

2) 间接式原油加热炉(热媒炉)

(1) 组成。

间接式原油加热炉装置也称为热媒炉系统。热媒炉系统的主要设备是热媒炉和热媒(原油)换热器;辅助设备有热媒膨胀罐、热媒泄放罐、热媒预热器、空气预热器、助燃风机、雾化风机、热媒循环泵、燃料油循环泵和一套仪表自动化监控系统。

热媒炉系统的组成按不同介质可划分为七个子系统,即热媒循环系统、燃油系统、助燃风系统、雾化风系统、冷却水系统、原油换热系统和氮气系统。热媒炉系统所带的仪表自动化装置能够实现热媒炉的启停、参数调节、优化燃烧、安全保护、监测信息远传等功能。

热媒炉的基本构造:辐射室为卧室圆筒形,在圆筒形炉膛内同时实现辐射和对流换热;辐射炉管以螺旋盘管式沿圆筒形炉膛周围布置,炉管的向火侧接受辐射热量,背火侧则接受由辐射面流入的高温烟气的对流换热,炉管热效率为93%左右。

(2) 工作原理。

热媒炉以原油为燃料,其燃料在炉膛内燃烧,放出的热量对热媒炉进行加热。热媒首先经过热媒(烟气)换热器到辐射室获得热能,再将高温热媒送入热媒(原油)换热器,与温度较低的原油交换热量,使原油升温达到输送温度,降温后的热媒经热媒循环泵加压输送到热媒炉入口,循环加热。这样不断往复循环完成对输送中的原油介质加热。

3)卧式圆筒形管式加热炉

卧式圆筒形管式加热炉的辐射室是呈轴线平行于地面的卧式圆筒形结构,对流室是与烟囱呈轴线垂直于地面的立式结构。这种结构形式使加热炉的整体结构紧凑,便于绝热,辐射室的热量分布均匀,热效率较高,其设计效率一般为85%~88%。这种加热炉是油田集输系统应用较多的一种炉型,以燃油为主,采用轻型快装结构,工厂化预制,整体或分段运输至现场组装,施工周期短。

4)立式圆筒形管式加热炉

立式圆筒形管式加热炉的辐射室为圆筒形立式布置;对流室位于辐射室上部为立式布置,一般为方形结构;烟囱位于对流室上部。立式圆筒形管式加热炉的结构更紧凑,占地更少,设计热效率与卧式圆筒形管式加热炉基本相同。

5)方箱形管式加热炉

方箱形管式加热炉的辐射室和对流室均呈方箱形结构。该类型加热炉结构简单,安装施工方便,但占地面积大,施工周期长,热效率较低。

6)火筒式加热炉

火筒式加热炉分为直接式和间接式两种。

火筒式直接加热炉主要由金属圆筒外壳、火管、烟管与附件构成。火管具有燃烧室的功能,主要传递辐射热。烟管与火管相通,二者呈 U 形结构。这种加热炉以对流换热为主,壳体设计压力应不大于 0.66MPa。被加热介质在壳体内,直接从火筒吸收燃料燃烧的热量。这种加热炉适用于加热原油、天然气等介质。

火筒式间接加热炉的被加热介质在壳体内的盘管内,火筒直接加热壳体内的中间载热介质,载热介质再加热盘管中的被加热介质。中间载热介质通常是清水,故这种加热炉通常也称为水套加热炉,适用于加热天然气、稠油、油气混合物等介质或被加热介质的压力和流量不稳定、腐蚀性强等情况。

7)热管式加热炉

热管是一种高效热力元件,其基础结构是具有一定真空度的密闭管子,管子下半部装有沸点低、热容大的导热介质。热管的特点是具有极好的导热性和均热性。热管式加热炉是在火筒式加热炉的火筒末端加装热管,热管的一端插入烟管内,另一端插入筒体的液体内,实现烟气的高效传热。

热管式加热炉工作时,热管下半部受热,导热介质蒸发至上半部。在热管上半部,导热介质冷凝放热,如此周而复始地循环,实现热量的间接传递。热管的利用,强化了烟气与热载体的传热,提高了加热炉的热效率,热管式加热炉的热效率可达89%以上。

8)真空相变式加热炉

真空相变式加热炉在微真空条件下工作,利用燃料燃烧时产生的高温烟气与壳体内的热载体换热,热载体吸热气化,上升至盘管处,与盘管内的被加热介质进行相变换热,加热盘管内的介质。水蒸气则冷凝成水,其传热系数很高。蒸汽相变后的冷凝水返回水浴继续加热蒸发。如此循环往复,在加热炉的壳体内形成动态平衡。

2. 加热炉的主要技术参数

1) 炉膛体积热强度

燃料在炉膛燃烧时,单位时间、单位体积里放出的热量,叫炉膛体积热强度,用 q_v 表示,单位为 kW/m^3,计算公式为

$$q_v = Q_0/V \tag{5-25}$$

式中 q_v——炉膛体积热强度,kW/m^3;

Q_0——单位时间内输入炉膛热量,kW;

V——炉膛容积,m^3。

在相同的炉膛热负荷下,炉膛体积越小,炉膛体积热强度就越高,越有利于燃料的燃烧。加热炉炉膛体积热强度在燃烧时不得超过 $124kW/m^3$,燃气时不得超过 $165kW/m^3$。

2) 炉管表面热强度

单位时间内单位炉管表面积所吸收的热量叫炉管表面热强度(平均表面热流密度),用 Q_f 表示,计算公式为

$$Q_f = Q_1/F \tag{5-26}$$

式中 Q_f——炉管表面热强度,kW/m^2;

Q_1——单位时间内炉管吸收的热量,kW;

F——炉管受热面积,m^2。

热负荷相同的加热炉,炉管平均表面热流密度越高,所需的炉管越少,所以应尽可能提高炉管表面热强度。

3) 效率

(1) 热效率。加热炉输出有效热量与供给热量之比的百分数叫热效率。加热炉热效率是热量被有效利用程度的一个重要参数,其计算公式为

$$\eta_t = Q_e/Q_0 = (Q_0 - Q_n)/Q_0 = 1 - Q_n/Q_0 \tag{5-27}$$

式中 η_t——加热炉热效率;

Q_e——每小时加热炉有效利用的热量,kW;

Q_0——每小时供给加热炉的热量,kW;

Q_n——每小时加热炉损失的热量,kW。

(2) 系统效率。系统效率是综合考查加热炉燃料消耗、风机、燃油雾化所消耗能量等情况下的效率。加热炉的系统效率均低于其热效率。

加热炉热效率应保持在一个恰当的水平上,并不是越高越好。热效率太低则燃料消耗过大。但过分追求高效率势必要增加受热面,使投资增加,经济效益下降。受热面的增加使通风系统的能耗增加,系统效率降低。同时提高热效率必须降低排烟温度,若排烟温度过低,低于烟气中酸性气体的露点,则可能造成低温受热面的腐蚀。在综合考虑上述因素后一般要求额定热负荷在 580kW 以下的加热炉热效率应大于 75%;580~4000kW 应为 82%~85%;而 4000kW 以上的加热炉热效率应大于 88%。

4) 热负荷

加热炉的热负荷是所有被加热的原油通过加热炉吸收的热量之和,计算公式为

$$Q = Q_R + Q_C + Q_e \tag{5-28}$$

式中 Q——加热炉热负荷,kW;
Q_R——辐射室热负荷,kW;
Q_C——对流室热负荷,kW;
Q_e——其他热负荷,kW。

5)炉膛温度及排烟温度

炉膛温度是指烟气离开辐射室进入对流室时的温度,炉膛温度高,有利于燃料的充分燃烧,但过高时,又有可能导致辐射管局部过热结焦。加热炉炉膛温度一般控制在600~750℃。

排烟温度是指烟气离开加热炉最后一组对流管,进入烟囱时的温度。降低排烟温度,可以减少加热炉热损失,提高热效率,从而节约燃料,降低运行成本。但排烟温度又不宜选择太低,否则会使受热面金属耗量增大,甚至产生烟气低温腐蚀,影响加热炉使用寿命。目前为延长加热炉的使用寿命,国内先后采用了表面喷涂、选择NS(ND)类抗低温腐蚀钢制作对流管及有关部件等措施,以减少低温腐蚀,效果显著。

6)压力降

压力降是被加热介质通过加热炉所造成的压力损失。压力降的大小与炉管内径、介质流量、炉管当量长度以及被加热介质黏度有关。管式加热炉允许压力降为0.1~0.25MPa。

二、加热炉的热损失

从加热炉的热平衡测试计算中可以得知,加热炉的热效率还可以表示成

$$\eta_t = 1 - (q_2 + q_3 + q_4 + q_5) \tag{5-29}$$

其中
$$q_2 = Q_2/Q_r \tag{5-30}$$
$$q_3 = Q_3/Q_r \tag{5-31}$$
$$q_4 = Q_4/Q_r \tag{5-32}$$
$$q_5 = Q_5/Q_r \tag{5-33}$$

式中 Q_2、q_2——加热炉的排烟热损失及其百分比;
Q_3、q_3——加热炉的气体不完全燃烧热损失及其百分比;
Q_4、q_4——加热炉的固体不完全燃烧热损失及其百分比;
Q_5、q_5——加热炉的散热损失及其百分比;
Q_r——加热炉的排量。

1. 排烟热损失

排烟热损失Q_2是烟气离开加热炉的最后受热面时所带走的物理热损失。排烟热损失的大小与排烟温度和排烟量有关,排烟温度越高,排烟热损失就越大,但排烟温度也不能太低,否则容易引起尾部受热面局部发生低温腐蚀,并造成严重堵灰。排烟量的大小在一定的加热炉负荷下与炉内过量空气系数、各段烟道的漏风量和燃料的成分(主要是燃料含有的水分)有关,并随着这些量的增高而增大。排烟热损失是炉的各项热损失中最大的一项。

2. 气体不完全燃烧热损失

气体不完全燃烧热损失是烟气中所含少量CO、CH_4等可燃气体最终未能燃烧而造成的热损失。其值主要取决于炉膛结构、过量空气系数的大小以及运行操作水平等因素。炉膛不够高或体积太小,使烟气行程太短,烟气中一些可燃气体来不及燃尽而离开炉膛,会使Q_3增大。

过量空气系数太小,将使空气与燃料混合不良,容易产生 CO 等可燃气体;如过大,又会降低炉膛温度,也将导致 Q_3 增大。

3. 固体不完全燃烧热损失

固体不完全燃烧热损失是由于固体可燃物在炉内燃烧不完全或根本未参与燃烧面造成的热损失,它与燃料性质、燃烧方式、炉膛结构及运行工况等因素有关。

4. 散热损失

散热损失是由于加热炉运行时,其炉墙、钢架、管道和其他附件的表面温度均较周围空气温度高,造成向空气散失热量的损失。它和加热炉本体外表面积、炉管和炉墙的结构、高温材料的性能和厚度以及周围空气温度有关。

三、加热炉的节能技术简介

目前,加热炉的节能技术主要有以下几种类型:
(1)采取措施,回收烟气余热,降低排烟热损失;
(2)采用高效新型保温隔热材料,加强炉体保温,减少加热炉散热损失;
(3)采用燃料油乳化、磁化技术,强化燃料的燃烧过程,提高燃烧效率;
(4)采取相应措施,对旧炉进行技术改造或更新;
(5)采用原油换烧渣油技术,节省燃料投资,降低运行成本;
(6)采用高效火嘴,改善燃烧,减少燃烧热损失;
(7)采用自动控制技术,确保加热炉长期维持高效运行。

1. 减少排气热损失

加热炉的排气热损失有两项,即排烟热损失和散热损失。从热效率测试计算公式中可以看出,影响加热炉热效率的是四项热损失,即排烟热损失、散热损失、气体不完全燃烧热损失和固体不完全燃烧热损失,其中后两项所占比例很小,因而影响加热炉热效率的关键因素是排烟热损失和散热损失,加热炉的各种节能技术几乎都是为了达到减少此两项热损失的目的而进行的。

1) 降低排烟温度及其措施

降低排烟温度可以明显地提高加热炉的热效率,当过剩空气系数 $\alpha = 1.2$ 时,排烟温度每降低 50℃,热效率可以提高 5%,因面在加热炉改造中应尽可能降低排烟温度。

但是,烟气温度不能无限制地降低,选择最佳排烟温度必须考虑:第一,它必须比被加热物料温度高出 40~80℃,才能进行有效的热交换;第二,排烟温度必须高于露点温度。

降低排烟温度在结构上可以采取的措施有:
(1)增加对流段的传热面积,更多地吸收烟气中的热量,如增加对流炉管,为了避免过多增加炉管还可以采用钉头炉管(在燃气加热炉上采用翅片管)。
(2)在加热炉尾部设置空气预热器(列管式、回转式和热管型),增设其他余热回收装置,如烟气—水换热器或烟气—热媒换热器。

2) 减少散热损失及其措施

加热炉运行时,各部分炉墙、钢架、管道和其他附件等的表面温度均较周围温度高,这是造成散热损失的原因,其中加热炉炉墙散失热量所占的比例较大。散失热量的多少,取决于加热炉散热面积的大小、炉管和炉墙的结构、热绝缘的性能和厚度以及周围空气温度等因素。加热炉低负荷运行时,散热损失则要增大。

减少炉墙表面散热损失的一种有效办法是,采用先进的耐火纤维喷涂技术。

耐火纤维墙的节能、创新技术是指20世纪80年代中期国外研究开发的耐火纤维喷涂技术。该项技术是通过专用纤维喷涂设备将经过预处理的散状耐火纤维棉直接喷涂到炉墙(钢板)上,并在喷射过程中,将专用高温结合剂均匀喷入纤维流。其优点是一次性整体喷涂炉衬无接缝,散状纤维在喷涂中形成三维网络结构的坚固均匀平整的炉衬,且施工简便,适合于任何复杂形状的衬里。

2. 提高燃烧效率

燃烧效率也称燃烧室效率,是一定量的燃料在燃烧室(或炉膛)内燃烧时实际可用来加热燃烧产物的热量,与该燃料在绝热条件下完全燃烧时所释放出来的低发热量之比。它是评价各种燃烧室(或炉膛)运行经济性的主要指标。燃料在燃烧室内燃烧时,由于实际上或多或少地存在气体不完全燃烧热损失,使燃料的低位发热量未能全部释放出来,而燃烧室(或炉膛)壳体的对外散热损失又使得已释放出的热量不可能全部用来加热燃烧产物,从而导致燃烧效率总是较低。燃烧效率取决于燃料品质、燃烧室(炉膛)结构、燃烧方法、选用过量空气系数以及燃料与空气的混合程度等因素。提高燃烧效率的措施有:

(1) 采用微正压燃烧方式。燃料可以在负压条件下燃烧,也可以在微正压条件下燃烧。负压燃烧时,外界空气就会漏入炉内,影响燃烧,同时也增加了过量空气系数和排烟热损失。当采用微正压燃烧时,能强化燃烧,提高炉膛热强度,缩小加热炉体积,同时也消除了漏风,降低排烟热损失;在这种燃烧方式下,还具有不用引风机等设备的优点;但是,需要保证其构造的气密性。

(2) 选用适当的过量空气系数。过量空气系数也称过剩空气系数,其值可借气体分析仪进行测算。在各种加热炉或燃烧室中,为使燃料尽可能燃烧完全,实际供给的空气量总要大于理论空气量,即过量空气系数必须大于1。大量燃烧理论与运行经验表明,过量空气系数过大或过小都对燃烧不利,都会使不完全燃烧热损失和排烟热损失增大。在采用合适的燃烧控制装置和保证燃烧稳定的条件下,应使过量空气系数具有最低值,以期得到最佳的热效率。

(3) 减少不完全燃烧热损失。为达到完全燃烧的效果,除向炉膛送入燃烧用的空气要适量外,在燃烧重油时,还必须掌握好使重油雾化的黏度,即必须注意重油的温度。燃烧器的选择是燃料油雾化的关键。烟气中含有过多的未燃烧成分时,不仅使燃烧效率低,而且会造成大气污染。

(4) 燃烧乳化油。为了减少燃料的消耗,一些输油站采用燃烧乳化油(即油包水)的措施,收到了一定效果,不完全燃烧热损失有所降低。但掺水时必须使油和水均匀混合,否则不但达不到预期效果,反而会引起灭火事故。

3. 对旧炉进行技术改造

旧炉改造应从两方面进行:一是对现用的方箱形加热炉进行局部改造;二是淘汰旧炉,采用新的高效加热炉。不论采取哪种措施,都是按加热炉节能所提出的原则进行,如回收排烟热量,增设吹灰装置,改善炉内传热,对燃烧过程采取自控措施,使燃烧过程始终能处于最佳状态。

1) 对现用的方箱式加热炉进行局部改造

对旧炉的改造,从提高旧炉热效率的角度讲,可从以下几方面入手:

(1)提高对流管受热面积,降低排烟温度,使加热炉效率提高。

(2)在加热炉中间布置能双面吸收辐射热量的辐射管(一般称为双面辐射管),增加热负荷,使热负荷达到设计值。

(3)在对流室布置吹灰器,这样可保证对流室有良好的传热效果,降低排烟温度,使加热炉处于高效区运行。

(4)在加热炉的辐射室内设置烟气折流墙,确保在辐射区内形成高温燃烧区,用以改善炉膛内烟气充满度,保证炉内温度均匀。

(5)改善炉子前墙及炉顶的耐热保温层,使炉体的散热损失降低。

(6)设置空气预热器,用以降低排烟温度;为防止低温腐蚀,可将后部预热器的管材改用玻璃管。

(7)为保证加热炉在规定的技术参数下运行,增设相应的仪器仪表,监测加热炉的烟气量变化,保证含氧量在规定范围内;还可设置炉膛负压自动调节装置,用以加热炉负压自动调节。

2) 采用高效加热炉

由于方箱式加热炉具有各种"先天不足",虽经改造,但节能效果仍不能令人十分满意。而确保加热炉安全运行又是一个亟待解决的问题,为此,微机控制直接式原油加热炉和热媒炉是目前原油加热过程中受人青睐的加热设备。

微机控制直接式原油加热炉在1993年通过鉴定,它的主要技术参数为:设计热负荷5000kW,设计过量空气系数1.2,设计热效率90%,系统综合热效率88.2%,设计排烟温度160℃。其特点为:

(1)轻型快装结构,工厂预制,现场组装。

(2)对流室采用14排钉头管和2排光管,低温区的钉头管采用金属表面喷镀处理,以抵抗低温腐蚀延长使用寿命。为便于对流炉管的清洗,对流室两侧墙设计成吊车活动型侧墙。

(3)辐射炉管采用两管程,为防止偏流,确保安全,在进炉管上安装流量计,自控系统对两管路流量偏差做出超限报警;在靠近火焰的炉管管壁上设置两个管壁热电偶,测量炉管管壁温度,并在自控系统中设置炉管管壁温度超温报警自动停炉。

(4)炉衬采用硅酸铝耐火纤维针刺毯折叠块,该材料具有良好的抗气流冲刷性能和抗机械震动性能,导热系数小,绝热性能好,大大减少炉体表面散热损失。

(5)燃烧器是KN—500型外混式双气道气功雾化燃烧器,配以平流调风器,雾化质量好;对流室配备6台吹灰器。

也可采用热媒炉,其优越性为:

(1)采用直接加热方式时,原油必须通过加热炉,一旦炉子发生事故,必然威胁安全输油,间接加热方式从根本上清除了这一不安全因素。

(2)可避免由于炉管局部过热而造成原油结焦,保证了安全输油。

(3)自动化程度高。

4.加热炉换烧渣油

渣油是原油提炼出汽油、柴油、煤油等而剩下的重组分。渣油作为燃料油,与原油相比其黏度较高、凝点也较高,但价格优势比较明显,如能实现换烧渣油,经济效益相当可观。

加热炉换烧渣油给企业带来了效益,但也给设备的运行及维护带来了困难。改烧渣油后,燃料油的风油配比需要及时准确地调整。否则,不是冒黑烟,就是点不起来炉,再就是火嘴不严造成二次燃烧,这些对炉内绝热材料的使用寿命都非常不利。因此,在利用加热炉换烧渣油技术的同时,一定要建立一个可靠的维修队伍,来保证加热炉在良好的状态下运行。

5. 加热炉运行控制与节能控制

加热炉运行控制主要是利用自动控制技术,使加热炉输出介质的温度在设定的温度范围内。

加热炉节能控制系统主要由温度传感器、控制器和燃料调节器组成。其主要工作原理是:温度传感器测出加热炉输出介质的温度,并转换成电信号,输给控制器。控制器收到温度传感器输出的信号后,经过计算、分析、判断,输出执行信号给燃料调节器。如果加热炉输出温度高于设定温度的上限,就使调节阀关小,减少加热炉的燃料输入量,由此使加热炉输出温度降低;如果加热炉输出温度低于设定温度范围的下限,则使调节阀开大,增加燃料的输入量,从而使加热炉输出温度提高。总之,控制器根据温度传感器测得的加热炉输出温度,相应调节加热炉的燃料输入量,使加热炉输出温度保持在设定的温度范围内,最终使加热炉的无功热损失降低。

第三节　输油工艺节能技术

新中国成立以来,我国的石油工业和管道运输业有了很大的发展。1997 年我国原油产量 $1.46 \times 10^8 t$,居世界第五位,在石油天然气管道局所辖范围内,已建成并运行的原油输送管道约 5000km,年周转量 $553 \times 10^8 t \cdot km$;截至 2017 年年底,我国的油气管道运输总里程已经超过了 $12 \times 10^4 km$,油气管道总里程达到了 $13.31 \times 10^4 km$,原油管道约 $3 \times 10^4 km$,成品油管道约 $2.6 \times 10^4 km$,天然气管道约 $7.7 \times 10^4 km$,天然气干线管网总输气能力超过 $2800 \times 10^8 m^3/a$;截至 2018 年年底,中国石油国内长输原油管道累积管输量首次突破 $1 \times 10^8 t$,取得了可喜的成绩。

原油长输管道是输油企业,也是耗能大户。管道局在原油输送过程中每年就要消耗 $26.5 \times 10^4 t$ 燃料油,$12.4 \times 10^8 kW \cdot h$ 动力电。因此,实现安全、低耗、节能,提高经济效益,是科研攻关和运行管理的大目标。对原油集输系统和长输管道来说,牵动全局的关键性问题之一是如何通过改善输油工艺来提高能源的利用率、降低消耗,这是输油生产经营过程中的关键,也是国内外输油工艺技术发展的必然趋势。

我国出产高凝点、高黏度以及高含蜡的"三高"原油,其含蜡量为 10%~30%,凝点为 15~35℃,50℃的黏度为 20~200mPa·s。按传统的输油工艺,原油管道输送一般只采用加热输送。但由于我国的输油量取决于油田的开发和产量,历年来的实践证明,输油量变化大。传统的加热输送方式已不能满足管道投产初期和后期过低输油量的要求,采用正反输消耗大量能源的输送方式是不可取的,需要从单一的加热输送工艺过渡到以节能为中心,根据不同原油性质,采用不同输送工艺。目前我国对原油长输管道的输油工艺研究已有了新的突破和进展,输油工艺除传统的加热输送外,还有热处理输送工艺、加剂(包括降凝剂、减阻剂、乳化剂或表面活化剂)输送工艺、间歇输送工艺、顺序输送工艺、加轻油稀释输送工艺以及密闭输油工艺等。这些输油工艺都能不同程度地降低原油输送管道的能耗。

一、输油泵机组的优化组合和运行

所谓输油泵机组的优化组合,就是根据输油管道的输油量,编制一种或两种及两种以上的运行方式,在每种运行方式中,从节能的角度出发,全线选用不同的泵机组组合在一起,使它们的输油量与管道输油量互相匹配,在确保完成输油计划的前提下尽量少启动泵、多输油,并在发挥每台输油泵机组节电性能的同时,注意发挥几台泵整体的节电效果。

长距离输油管道都是由多个沿线分布的输油站组成的。输油过程中,各输油站联合完成输油任务。每个输油站都是由多台输油泵组成的,这不仅给连续运行的管道输油生产增加了安全可靠性,更重要的是在输量调节的时候还增加了调节手段。当输量降低时,油品在管道中流动所需的压力降低。如果所使用的输油泵是串联连接的,当摩阻损失下降量接近一台泵的扬程时,可以停运一台泵。如果泵的台数多,单泵扬程低,就可以有更多的泵组合方案供输油调节。例如秦京输油管道全长约349km,管径529mm,设计输油能力600×10^4t/a。设有秦皇岛首站、北京石楼末站、三座中间加热站、三座中间热泵站。各站主要输油泵机组配置情况见表5-1。

表5-1 各站主要输油泵机组配置情况

站名	输油泵代号	输油泵型号	配用电动机功率,kW	备 注
首站	1	DKS750-550	1600	装有液力耦合器
	2	DKS750-550	1600	额定流量750m³/h,扬程550m
	3	DKS450-550	1000	额定流量450m³/h,扬程550m
	4	250D-60×9	1050	装有滑差离合器
迁安	1	DKS450-550	1000	装有液力耦合器
	2	DKS450-550	1250	
	3	DKS450-550	1000	
	4	D450-60×9	850	额定流量450m³/h,扬程540m
宝坻	1	DKS450-550	1000	装有液力耦合器
	2	DKS450-550	1000	
	3	DKS450-550	1000	
	4	D450-60×9	850	已拆除一级叶轮

秦京输油管道是1975年投产的,属老管线,输油设备面临技术改造和更新。多数输油泵的特点是效率低、耗电多、扬程高,与管道工作压力不匹配,输油泵的额定排量与管道输量不匹配。为了完成输油计划,实现节约能源的目的,对全线的输油泵进行了三种运行方式的优化组合。

第一种运行方式是全线启动两台泵。日输量$(0.98 \sim 1.1) \times 10^4$t,全线两台泵运行时每输$1 \times 10^4$t油耗电$(3.8 \sim 4.6) \times 10^4$kW·h。考虑各站的高程不同,可选用的方案有:(1)首站和宝坻站启泵,首站选用泵的顺序是4号、1号、3号,宝坻站选用泵的顺序是1号、2号或3号。(2)也可以选用首站与迁安站启泵,但必须是在首站启动4号泵的前提下用这种方式,迁安站启动1号或3号泵。这样,(2)比(1)输量略低。

第二种运行方式是全线启三台泵。日输量$(1.2 \sim 1.37) \times 10^4$t,全线三台泵运行每输$1 \times 10^4$t油耗量$(5.5 \sim 6.2) \times 10^4$kW·h。全线启三台泵时,可选用的方案有:(1)各站都可选用4号泵。(2)也可以首站启动4号或1号泵,迁安站启动1号或3号泵(在电压低的情况下启动2号泵),宝坻站启动2号或3号泵。(2)比(1)每天多输500t左右。

第三种运行方式是全线启五台泵。日输$(1.55 \sim 1.7) \times 10^4 t$,每输$1 \times 10^4 t$油耗电$(7.2 \sim 8.4) \times 10^4 kW \cdot h$。可选用的方案是:首站一台泵运行,启动1号或2号泵,迁安站、宝坻站各两台泵运行,迁安站启动1号、4号泵,3号泵备用,宝坻站启动1号、4号泵,2号、3号泵备用。这种运行方式应尽量少用,因随输量增加其耗电量大。

在各种运行方式中,输油量的大小与管道当量直径有直接关系,应根据不同的当量管内径选择不同的运行方式,或者为满足输油生产的需要,采取清蜡措施,扩大管径,降低管路的摩阻损失,改变管路工作曲线,从而改变油泵的工作点,使输油泵在经济区域内运行。

再比如改造后的铁大线,由原来的并联泵改为串联泵,每个输油站设大泵3台,小泵1台(小泵扬程为大泵扬程的1/2)。满输量运行时每站开一台小泵两台大泵。这样,在流量变化过程中,各站输油泵的组合方案是5个(一台小泵及两台大泵、两台大泵、一台小泵及一台大泵、一台大泵、一台小泵),每个方案的扬程差为小泵的扬程。如选用3台相同大泵串联工作,可选泵的组合方案为3个,每个方案的扬程差为每台大泵的扬程。显而易见,前者的方案更好一些。为了增加泵组合方案,减小不同方案的扬程差,有些输油站切割泵叶轮外径,改变泵的流量特性。

对于密闭输油通道,泵的组合方案是将全线作为一个统一的水力系统考虑。由于密闭管道各站的输油能力(在进出站压力不超限的前提下)互相弥补,可使单站平均节流损失大大降低。

输油泵机组的优化运行一般从两个方面进行考虑:一是对输油泵机组本身进行改造,其方法如前面所论述的,可用切割叶轮外径、减少输油泵级数、在原动机与泵之间加装可变速的耦合器和调速电机,或更新为高效泵等;二是合理运行输油泵使输量和输油泵额定输量尽可能一致,减少节流损失,最大限度地提高输油泵机组的运行效率。

输油泵所消耗的功率与输油泵运行工况的关系可用下式表示:

$$N = \frac{\rho Q H}{102 \eta} \qquad (5-34)$$

式中　N——泵的额定功率,kW;

　　　ρ——所输油品的密度,kg/m^3;

　　　Q——泵的额定流量,m^3/s;

　　　H——泵的额定扬程,m;

　　　η——泵在额定流量下输油时的效率。

从式(5-34)中可以看出,在原油密度不变的情况下,泵所消耗的功率与流量、扬程成正比,与泵效成反比。实际上,由于受各种因素的制约,输油管道的各站输油泵很少在额定工况下运行,流量、泵效、扬程等参数由于受管道输量及热力条件的影响也是不断变化的,且由于泵的构造、性能等不同,其运行工况更是千差万别。为了更能切合实际地反映输油泵耗电量与运行工况的关系,要确定出输油泵优化运行的控制参数。例如:魏荆输油管道自1978年投产之后,管道输量逐年递减,输油泵"大马拉小车"现象日趋明显。为此,襄樊输油站(魏荆输油管道的中间站)自2008年以来,相继对本站设置的3台200D-65×8的单吸多级输油泵机组进行了更新改造,采取的措施分别是:(1)300D-65×7型泵取代200D-65×8型的2号泵;(2)在3号泵机组上安装了HC-4型滑差离合器,并且用200D1-65×8型泵代替了200D-

65×8型泵;(3)对1号泵进行了拆两级叶轮的改造。使三台泵机组实现了大中小合理匹配,基本消除了"大马拉小车"现象。在此基础上对改造后的输油泵机组采取了优化运行。他们的具体做法是:

1. 根据实际运行参数绘制关系曲线图

2号泵出站压力—耗电量($p-W$)关系曲线如图5-8所示,输油量—耗电量($G-W$)关系曲线如图5-9所示;3号泵出站压力—输油量($p-G$)关系曲线如图5-10所示。

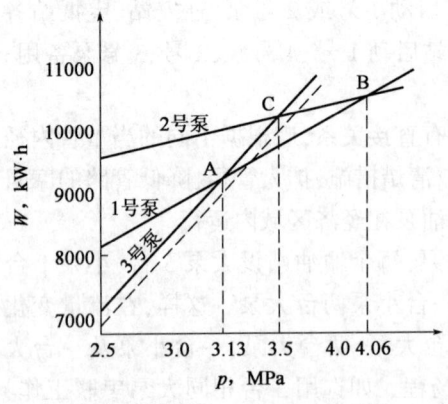

图5-8 出站压力—耗电量($p-W$)关系曲线

2. 确定输油泵最佳工作区间

从图5-8中可以看出,3台泵的3条曲线由于斜率不同也有3个交叉点A′、B′、C′,其中A′点输量为4390t/d,B′点输量为4760t/d。可以确定,当以输量为控制时,3号泵的最佳工作区间为4390t/d以下,2号泵的最佳工作区间为4390~4760t/d以上。

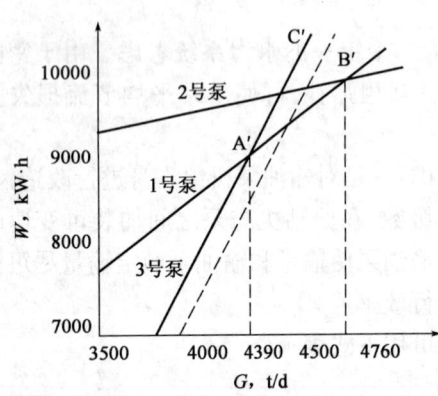

图5-9 输油量—耗电量($G-W$)关系曲线

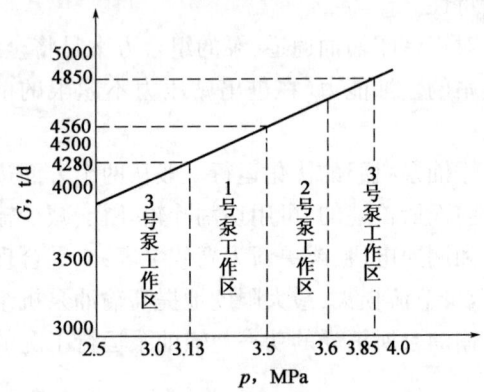

图5-10 出站压力—输油量($p-G$)关系曲线

从图5-9中可以看出,出站压力为3.13MPa时输量为4280t/d,出站压力为4.06MPa时输量为4850/d,与图5-7和图5-8所得输量误差分别为2.5%和1.9%,可以认为3条曲线所得结果基本相符。

3. 确定输油泵优化运行方案

将前面确定的3台泵的最佳工作区间作为襄樊站输油泵优化运行的主要参考指标。而1号、2号、3号泵的最高工作压力分别是3.60MPa、3.85MPa、4.20MPa,考虑输量受热力等因素的影响较大,且襄樊站又无大的流量计量装置,其输量控制只能以首站来油为基准,通过控制罐位、调节压力来实现。故襄樊站输油泵的优化运行以襄樊站出站压力作为控制参数。其优化运行的方案是:

(1) 当站压力在3.13MPa以下时,运行3号泵。

(2) 当出站压力为3.13~3.6MPa时,运行1号泵。

(3) 当出站压力为3.6~3.85MPa时,运行2号泵。

(4) 出站压力在3.85MPa以上时,运行3号泵。

1994年,在2号泵大修停运的3个月内,正值大输量运行期间。因此,3号泵连续在出站压力3.7MPa以上运行90d。在出站压力3.7MPa运行时,3号泵日耗电量11060kW·h,而2号泵日耗电量为10560kW·h,说明出站压力为3.7MPa时,运行3号比运行2号泵每日多耗电500kW·h,90d多耗电45000kW·h。由此可见,做好输油泵优化运行合理匹配工作,可以给输油生产带来可观的经济效益。

二、泵站运行方案的优化

输油站担负着为管输原油加压和加热的任务,随着管道输油量的调整,输油设备的运行状态、各类参数等都将发生变化。在确保安全输油的情况下,做到采取相应措施降低能耗、优化运行,这是输油管理者努力追寻的目标。滨州输油站在泵站优化运行方面做了不少工作,他们针对东临管道输量的增加,采取了相应的节能措施,收到了良好的效果。

滨州输油站是东营—临邑输油管道(简称东临输油管道)上的一个中间站,也是东临输油管道的一个枢纽站,该站有三个进油门,两个出油口,该站的运行设备有5000kW直接式加热炉两台、输油泵数台,各泵运行数据见表5-2,采用密闭输油工艺,输油泵为串联运行。原采用小宾汉姆泵输油时,平均日输油量为3×10^4t左右,最大年输油量只是1000×10^4t左右。1998年开始进行增输调整,要求年输油量由1000×10^4t左右调整到1212×10^4t以上。为此,滨州输油站进行了增输改造,增加了两台排量为2850m³/h、扬程为246m的大宾汉姆泵,改造后日平均输量在4.2×10^4t左右,从根本上解决了滨州输油站输油量偏低的问题。仅经过20d的运行以后,发现东临输油管道的运行方案不合理,节流损失过大,东营两台大宾汉姆泵根本无法保证滨州输油站正常运行所需的油量,使滨州输油站出现了0.6~0.9MPa的节流损失,日平均耗电18189.6kW·h,能源浪费十分严重。

表5-2 滨州输油站泵运行数据

名称	功率,kW	排量,m³/s	扬程,m	数量,台
大宾汉姆泵	2290	2850	246	2
	1300	1450	280	2
小宾汉姆泵	1250	1450	230	1
	560	1450	100	1
硅纳德泵	90	204	80	2

为了减少节流损失,通过测算,安装了一台流量为2850m³/h、扬程为101m、电动机功率为925kW的小滨汉姆泵,这样既能满足输量为1800m³/h的输油工况的需要,又可将滨州输油站的节流损失降到最低,可以实现:(1)在现有输量下东营两台大宾汉姆泵运行,滨州输油站则运行一大一小两台滨汉姆泵;(2)若东营两台大宾汉姆泵运行,而滨南二首站又向滨州输油站输油(日输量2000m³左右,且间断来油),则滨州输油站可运行两台大宾汉姆泵。这两种方案部可以使节流损失降到最低,实现优化运行的目的。

第四节 输油管道能耗测试与计算

目前输油管道能耗测算大体可以分为公式计算法和分析统计法两种。公式计算法因涉及参数多,且水力、热力计算中偏微分方程的求解过程繁杂,故多以成熟的商业软件进行模拟计算。统计分析法则是基于输油管道多年的历史运行数据,对管道能耗进行回归统计,历史运行数据越多、越详细,得到的能耗规律越接近管道的实际情况。

对比这两种方法可以得出它们各自的不足:公式计算法需要多种管道参数,而有些参数难以测量或根本无法测量;统计分析法主要受历史运行报表的制约,记录内容的全面程度、详尽程度和准确度都对分析结果产生极大影响。

所以,应该将公式计算法和统计分析法有机结合,使用统计分析法中的某些数据校核、修正公式计算法中无法或很难获取的数据,使用公式计算法求得的数据完善统计分析法中某些不详或缺失的数据样本,进而对特定管道进行能耗计算,形成不同工况下的管道能耗图表,为合理制定运行计划提供参考。

一、输油管道能耗测试

在进行输油管道能耗测试之前,要做以下几项准备:
(1)确定测试对象,对耗能设备进行调查,填写耗能设备调查表。
(2)对重点耗能设备根据能源消耗、构成,确定测试重点。
(3)制定测试方案,明确测试岗位,测试前将测试方案提交输油处调度部门。
(4)配齐经检定合格的测试用设备、仪表、计量器具。

在进行能耗测试的过程中必须符合以下几点要求:
(1)正式测试应在原油长输管道热工况稳定 2h 后进行。
(2)测试期间,输油干线压力波动在 ±5%、温度波动在 ±5℃以内。
(3)对于一个设备,各种参数测试应在同一时间进行,相同性质点测取数据的测试时间间隔应一样,一般间隔时间不少于 30min,测试时间不少于 4h。
(4)系统测试时间不少于 24h。

输油管道能耗测试的参数以及仪器设备为:
(1)输油量。油罐计量:按 SY/T 5669—1993 执行;流量计计量:采用站内已设流量计、站内未设置流量计时,可采用便携式超声波流量计,流量准确度要求、测试方法按 GB/T 9109.5—2017 执行。
(2)耗电量。按 GB/T 12497—2006 执行。
(3)燃料油消耗量。燃料油密度测定按 GB/T 1884—2000 执行,含水测定按 GB/T 8929—2006 执行;液体燃料采用精度不低于 0.5 级的流量计。
(4)原油、燃料油取样。按 GB/T 4756—2015 执行。
(5)输油站进出站温度。采用分度值为 0.1℃的温度计进行测量。
(6)压力。输油站进出站以及输油泵进出口汇管处的压力采用不低于 1.5 级的压力表测量。
(7)地温。采用精度不低于 1.5 级的地温仪测量。
(8)环境温度。采用分度值为 0.1℃的玻璃水银温度计进行测量。
(9)原油含水率。按 GB/T 8929—2006 执行。
(10)原油密度。按 GB/T 1884—2000 执行。
(11)原油黏度。按 SY/T 0520—2008 执行。
(12)原油定压比热。采用量热仪测定时,按 SY/T 7517—2010 执行;不具备实测条件时,用式(5-35)计算:

$$C_p = \frac{4.1868}{\sqrt{\rho_{15}/1000}}(0.403 + 0.00081t) \qquad (5-35)$$

式中 C_p——比定压热容,kJ/(kg·℃);
　　ρ_{15}——15℃原油密度,kg/m³;
　　t——输油管道原油温度,℃。

输油管道能耗测试的方法有模拟法、趋势分析法和定额法。根据运行能耗、辅助能耗和损耗,选择合适的测试方法。模拟法和趋势分析法适用于输油管道运行能耗中输油泵机组耗电、加热炉耗油的计算,其中趋势分析法还适用于输量和工艺相对稳定的输油管道;定额法适用于辅助能耗、损耗和运行能耗中加热炉耗能的计算。

下面简要介绍模拟法和趋势分析法。

1. 模拟法

模拟法的工具包括模拟软件和相关公式。模拟的过程为:按月度计划输量编制运行方案,并选择相应月份下的沿线地温,在模型中各站进出站主要参数符合调度操作手册要求的前提下,算出一组稳定的工况,得到不同月份全线各站的耗油(电)总量;在只有年计划输量的情况下,根据前三年的月不平均系数编制分月运行方案,并选择相应月份下的沿线地温,在模型中各站进出站主要参数符合调度操作手册要求的前提下,算出一组稳定的工况,得到不同月份全线各站的耗油(电)总量。能耗的测算是根据测算出的月度数值进行累加,形成全年耗油(电)总量。

2. 趋势分析法

趋势分析法要进行数据收集,收集往年典型工况下平稳运行的输量、输油泵机组耗电量、加热炉耗油量等历史数据,每组工况下的统计数据不少于五组。预测输量偏离收集输量范围幅度不宜大于10%。趋势分析的方法是以输量为横坐标,分别以输油泵机组耗电量、加热炉耗油量为纵坐标绘制曲线,并分别拟合出输油泵机组耗电量、加热炉耗油量与输量的关系式,其关系系数不宜小于0.8。能耗测算是将预测输量代入拟合公式计算输油泵机组耗电量和加热炉耗油量,或者利用曲线直接从坐标图确定预测输量所对应的输油泵机组耗电量和加热炉耗油量。

二、输油管道能耗计算

利用历史运行数据归纳分析地温曲线、电动机效率、首站来油压力、温度等参数,利用仿真系统能耗分析辅助功能计算不同输量情况下的进出站压力、温度等参数,进而依下述方法进行能耗计算。

(1)确认仿真模型与实际管道一致,包括管道基本参数、物理连接和站场设置、各设备机组(输油泵)性能曲线的正确性。

(2)根据管道运行报表调试仿真系统,包括地温(针对热油管道,全年各月份)、管道当量粗糙度等参数,使管道仿真模型与实际管道相符,满足计算精度。

(3)给定原动机(燃气轮机、电动机)和加热炉效率。对于燃气轮机、电动机、加热炉,若厂家给定效率曲线,则使用该效率曲线;对于具有历史运行报表的管道,利用报表和理论公式回归获取;不具备上述两种条件的时候,可以根据人为经验给定。

(4)根据年规划输量确定计算工况,再计算能耗。对于成品油管道,其运行工况时刻处于变化中，需分别计算极端情况下全线输送单一油品的耗能量，然后根据管道实际输送批次中各种油品的比例加权求和，进行管道能耗计算；对于原油管道，计算不同油品在给定进站温度下各月份的能耗，然后逐月累加。

输油管道能耗计算中所采用的基准温度取为0℃，基准压力取为0MPa，燃料的发热值是燃料应用基低位发热值。

输油站能源效率(energy efficiency of crude oil transport station)是指输油站提供给输油干线(站间干线)的能量与该站直接用于输油生产的能源消耗量比值的百分数，它的计算公式为

$$\eta_s = \frac{Q_{se}}{Q_{sc}} \times 100\% \qquad (5-36)$$

其中

$$Q_{se} = G_{out} \cdot c_{tout}(t_{out} - t_0) - G_{in} \cdot c_{tin}(t_{in} - t_0) + [G_{out}(p_{out} - p_0)/\rho_{out} - G_{in} \cdot (p_{in} - p_0)/\rho_{in}] \times 10^3 \qquad (5-37)$$

$$Q_{sc} = B \cdot Q_{dw} + W \cdot R_1 \qquad (5-38)$$

式中 η_s——输油站能源效率；
Q_{se}——输油站提供给输油干线的能量，kJ/h；
Q_{sc}——输油站消耗的能量，kJ/h。
G_{out}——输油站输出原油量，kg/h；
c_{tout}——输油站原油出站温度下的比定压热容，kJ/(kg·℃)；
t_{out}——输油站原油出站温度，℃；
t_0——基准温度，℃；
G_{in}——输油站输入原油量，kg/h；
c_{tin}——输油站原油进站温度下的比定压热容，kJ/(kg·℃)；
t_{in}——输油站原油进站温度，℃；
p_{out}——输油站原油出站压力，MPa；
p_0——基准压力，MPa；
ρ_{out}——输油站原油出站温度下的密度，kg/m³；
p_{in}——输油站原油进站压力，MPa；
ρ_{in}——输油站原油进站温度下的密度，kg/m³；
B——输油站用于输油生产的燃料消耗量，kg/h；
Q_{dw}——输油站燃料应用基低位发热值，kJ/kg；
W——输油站直接用于输油生产的耗电量，kW·h/h；
R_1——电能折算系数(等价热值)，取11840kJ/(kW·h)。

输油站平均能源效率(average energy efficiency of crude oil transport station)是指各输油站提供给输油干线(站间干线)的能量之和与各站直接用于生产的能源消耗量之和比值的百分数，计算公式为

$$\eta_{as} = \frac{\sum_{i=1}^{n} Q_{sei}}{\sum_{i=1}^{n} Q_{sci}} \times 100\% \qquad (5-39)$$

式中 η_{as}——输油站平均能源效率；

n——系统内输油站个数,座;
Q_{sei}——系统内某输油站提供给某输油干线的能量,kJ/h;
Q_{sci}——系统内某输油站的耗能量,kJ/h。

输油管道传输效率(transmission efficiency of crude oil pipeline transport)是指站间输油干线原油输出的能量与输入能量之比的百分数,计算公式为

$$\eta_1 = \frac{Q''_{se}}{Q'_{se}} \times 100\% \tag{5-40}$$

其中

$$Q''_{se} = G''_{in} \cdot c''_{tin} \cdot (t''_{in} - t_0) + G''_{in} \cdot (p''_{in} - p_0)/\rho''_{in} \times 10^3 \tag{5-41}$$

$$Q'_{se} = G'_{out} \cdot c'_{tout} \cdot (t'_{out} - t_0) + G'_{out} \cdot (p'_{out} - p_0)/\rho'_{out} \times 10^3 \tag{5-42}$$

式中　η_1——输油管道传输效率;
Q''_{se}——该站间干线原油带入下站的能量,kJ/h;
Q'_{se}——该站间干线原油从上站带出的能量,kJ/h;
G''_{in}——该站间干线输出原油量,kg/h;
c''_{tin}——该站间干线原油输出温度下的比定压热容,kJ/(kg·℃);
t''_{in}——该站间干线原油输出温度,℃;
p''_{in}——该站间干线输出原油进站压力,MPa;
ρ''_{in}——该站间干线原油输出温度下的密度,kg/m³;
G'_{out}——该站间干线输入原油量,kg/h;
c'_{tout}——该站间干线原油在输入温度下的比定压热容,kJ/(kg·℃);
t'_{out}——该站间干线原油输入温度,℃;
p'_{out}——该站间干线原油输入压力,MPa;
ρ'_{out}——该站间干线原油输入温度下的密度,kg/m³。

输油管道平均传输效率(average transmission efficiency of crude oil pipeline transport)是指各站间输油干线原油输出能量之和与输入能量之和比值的百分数,计算公式为

$$\eta_{al} = \frac{\sum_{i=1}^{n} Q''_{sei}}{\sum_{i=1}^{n} Q'_{sci}} \times 100\% \tag{5-43}$$

式中　η_{al}——输油管道平均传输效率;
Q''_{sei}——某站间干线原油输出能量,kJ/h;
Q'_{sci}——某站间干线原油输入能量,kJ/h。

输油站电能利用率(ower utilization efficiency of crude oil transportation station)是指站间输油干线从输油站获得的压力能与该站直接用于生产消耗电能比值的百分数,计算公式为

$$\eta_w = \frac{W_{se}}{WR_2} \times 100\% \tag{5-44}$$

其中

$$W_{se} = [G_{out} \cdot (p_{out} - p_0)/\rho_{out} - G_{in} \cdot (p_{in} - p_0)/\rho_{in}] \times 10^3 \tag{5-45}$$

式中　η_w——输油站电能利用率;
W_{se}——输油站提供给站间干线的有效压能,kJ/h;

R_2——电能折算系数,取 $3600\text{kJ}/(\text{kW}\cdot\text{h})$。

输油管道电能利用率(ower utilization efficiency of crude oil transportation pipeline)是指各站间输油干线从各输油站获得的压力能之和与各输油站直接用于生产消耗电能之和比值的百分数,计算公式为

$$\eta_{sw} = \frac{\sum_{i=1}^{n} W_{sei}}{\sum_{i=1}^{n} W_i \times R_2} \times 100\% \tag{5-46}$$

式中 η_{sw}——输油管道电能利用率;
W_{sei}——输油干线从输油站获得的压力能,kJ/h;
W_i——某输油站输油生产耗电量,$\text{kW}\cdot\text{h/h}$。

输油站热能利用率(thermal utilization efficiency of crude oil transportation station)是指输油站加热干线介质的能量与该站加热干线介质所消耗的能量比值的百分数,计算公式为

$$\eta_{sh} = \frac{Q_{seh}}{Q_{sch}} \times 100\% \tag{5-47}$$

其中

$$Q_{seh} = G_{out} \cdot c_{tout} \cdot (t_{out} - t_0) - G_{in} \cdot c_{in} \cdot (t_{in} - t_0) \tag{5-48}$$

$$Q_{sch} = Q_1 + Q_p \tag{5-49}$$

$$Q_1 = BQ_{dw} \tag{5-50}$$

$$Q_p = G_p(t_{pout} - t_{pin})c_t \tag{5-51}$$

式中 η_{sh}——输油站热能利用率;
Q_{seh}——输油站加热干线介质所用的能量,kJ/h;
Q_{sch}——输油站加热干线介质所消耗的能量,kJ/h;
Q_1——加热炉、锅炉所消耗的能量,kJ/h;
Q_p——输油泵功率损失转换的热量,kJ/h;
G_p——输油泵流量,kg/h;
t_{pout}——输油泵原油出口温度,℃;
t_{pin}——输油泵原油进口温度,℃;
c_t——输油泵原油进出口平均温度下的比定压热容,$\text{kJ}/(\text{kg}\cdot\text{℃})$。

输油管道热能利用率(thermalutilization efficiency of crude oil transportation pipeline)是指各输油站加热干线介质的能量之和与各输油站加热干线介质所消耗的能量之和比值的百分数,计算公式为

$$\eta_{syh} = \frac{\sum_{i=1}^{n} Q_{sehi}}{\sum_{i=1}^{n} Q_{schi}} \times 100\% \tag{5-52}$$

式中 η_{syh}——输油管道热能利用率;
Q_{sehi}——某输油站加热干线介质所用的能量,kJ/h;
Q_{schi}——某输油站加热干线介质所消耗的热量,kJ/h。

输油管道系统单耗的计算包括万吨千米耗油量、万吨千米耗电量和万吨千米综合单耗(标煤)量。万吨千米耗油量(fuels oil consumption of ten kilotons multiply a kilometer)是指输送原油每万吨千米所消耗的燃料油量。万吨千米耗电量(consumption electric power of ten kilotons multiply a kilometer)是指输送原油每万吨千米所消耗的电能。万吨千米综合单耗(标煤)量(unit consumption of ten kilotons multiply a kilometer)是指输送原油每万吨千米所消耗的各种能源折合的标煤量。

万吨千米耗油量的计算公式为

$$M_o = \frac{\sum_{i=1}^{n} B_i}{W_t} \tag{5-53}$$

其中

$$W_t = \sum_{i=1}^{n} G_{outi} \times L_i / 10^7 \tag{5-54}$$

式中　M_o——万吨千米所耗燃料油量,$kg/(10^4 t \cdot km)$;
　　　B_i——某输油站用于生产的燃料消耗量,kg/h;
　　　W_t——万吨千米量,$10^4 t \cdot km/h$。
　　　G_{outi}——某输油站输出原油量,kg/h;
　　　L_i——某输油站间输油干线长度,m。

万吨千米耗油量的计算公式为

$$M_w = \frac{\sum_{i=1}^{n} W_i}{W_t} \tag{5-55}$$

式中　M_w——万吨千米耗电量,$kW \cdot h/(10^4 t \cdot km)$;
　　　W_i——某输油站直接用于输油生产的耗电量,$kW \cdot h/h$。

万吨千米综合单耗(标煤)量的计算公式为

$$M_e = 1.4286 M_o + 0.4040 M_w \tag{5-56}$$

式中　M_e——万吨千米综合单耗(标煤)量,$kg/(10^4 t \cdot km)$。

习　题

1. 管道系统的组成有哪些?管道系统的能耗包括哪些部分?
2. 输油泵的调节方式及其各自的特点是什么?
3. 加热炉热损失包括哪几部分?
4. 加热炉的节能技术有哪些?
5. 简述输油管道能耗测试的内容。

参 考 文 献

[1] 姬忠礼,邓志安,赵会军.泵与压缩机[M].北京:石油工业出版社,2008.
[2] 茹慧灵.输油管道节能技术概论[M].北京:石油工业出版社,2000.
[3] 曹彦青,刘宝玉,战丽华,等.燃气轮机余热回收技术比较研究[J].当代化工,2013,42(4):493-495.
[4] 王光然.油气储运设备[M].东营:中国石油大学出版社,2013.

第六章 管道完整性管理技术

20世纪初以来,全世界石油行业取得了跨越式的发展。石油工业蓬勃发展的同时,也给管道工业注入了新鲜活力,使管道运输成为包括铁路运输、公路运输、水运运输、航空运输在内的五大运输体系之一。管道不仅可以完成石油、天然气、成品油、化工产品和水合物等液态物质的运输,还可以运送煤炭、面粉、水泥等固态物质。

第一节 管道完整性管理概述

一、管道完整性管理的基本概念

管道完整性(pipeline integrity)是指:
(1)管道始终处于安全可靠的工作状态;
(2)管道在物理上和功能上是完整的,管道处于受控状态;
(3)管道运营商不断采取行动防止管道事故的发生;
(4)管道完整性与管道的设计、施工、运行、维护、检修和管理的各个过程是密切相关的。

管道完整性管理(pipeline integrity management,PIM)的定义为:管道公司根据不断变化的管道因素,对管道运营中面临的风险因素进行识别和技术评价,制定相应的风险控制对策,不断改善识别到的不利影响因素,从而将管道运营的风险水平控制在合理的、可接受的范围内;通过建立监测、检测、检验等各种方式,获取与专业管理相结合的管道完整性的信息,对可能使管道失效的主要威胁因素进行检测、检验,据此对管道的适应性进行评估,最终达到持续改进、减少和预防管道事故发生、经济合理地保证管道安全运行的目的。

管道完整性管理,也是对所有影响管道完整性的因素进行综合的、一体化的管理,包括:
(1)拟定工作计划、工作流程和工作程序文件;
(2)进行风险分析和安全评价,了解事故发生的可能性和将导致的后果,指定预防和应急措施;
(3)定期进行管道完整性检测与评价,了解管道可能发生事故的原因和部位;
(4)采取修复或减轻失效威胁的措施;
(5)培训人员,不断提高人员素质。

管道完整性管理的过程是一个持续不断的改进过程,如图6-1所示。管道完整性管理的原则为:
(1)在设计、建设和运行新管道系统时,应融入管道完整性管理的理念和做法;
(2)结合管道的特点,进行动态的管道完整性管理;
(3)建立管道完整性管理机构、管理流程,配备必要的手段;
(4)对所有与管道完整性管理相关的信息进行分析、整合;
(5)持续不断地对管道进行完整性管理;
(6)不断在管道完整性管理过程中采用各种新技术。

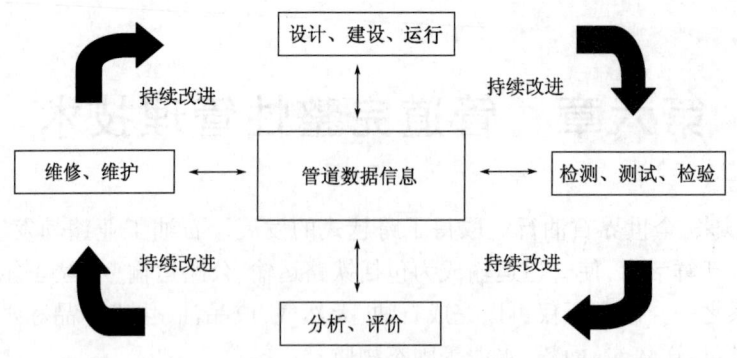

图 6-1 管道完整性管理过程

管道完整性管理是一个与时俱进的联系过程,管道的失效模式是一种时间依赖的模式。腐蚀、老化、疲劳、自然灾害、机械损伤等能够引起管道失效的多种过程,随着岁月的流逝不断侵害着管道,必须持续不断地对管道进行风险分析、检测、完整性评价、维修、人员培训等完整性管理。

管道完整性管理是一个持续改进的过程,是以管道安全为目标的系统管理体系,内容涉及管道设计、施工、运行、监控、维修、更换、质量控制和通信系统等全过程,并贯穿管道整个运行期。其基本思路是调动全部因素来改进管道安全性,并通过信息反馈,不断完善。

管道完整性管理内容包括过程完整性、信息完整性和时间完整性等,是当前管道安全管理的重要模式。ASME B31.8S—2016 是输气管道完整性管理体系的结构和基本组成部分。管道可靠性、风险性评价为其基本组成,而完整性检测、评价、运行状态指标、再评价周期等则是管道完整性管理的新内容,反映出管道安全管理从单一安全目标发展到优化、增效、提高综合经济效益的多目标趋向。管道完整性管理计划不存在最优或唯一方案,需要结合实际不断完善。

二、管道完整性管理的依据和标准

在管道完整性管理的国家法律、法规、标准依据方面,美国首先以立法的形式提出。由于美国国内拥有 56×10^4 km 输气管道,25×10^4 km 液体燃料管道,且相当一部分管道使用年限很长,为了增进管道的安全性,美国国会于 2002 年 11 月通过了专门的 H. R. 3609 号法案,该法案于 2002 年 12 月 27 日经布什总统签署后生效。

管道完整性管理的实施方面有很多标准,ASME B31.8S—2016《燃气管道系统完整性管理》、ASME B31.G《腐蚀管道剩余强度测定手册》、NACE—RP0102—2010《管道在线内检测操作推荐标准》、NACE—RP0502—2002《管道外腐蚀检测与直接评价标准》等标准规范对管道完整性管理做出了具体的规定和建议,具体分类如下。

1. 管道完整性管理的管理部标准和法规

(1)《燃气管道系统完整性管理》(ASME B31.8S—2016)。

(2)《关于增进管道安全性的法案》(美国 H. R. 3609)。

2. 管道本体的完整性管理标准

(1)《腐蚀管道剩余强度测定手册》(ASME B31.G)。

(2)《长输管道智能内检测管理规定》(GTRQI-A10-42-018—2016-1)。
(3)《腐蚀管道缺陷评价标准》(DNV—RP—F101)。
(4)《管道安全评价、几何机械损伤评价标准》(API 579)。
(5)《管道在线内检测操作推荐标准》(NACE—RP0102—2010)。

3. 地质灾害及周边环境完整性管理标准

《地质灾害管道悬跨与地质作用推荐标准》(DNV—RP—F105)。

4. 腐蚀有效性完整性管理标准

《管道外腐蚀检测与直接评价标准》(NACE—RP—0502—2002)。

5. 站场及设施专业完整性管理

(1)《输配气管道完整性系统》(ASME B31.8—2016)。
(2)《橇装式燃气轮机的推荐做法》(API RP—11PGT)。
(3)《管道系统维护与维修规程》(API570)。
(4)《管道临时性/永久性维修手册》(AEA)。

三、管道完整性管理程序

1. 管道完整性管理危险分类

管道完整性管理的第一步,是识别影响完整性的潜在危险,所有危害管道完整性的危险都应考虑。国际管道研究委员会(PRCI)对输气管道事故数据进行了分析并划分出22个根本原因。这22个原因中每一个都代表影响管道完整性的一种危险,应对其进行管理。对其余21种,按照其性质和发展特点,划分成9种相关事故类型。这9种事故类型对判定可能出现的危险很有用。应根据危害的时间因素和事故模式分组,正确进行风险评估、完整性评价和减缓活动。

必须考虑多种危险(即在一个管段上同时发生一个以上的危险)的相互作用,例如出现腐蚀的部位又受到第三方破坏,根据历史经验,金属疲劳已经不再成为输气管道的一个重要问题。但是,如果管道的运行方式改变,运行压力出现明显波动,管道公司就应将疲劳作为一个附加因素来考虑。下面用图6-2来说明管道完整性管理的过程。

2. 识别危险对管道的潜在影响

管道完整性管理首先要识别管道可能存在的危险因素,特别是关注区域的管段。对每个管段,都应单独或按9种类型考虑可能存在的危险因素,然后对潜在的危险性进行分析,为下一步数据收集、综合提供基本因素条件。

3. 数据收集、检查和综合

评价一个管道系统或管段可能存在危险的第一步,是要确定和收集能反映该管段状况和可能存在危险的必要数据和信息。在这一步,管道公司首先要收集、检查和综合相关的数据和信息,这对了解管道状况、识别具体位置上影响完整性的危险因素,并了解事故对公众、环境和操作造成的后果是必要的。支持风险评估的数据类型,因所分析危险的不同而异,需要收集与操作、维护、巡线、设计、运行历史有关的信息以及每个系统和管段特有的具体事故问题的

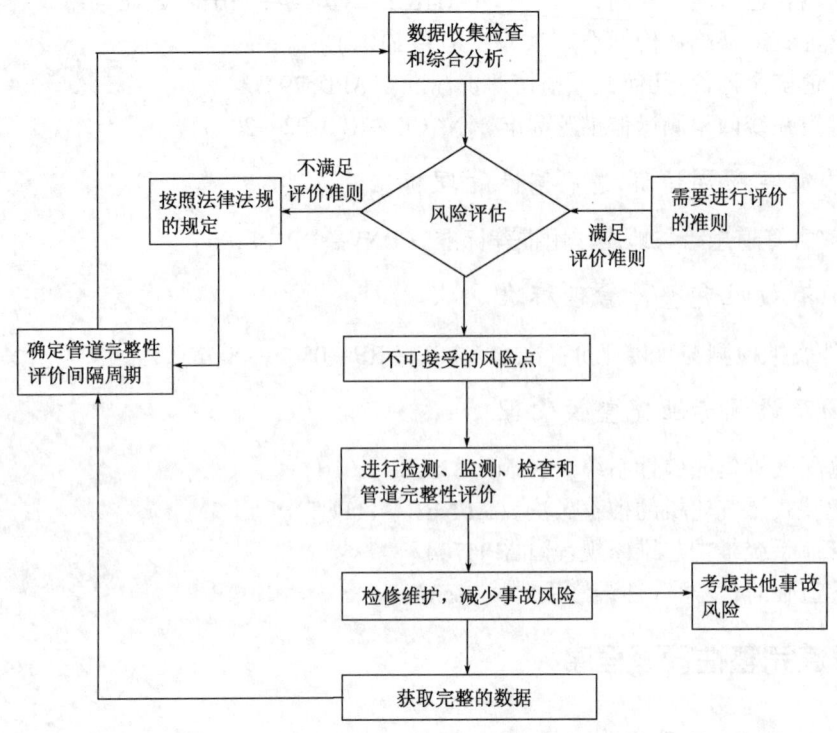

图6-2 管道完整性管理流程

相关信息。相关数据和信息还包括那些使缺陷扩展(如阴极保护中的缺陷)、降低管道性能(如现场焊接)或可能造成新缺陷(如靠近管道的开挖作业)的情况或行为。

此外,还需要收集管道完整性管理信息(数据),其来源有管道装置图、附件图、管道走向图、航拍(或遥感)图、原始施工图和监测记录、管材合格证书、制造设备技术数据、管道设计与工程报告、管道调查和试验报告、管道监测计划、运行和管理计划、应急处理计划、事故报告、技术评价报告、操作规范和相应的工业标准等。除以上信息外,还包括依靠专家或公众社会对某事件达成的共识所量化的经验值。

4. 风险评估

可用前一步收集的数据进行管道系统或管段的风险评估。通过对前一步收集信息和数据的综合评价,风险评估过程能识别可能诱发管道事故的具体事件的位置和(或)状况,了解事件发生的可能性和后果,风险评估结果应包括管道可能发生的最大风险的性质和位置。

在风险评估过程中,需要将所获得的数据与规范、标准进行比较。进行风险评估,是为了对管段的风险评价结果进行排序。根据所获得的数据和危险性质的不同,有多种方法可用于风险评估,运营公司应采用合适的方法,满足管道系统的要求,力求将人力、物力资源用到所确认的最重要的地方,而该处额外的数据可能是有价值的,初期筛选式风险评价是必要的。根据这一步所得出的结果,运营公司能对需维护的管段进行优先级排序,以采取管道完整性管理的预定维护措施。

5. 管道完整性评价

在上一步进行的风险评估的基础上,可选择和进行相应的管道完整性评价。管道完整性评价包含的内容较多,这是一项综合评价过程,根据已识别出的危险因素,选择管道完整性评价的方法。如果需要确定某一管段的所有危险因素,可能需要采取多种评价方法。

针对某种具体危险因素进行管道完整性评价还应考虑其他的数据和信息,例如,用漏磁检测器进行腐蚀检测时,可能会发现凹坑,应将这些数据与其他危险的分析数据(如第三方损坏或施工造成的损坏)相结合。

对在检测中发现的问题,应进行检查和评价,以确认缺陷是实际存在的还是虚假的。对这样的迹象,可采用适当的检测和评价方法进行检测和评价。对局部的内外壁金属损失,可采用 ASME B31G 或类似分析方法,如 DNV—RP—F101、API579 进行评价。

6. 管道完整性评价的响应、减缓(维修和预防)措施和检测时间间隔的确定

根据检查结果制定响应计划,对检测中发现的缺陷确定维修措施,并实施按照合格的行业标准和做法进行的维修作业。

对第三方损坏的预防和低应力管道也可进行预防性维护。例如,对于某一具体系统或管段,如果确认开挖是造成损坏的主要风险,运营公司可结合检查活动选择一些预防措施,加强与公众的联系,建立更有效的开挖通知制度,或提高开挖作业人员在检测过程中的管道保护意识。

以风险评估为基础的管道完整性管理,在减缓措施的选择和实施时间的安排上,可能与预定的管道完整性管理程序的要求不同。在这种情况下,应将风险分析得出的结论形成文件,使其成为管道完整性管理程序的一部分。

根据检测结果严重程度,维修计划一般分为立即维修或更换、安排维修计划和加强监控措施3个等级。需要建立维修标准来确定必须维修的缺陷尺寸。再评价周期主要根据维修标准、维修数量和预防措施有效性来确定,其基本原则是,经过本次维修后的剩余缺陷到下个周期的完整性检测中不会发展成危险性缺陷。

7. 持续改进,数据的更新、整合和检查

在进行了初步的管道完整性评价之后,运营公司获得的有关管道系统或管段状况的信息得到了改善和更新。将这些信息保存下来,并补充到数据库中,以供以后风险评估和管道完整性评价所用。此外,在管道系统继续运行过程中,应收集新的操作、维护和其他方面的信息,扩充和完善操作工况的历史数据库。

8. 风险再评估

应在规定的时间间隔内定期进行管道完整性评价,当管道发生显著变化时,也应进行风险评估。运营公司应考虑当前的操作数据,考虑管道系统设计和操作的变化,分析上次管道完整性评价之后可能发生的外界变化对管道的影响,并应采纳其他的风险评估数据。还应将管道完整性评价(如内检测评价数据)的结果作为以后风险评估的因素予以考虑,以确保分析过程反映管道的最新状况。

9. 管道完整性管理方案

管道完整性管理方案是实施图 6-2 的流程后所得的结果,是执行每一步骤和进行支持性分析的文件。方案应包括预防、检测、评价和减缓措施,还应制定一个措施实施的时间表。首先应对那些风险最大的管道系统或管段进行评价,并考虑可能导致多种危险的那些活动。例

如,静水试压既可以根据时效性危险(如管道内、外腐蚀)确定管道的完整性,又可以根据稳态危险(如焊缝缺陷和有缺陷的焊缝)确定管道的完整性。

以管道完整性评价为基础的管道完整性管理方案,要求的信息详细,并在对管道充分了解的基础上进行更详细的分析。一般不要求具体的风险分析模式,只要求所采用风险分析模式和方法的有效性。详细的管道完整性评价分析能使运营公司对完整性更深入地了解,使其在实施以风险评估为基础的管道完整性管理方案时,在时间安排上和在方法使用上有更大的灵活性。

方案应定期更新,以反映新的信息和对当前影响完整性的危险的认识情况。当识别到新的风险或已知的风险出现新情况时,应根据情况,实施额外的减缓措施。此外,更新的风险评估结果,也有助于以后完整性评价方案的制定。

10. 制定管道完整性管理程序评价方案

管道公司应收集管道完整性管理方案实施后的信息,并定期评价管道完整性评价方法、管道维修活动以及风险控制活动的有效性。管道公司还应对其管理体制和方法在管道完整性管理正确决策方面的有效性进行评价,主要在于确定是否取得了较好的经济效益,是否需要进一步实施下去。另外,还需进一步评价新技术在管道完整性管理程序中的使用情况。

11. 更新管道完整性管理方案

管道系统及其所处的环境不是静止不变的。在管道完整性管理方案实施前,应采用一种系统方法,确保对管道系统的设计、操作或维护发生变更所带来的潜在风险进行评估,并确保对管道运行所处环境的变化进行评价。在变更发生之后,适当时,应将其纳入以后的风险评估中,以保证风险评估方法针对的是当前配置、操作和维护的管道系统。管道完整性管理方案减缓措施的结果,应作为对系统、设施设计和操作的反馈。

12. 质量控制

以质量控制为目的的管道完整性管理程序的评价和管道完整性管理程序所需的文件,包括对管道完整性管理程序的审核,以及对管道完整性管理过程、检测、减缓措施和预防措施的审核。要求严格控制管道完整性管理的检测、评价、维护维修等过程的质量,制定相应的质量保证体系,使管道完整性管理每一个步骤均行之有效。

13. 应急救援联络

为了使公众了解在管道完整性管理方面所做的工作,管道公司应制定并实施与员工、公众、应急人员、当地公务人员及管理部门进行有效联络的应急救援方案。该方案应向管理层通报有关管道完整性管理方案的信息及所获得的结果。

第二节　国内外管道完整性管理进展

随着石油天然气工业的迅猛发展,管道的重要性与日俱增,针对管道技术、管道管理新方法的研究逐渐增加。管道建设需要1~3年的时间完成,但运行维护期将达到几十年,因此管道完整性管理在管道生命周期内非常重要,如果管理得当,将延长管道使用寿命,经济效益非常可观。管道完整性管理逐渐成为各国管道公司主要管理手段。基于此,各国管道公司(包括中国在内)均已开展了管道完整性管理体系的研究与推广应用,取得了重要进展。

一、国外管道完整性管理的进展

国外油气管道安全评价与完整性管理始于20世纪70年代末,当时欧美一些工业发达国家在第二次世界大战以后兴建的大量油气长输管道已进入老龄期,各种事故频繁发生,造成了巨大的经济损失和人员伤亡,大大降低了各管道公司的盈利水平,同时也严重影响和制约了上游油(气)田的正常生产。为此,美国首先开始借鉴经济学和其他工业领域中的风险分析技术来评价油气管道的风险性,以期最大限度地减少油气管道的事故发生率和尽可能地延长重要干线管道的使用寿命,合理地分配有限的管道维护费用。经过几十年的发展和应用,目前许多国家已经逐步建立起管道安全评价和完整性管理体系及各种有效的评价方法。

世界各国管道公司均已形成本公司的管道完整性管理体系,大都参考国际标准(如ASME、API、NACE、DIN标准),把国际标准作为指导大纲,编制本公司的二级或多级操作规程,细化管道完整性管理的每个环节。

美国油气研究所(GRI)决定今后将重点放在管道检测的进一步研究和开发上,认为利用高分辨率的先进检测装置及先进的断裂力学和概率计算方法,一定能获得更精确的管道剩余强度和剩余寿命的预测和评估结果。

2002年,美国运输部安全办公室确定了管道经营商的管道完整性管理职责,明确提出,管道运营商的责任在于对管道和设备进行完整性评价,避免或减轻周围环境对管道的威胁,对管道外部和内部进行检测,提出准确的检测报告,采取更快、更好的修复方法及时进行泄漏监测。OPS(operator service system,操作员服务系统)对运营商的管道完整性管理计划进行检查,检查输气管道高风险地区的管段是否都已确定和落实,检查管段的基准数据检测计划及管道完整性管理的综合计划,检查计划的执行情况等。

美国科洛尼尔(Colonial)管道公司把管理的重点放在管道的安全和可靠性上,管理计划包括管道内部的检测,油罐内部的检测、修理和罐底的更换,阴极保护的加强,线路修复等内容。该公司利用在线检测装置和弹性波检测器,实施以风险为基础的管理方法,并每年进行一次阴极保护系统的调查和飞机沿线巡逻。该管道公司采用风险指标评价模型(专家打分法)对其所运营管理的成品油管道系统进行风险分析,有效地提高了系统的完整性。该公司开发的风险评价模型RAM将评价指标分为腐蚀、第三方破坏、操作不当和设计因素四个方面,该模型可以帮助操作人员确认管道的高风险区和管道事故对环境及公众安全造成的风险,明确降低风险的工作重点,根据降低风险的程度与成本效益对比,制定经济有效的管道系统维护方案,使系统的安全性不断得到改善。

欧洲管道工业发达国家和管道公司从20世纪80年代开始制定和完善了管道风险评价的标准,建立油气管道风险评价的信息数据库,深入研究各种故障因素的全概率模型,研制开发实用的评价软件程序,使管道的风险评价技术向着定量化、精确化和智能化的方向发展。英国油气管网公司20世纪90年代初就对油气管道进行了完整性管理,建立了一整套管理办法和工程框架文件,使管道维护人员了解风险的属性,及时处理突发事件。

英国TRANSCO公司具有完整的管道完整性管理体系文件。对于管道完整性技术的应用,如内检测技术,参考使用国际标准 NACE—RP0102—2010《管道在线内检测操作推荐标准》,编制公司内部实施的《钢制管道实施在线检测程序文件》《输气管道在线检测操作程序文件》;对外检测技术,参考 NACE—TM0497—2012《埋地及水下金属管道阴极保护准则相关测量技术》、NACE—RP0502—2002《管道外腐蚀检测与直接评价标准》,编制了《埋地钢管系统的腐蚀控制系统规程》。

Enbridge 公司编制了《主管线调查程序》《天然气输送调控运行程序》《管道腐蚀评价程序》《阴极保护程序》《振动监测程序》《运行维护手册》《批准与更新程序》等。

Enbridge 公司从 20 世纪 80 年代末到 90 年代中期,开展了管道完整性和风险分析方面的研究。其制定宏观的管道完整性管理程序,成立专业的管理组织机构,制定管道完整性管理目标并实施,形成管道完整性管理体系。该公司管道完整性管理的实施分制定计划、执行计划、实施总结、监控改进 4 个步骤,如此循环。实现这 4 个步骤的途径包括制定政策、确定目标、管理支持、明确职责、培训人员、编制技术要求和程序说明书等。这个管道完整性管理系统是一个动态循环过程,确保完整性技术方法在实施过程中不断进步和加强。

Enbridge 公司管道完整性管理所提出的目标是确保管道安全和增强安全意识,使用最先进的管理和支持技术努力达到零事故。在实施管道完整性管理的过程中,该公司建立了技术体系,主要包括开展管道完整性管理的条件、管道完整性管理支持技术、管道完整性管理实施方式。同时,在开展管道完整性管理时,公司还建立了管道数据库,配备了管理及检测设备,明确了管理职责与分工,完善了管理文件体系和标准法规。

Enbridge 公司管道数据库是管理管道的核心数据,提供了企业决策支持系统或业务管理系统所需要的信息,把企业日常营运中分散不一致的数据经归纳整理之后转换为集中统一的、可随时取用的深层信息。数据库储存了管道完整性管理所需要的全部数据和文件。数据库中的数据通过 APDM 模型规范存储,根据 ARCGIS 地理信息平台建立地理信息系统可视化地图界面,在此界面上,开发和应用管道完整性的评估、决策、维抢修等应用软件,从而实现管道完整性管理的可视化、智能化,达到数据共享。管道完整性管理的数据库主要包含现场测量数据、检测数据、监测数据等。

加拿大最大的管道公司 NOVA,拥有管道 15600km,多数已运营近 40 年。该公司非常重视管道风险评价技术的研究,已开发出第一代管道风险评价软件。该公司将所属管道分成 800 段,根据各段的尺寸、管材、设计施工资料、油(气)的物理化学特性、运行历史记录以及沿线的地形、地貌、环境等参数进行评估,对超出公司规定风险允许值的管道加以整治,最终使之进入允许的风险值范围内,保证管道系统的安全、经济运行。20 世纪 90 年代中期,该公司对其油气管道干线进行扩建,需要穿越爱得森地区 5 条大型河流,在选择最佳施工技术时遇到了困难。由于环境管理比过去更严格,传统的选用最低费用的方法已经不再适用,需要一个权衡费用、风险和环境影响的决策方法,在收集了线路、环境、施工单位等的最新资料和对不同河流穿越方法的局限性进行鉴别后,结合每一个穿越方案的不确定性和风险进行了决策和风险分析,最终对影响各穿越方案 35 年净现值的所有因素以及极端状态进行量化评估后,做出了正确的选择。

以壳牌为代表的国外大型石油公司,企业的完整性管理通称为资产完整性管理(asset integrity management),又分为管道完整性管理、设施完整性管理、结构完整性管理和井场完整性管理四个部分。

澳大利亚 GASNET 公司实施管道完整性管理的重点在第三方破坏方面。外界干扰和第三方对管道来说是最大的威胁。由于电站设施的增加，定向钻的大量使用，通信光缆的敷设及承包商建设公路、铁路的增加，都使得威胁增大。使用的工具设施包括挖掘机、钻机、钻孔器和定向钻，威胁同时也来自其他主体授权资产机构的建设和维护以及自己管线的维护工作中发生的问题。其主要采取应用 AS2885.1 减轻风险标准，每年都要对每一条管线进行风险评估，GASNET 要求最小埋深 1200mm，对临时管道埋深要求最小 900mm。管道与道路交叉口要浇灌混凝土，增加壁厚以及在道路最低处埋深 1.2m，此外还要挖建排水沟槽。

管道巡检的目的是要发现那些不明身份或者已经存在的外界干扰操作，如泄漏、违章建筑，标记缺乏，建筑物上的植被、腐蚀、塌方、下沉等地面管线安全问题和周围环境问题。巡检要空中巡检和地面巡检结合使用，周末在大城市区域要实行地面巡检；在乡村区域要每周或每两周或每月进行空中巡检，同时以地面巡检进行补充。每年空中巡检要对所有管线进行录像，对地面管线，尤其是容易产生腐蚀和塌方地区要进行拍照。

密切联系土地所有者能够有效阻止第三方破坏，对土地所有者每年都要进行探访并且要经常与他们进行联系。在联系过程中讨论如下问题：(1)土地所有者的区域位置；(2)在土地上进行正当的施工的手续；(3)任何存在土地所有者及其相邻区域的变化的可能；(4)对管线安全潜在的威胁；(5)管线突发事件反应程序。

印度尼西亚 VICO 东卡曼里丹管道公司实施管道完整性管理(图 6-3)，制定管道完整性管理纲要，将维护和检测作为管道完整性管理的重要内容，开发并建立管道完整性管理系统。目标是使有效资产和净利润最大化，使健康、安全和环境风险最小化，在管线运行期间要确保资产的完整性。

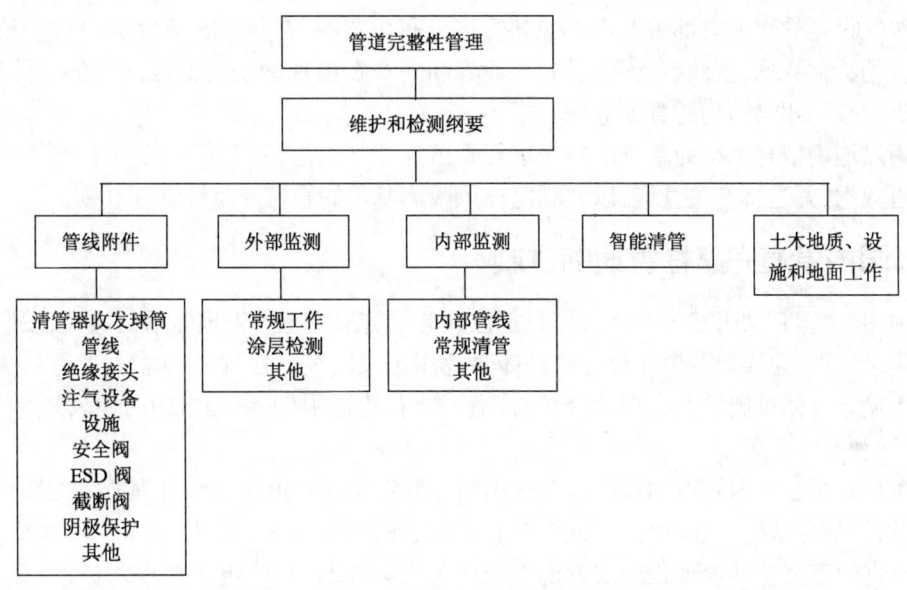

图 6-3 VICO 东卡曼里丹管道完整性管理框图

VICO 东卡曼里丹管道公司同时制定网络应急计划，根据每个参股公司的告知（通信）以及活动支持来提供标准的应急反应，内容包括通信录、电话号码簿、管线地图、报告及表格、抢修程序、管道缺陷类型及其所在位置、管道修理及修理顺序以及抢修材料等。

意大利 SNAM 公司经营 29000km 的天然气管网系统，其中包括输气干线与支线，有的管道已运行超过 50 年，80% 管道受到杂散电流的强烈影响，大部分运行压力高于 2.4MPa。SNAM 公司实施了管道完整性管理策略，使系统保持高度安全及低成本，节约了 1/3 的维修费用。

总部设在休斯敦的 CenterPoint 能源公司所属的管道服务公司（CEPS）在美国 9 个州共经营并管理着总长 8200mile 的天然气输送管道。该公司在管道完整性管理计划中采取以下 4 个步骤的管理过程：

（1）数据收集和管理。

（2）数据库的建立。数据库包括如下 6 个模块：①管道的数据；②历史上的管道更换数据；③历史上的管道运行数据，如泄漏、破坏和变更情况；④管道外部的数据，如土壤类型、地面移动和地震等数据；⑤管道机械性能数据；⑥地理信息数据，如居住状况、公众了解程度和居住位置等。

（3）数据分析。应用软件程序进行风险评估、直接评估。

（4）数据输出。

世界各国重视地理信息系统（GIS）在管道完整性管理中的应用。全长 640km、直径 457mm 的南美玻利维亚—库亚巴（巴西）跨国输气管道，沿线穿过 Chiquitano 森林、圣玛蒂亚斯保护区和 Pantanal 湿地等一些生态敏感地区。为了响应当前对环境的关注以及对管道安全可靠运行的承诺，按管道线路所经区段分别负责经营的美国三家作业公司（GOB、GOM 和 EPE 公司），共同发起制定了一项有关实施以地理系统为基础的管道完整性管理计划（IMP）和综合记录管理系统（RMS），以适应三家公司联合经营管理的需要。

按照全国管道制图系统（NPMS）的要求，美国的天然气输送管道、危险液体输送管道以及液化天然气设施的作业者都被要求提交其管道分布位置，并在与 GIS 兼容的格式中选择有关管道系统的特性数据，使政府管理机构、工业界和公众在出现紧急情况或潜在的危险形势时，能够有机会查询相当精确的管道数据。

采用以地理信息系统为基础的技术进行管道完整性管理，用户即可在该管道管理系统中查看管道数据，并进行有关查询，以便制定以风险为基础的管道完整性管理计划。

二、国内管道完整性管理的进展

在国内，中国石油天然气集团公司目前已开展了管道完整性管理体系的研究，编制了管道完整性体系文件，建成的管道完整性管理体系适用于长距离输送气体的陆上管道系统。管道系统是指输送气体设施的所有部分，包括管道、阀门、管道附件、压缩机组、计量站、调压站、分输站、泵站和储气库等。

该体系是结合中国管道的实际情况提出的。制定实施管道完整性管理所需的数据来自数据收集整合、信息系统、风险评价、管道监测、检测、评价、修复等。文件体系专门为负责制定、实施和改进管道完整性管理程序的管道管理相关人员编制，具体包括管理人员、工程人员、操作人员、技术人员和在管道预防性维护、检测和修复领域方面有专长的专业人员。

该管道完整性管理文件体系由管理总册、管理分册、程序文件和作业文件组成。在文件的

编写过程中参考了 API、ASME 等国际标准,管道完整性管理体系的文件具体构成如下:

(1)管道完整性管理体系手册:①数据的收集和整合;②管道风险评价技术指南;③管道完整性检测技术;④管道完整性监测技术;⑤管道完整性评价技术;⑥油气管道修复技术;⑦管道地质灾害识别与评估技术;⑧油气管道防止第三方破坏及失效统计;⑨管道完整性管理信息系统。

(2)管道完整性管理体系的程序控制文件(包括但不局限于):①管道完整性管理程序;②管道完整性数据采集、整合、收集程序;③管道风险评价管理程序;④管道完整性评价程序;⑤线路管理控制程序;⑥油气管道地质灾害完整性管理程序;⑦管道维护维修技术程序;⑧管道完整性检测技术程序;⑨管道完整性监测技术程序;⑩管道完整性管理信息系统程序;⑪管道站场埋地管道检验程序;⑫防止第三方破坏及破坏失效统计完整性程序文件;⑬风险削减控制措施与管理方案管理程序;⑭培训管理程序。

(3)管道完整性管理体系:作业文件。

下面以陕京天然气管道的完整性管理为例对现今国内管道完整性管理的体系及进展进行具体介绍和分析。

1.陕京天然气管道完整性管理体系建设

陕京天然气管道(陕京管道)管理着陕京一线、陕京二线两条管道,陕京一线管道是"九五"国家重点工程,采用了国内外先进的管理模式;陕京二线是"十五"国家重点工程,是有效解决华北地区供气紧张的重大决策工程。陕京管道是首家在国内实施管道完整性管理的公司,是国内国际化管理的代表。

陕京管道自 2001 年实施管道完整性管理以来,按照管道本体、防腐有效性、管道地质灾害和周边环境、站场设备等进行识别和技术评价。制定相应的风险控制对策,不断改善识别到的不利影响因素,从而将管道运营的风险水平控制在合理的、可接受的范围内,建立以通过监测、检测、检验等各种方式,获取与专业管理相结合的管道完整性信息,对可能使管道失效的主要威胁因素进行检测、检验,据此对管道的适应性进行评估,最终达到持续改进、减少和预防管道事故发生,经济合理地保证管道安全运行的目的。具体内容和步骤为:

(1)引进国际管道完整性管理的理念;

(2)根据国际标准制定管道完整性管理实施计划;

(3)编制管道完整性管理的体系文件,出台管道完整性管理办法;

(4)建立管道完整性管理培训中心;

(5)开展管道完整性管理的实践。

陕京管道的管道完整性管理体系主要从风险要素出发,考虑了 9 大类、22 种风险因素,除未知原因这一风险因素外,具体如下:

1)与时间有关的危害

(1)外腐蚀;

(2)内腐蚀;

(3)应力腐蚀开裂。

2)固有因素

(1)与制造管道有关的缺陷:①管体焊缝缺陷;②管体缺陷。

(2)与焊接(组装)有关的缺陷:①管体环形焊缝缺陷;②制造焊缝缺陷;③褶皱弯头或壳

曲;④螺纹磨损、管子破损、管接头损坏。

(3)设备因素:①O形垫片损坏;②控制(泄压)设备故障;③密封、泵体失效;④其他混合型失效。

3) 与时间无关的危害

(1)第三方(机械)损坏:①甲方、乙方或第三方造成的损坏(瞬间损坏);②以前损伤的管道(滞后性失效);③故意破坏。

(2)误操作:操作程序不正确。

(3)与气候有关的因素和外力因素:①天气过冷;②雷击;③暴雨或洪水;④土体移动。

陕京管道完整性管理体系主要从资产的组成考虑,重点考虑钢管内外缺陷的因素、防腐层的损伤因素、管道土壤地质及第三方破坏等因素、地面站场及设施因素、地下储气库设施失效因素,形成了管道完整性管理的框架。编制了管道完整性管理的若干文件,包括《陕京管道完整性管理程序》《陕京管道本体完整性管理》《陕京管道防腐有效性完整性管理》《陕京管道地质灾害与第三方完整性管理》《陕京管道站场设施完整性管理》《陕京管道完整性管理体系建设》《陕京管道完整性管理体系运行》《陕京管道风险识别与评价》等15个程序文件及72项支持性作业文件,建立了管道完整性系列标准70个,逐渐形成了管道完整性管理体系。

陕京管道确定了对图6-4中的5项资产要素开展管道完整性管理,结合该公司的管理组织结构和特点,编制了操作性强的管理文件。其中管道本体的完整性管理,主要针对管道本体内外缺陷、防腐层、地质环境的损伤因素,确保管道安全运行。

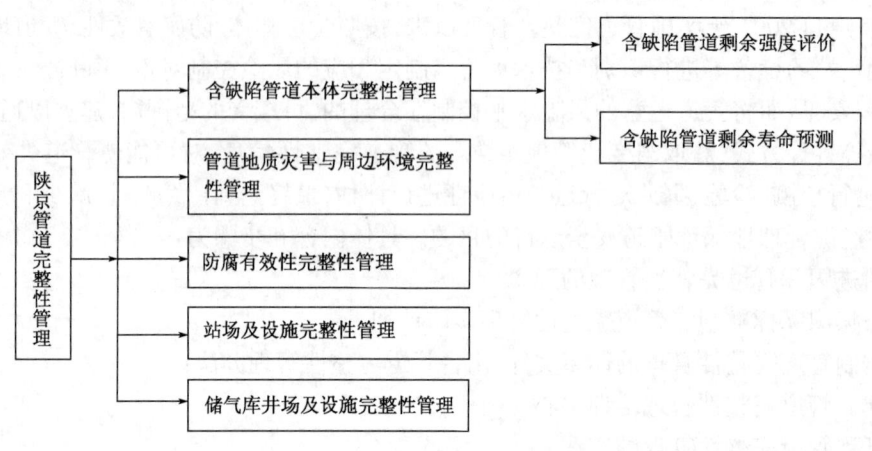

图6-4 陕京管道完整性管理

陕京管道站场及设施完整性管理是针对专业化的场站设施的日常管理,不断识别本专业影响管道运行的风险因素,确保管道从设备、工艺、操作各个方面平稳运行。

陕京管道公司在管道完整性管理手册中,规定了实施管道完整性管理的战略目标、方法和程序,对全面推进管道完整性管理发挥着决定性的作用,同时建立了一套适用性和操作性强的管道完整性管理办法,该办法对管道完整性管理的要素、职责、内容、检查与考核、培训及标准等多方面进行了全方位的描述,在公司上下贯彻执行,以设备的可靠性为基础,达到安全隐患提前排除和有效处理。

2. 陕京管道完整性管理体系技术标准

1) 管道完整性管理数据采集、检查与综合标准

考虑不同的运行方式(含压缩机站配置与地下储气库设置)、地质环境、材质特性、输送气体的成分,进行管道完整性管理数据搜集和采集标准研究,建立完整性管理数据采集、检查与综合标准体系,包括(1)数据采集要求;(2)数据来源;(3)数据收集、检查和分析;(4)数据整合和数据录入;(5)数据管理等内容。

2) 管道完整性管理技术标准

(1) 管道完整性管理风险评价技术标准。

风险评价是管道完整性管理的重要内容,其有效实施将及早识别危险源,最大限度地预防事故发生,内容包括(但不局限于)①风险评估的目标;②风险评估方法的建立;③风险评估方法;④风险分析;⑤有效性风险评估方法的特点;⑥采用评估法进行风险预测;⑦输气管道HCA(high consequence areas,高事故风险区)中场所的确定标准;⑧风险评估数据的收集;⑨风险分析排序;⑩管道完整性风险评价和减缓措施;⑪有效性验证等。

(2) 风险后果评价标准。

风险后果评价范围不仅包括人员和财产、房屋的安全半径,还包括社会影响、市场影响、政治影响等。其评价的内容包括(但不局限于)①风险后果的分类标准;②潜在影响区;③需考虑影响事故后果的因素;④危险性与可操作性分析;⑤DOW化学公司火灾、爆炸指数评价法财产损失计算等内容。

(3) 含缺陷管道本体的完整性技术与评价标准。

①管道内检测技术标准;

②试压标准;

③含缺陷管道的安全评价技术标准。

(4) 防腐有效性管道完整性评价标准。

①埋地管道外腐蚀直接评价规范;

②天然气管道内腐蚀直接评价规范(ICDA)。

(5) 管道地质灾害识别与评价技术标准。

①管线存在的地质灾害风险识别规范;

②地质灾害一般评估规范;

③地质灾害危险性评估规范;

④地质灾害相似模拟评估规范;

⑤地质灾害数值模拟技术规范;

⑥地质灾害防治措施规范;

⑦基于Web的管道地质灾害完整性管理GIS系统标准。

(6) 站场及设施检测与维护技术标准。

①超声导波技术工程应用标准;

②阀门维护技术标准;

③压缩机故障诊断技术应用标准;

④管道附属设施检查规范。

3. 陕京管道完整性管理体系管理标准

(1)含缺陷管道本体的完整性管理应用标准:
①缺陷安全评价标准;
②缺陷维护补强工作标准,具体包括:碳纤维补强技术标准;夹具注环氧套管技术标准。
(2)管道地质灾害与周边环境完整性管理:
①管道地质灾害的预防和维护标准;
②第三方破坏活动维护标准;
③结构调查与评价标准。
(3)防腐有效性完整性管理实施标准。
(4)站场及设施专业完整性管理:
①实施管网优化运行管理规范;
②设备失效、运行完好率管理标准;
③站场工艺管道、设备监测与评价管理标准;
④压缩机优化运行管理标准。
(5)储气库井场及设施完整性管理:
①井的完整性管理标准;
②气藏的完整性管理标准。
(6)管道整体完整性评价标准。
(7)管道完整性管理信息化管理标准:
①管道完整性管理的 GIS 系统信息化标准。
②企业资产管理系统实施标准。
(8)管道完整性管理培训标准。
(9)管道完整性管理应急救援标准。
(10)管道完整性管理经济效能分析标准。

4. 陕京管道完整性管理办法

1)管道干线本体的完整性管理办法
(1)外防腐层、阴极保护完整性管理办法;
(2)线路工程完整性管理办法;
(3)含缺陷管道本体的完整性管理办法;
(4)管材失效、长输管道检验完整性管理办法。

2)管道设备的完整性管理办法
(1)站场、阀室工艺设备完整性管理办法;
(2)站场、阀室工艺管道的完整性管理办法;
(3)站场、阀室控制 SCADA、通信、电气设备的完整性管理办法。

3)压缩机设备的完整性管理办法
(1)压缩机本体设备的完整性管理办法;
(2)压缩机工艺管道的完整性管理办法。

4) 地下库设备的完整性管理办法

(1) 地下库注采工艺管道的完整性管理办法;

(2) 地下库压缩机设备的完整性管理办法;

(3) 地下库气井、井口设备的完整性管理办法。

5) 基本建设数据信息的完整性管理办法

(1) 设计信息;

(2) 管道施工信息(路由、穿跨越、埋深、GPS 坐标等);

(3) 管道材料信息(外防腐、制造厂家、检验表格)。

6) 其他管理办法

其他管理办法不在此处展开介绍。

第三节　管道完整性检测技术

管道完整性检测是管道完整性管理至关重要的一环,管道完整性检测技术主要包括管道外检测、管道内检测、全面检测和其他检测技术,如图 6-5 所示。

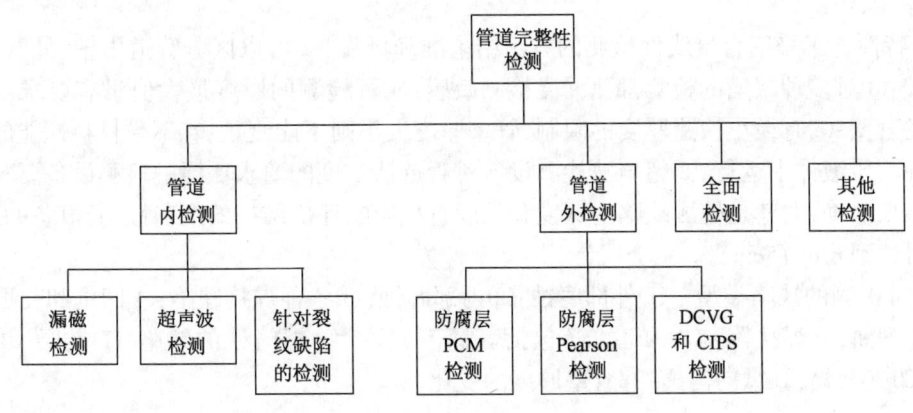

图 6-5　管道完整性检测

一、管道内检测技术

管道内检测是指针对管道本体管壁完整性即管壁金属损失情况的检测,有漏磁检测(MFL)和超声波检测(UT)两种。另外还有管道内检测为针对裂纹缺陷的检测。

1. 漏磁检测

(1) 基本原理。漏磁检测通过在管壁上放置磁极,能使磁极之间的管壁上形成沿轴向的磁力线,无缺陷的管壁中磁力线没有受到干扰,产生均匀分布的磁力线,而管壁金属损失缺陷会导致磁力线产生变化,在磁饱和的管壁中磁力线会从管壁中泄漏。传感器通过探测和测量漏磁量来判断泄漏地点和管壁腐蚀情况。漏磁信号的数量、形状常常用来表征管壁腐蚀区域的大小和形状。

(2)特点。①用复杂的解释手段来进行分析;②用大量的传感器区分内部缺陷和外部缺陷;③测量的最大管壁厚度受磁饱和磁场要求的限制;④信号受缺陷长宽比的影响很大,轴向的细长不规则缺陷不容易被检出;⑤检测结果受管道所使用钢材性能的影响;⑥检测结果受管壁应力的影响;⑦设备的检测性能不受管壁中运输物质的影响,既适用于气体运输管道也适用于液体运输管道;⑧要求进行适当的管道清管(超声波检测设备要求管道必须干净);⑨适用于检测直径大于等于3in(8cm)的管道。

(3)可检测缺陷类型。①外部缺陷;②内部缺陷;③各种焊接缺陷;④焊缝:环形焊缝、纵向焊缝、螺旋形焊缝、对接焊缝;⑤冷加工缺陷;⑥凹槽和变形;⑦弯曲;⑧三通、法兰、阀门、套管、钢衬块、支管处的缺陷;⑨修复区;⑩胀裂区域(与金属腐蚀相关);⑪管壁金属的加强区。

漏磁在线检测设备一般分为标准分辨率(也叫作低的或常规分辨率)设备、高分辨率设备、超高分辨率设备三种。其中高分辨率设备适用于检测不规则管道,所需处理的数据量比较大,数据处理的过程复杂。

2. 超声波检测

(1)检测原理。超声波检测设备在管道中运行时,可以直接测量出管壁的厚度。其通过所带的传感器向垂直于管道表面的方向发送超声波信号,管壁内表面和外表面的超声反射信号也都被传感器所接收,通过它们的传播时间差以及超声波在管壁中的传播速度就可以确定管壁的厚度。

(2)特性。①采用直接线性检测的方法结果准确可靠;②可以区分管道内壁、外壁以及中部的缺陷;③对多种缺陷的检测都比漏磁检测敏感;④可检测的厚度最大值没有要求,可以检测很厚的管壁;⑤有最小检测厚度的限制,管壁厚度太小则不能测量;⑥不受材料性能的影响;⑦只能在均质液体中运行;⑧超声波检测设备对管壁清洁度的要求比漏磁检测设备要求更高;⑨检测结果准确,尤其是检测缺陷的深度和长度直接影响评价结果的准确性;⑩设备的最小检测尺寸可达到6in(15cm)。

(3)可检测的缺陷类型。①外部腐蚀;②内部腐蚀;③各种焊接缺陷;④凹坑和变形;⑤弯曲、压扁、翘曲;⑥焊接附加件和套筒(包括套筒下)、法兰、阀门处的缺陷;⑦夹层;⑧裂纹;⑨气孔;⑩夹杂物;⑪纵向沟槽;⑫管壁厚度的变化。

3. 针对裂纹缺陷的检测

裂纹缺陷出现后会导致管道泄漏和破裂,对裂纹最可靠的在线检测方法是超声波检测,这是因为大多数裂纹缺陷都垂直于主应力方向,而超声波的发送方式使管道得到最大的超声响应。

1)超声波液体耦合检测器

这种装置让超声脉冲通过一种液体耦合介质(油、水等)调整超声脉冲的传播角度,可以在管壁中产生剪切波。在钢结构管道检测中,超声波入射角可以调整为45°,更适合于裂纹缺陷的检测。

检测器特性:(1)只能用于液体环境;(2)气体管道在充填液体的情况下进行检测;(3)可以对管道的全管体进行检测;(4)可区分缺陷类型;(5)可区分内壁缺陷、外壁缺陷和管壁内部缺陷等;(6)可进行壁厚测量。

可检测的缺陷类型:(1)纵向裂纹和类裂纹缺陷;(2)裂纹缺陷,包括应力腐蚀裂纹、疲劳裂纹和角裂纹;(3)类裂纹,包括缺口、凹槽、划痕、缺焊和纵向不规则焊接;(4)与几何尺寸相关的类型,如焊接和凹痕;(5)与安装有关的类型,如阀门、T形零件和焊接补丁;(6)管壁中的缺陷类型,如夹杂和层叠。

2) 超声波轮形耦合检测器

这种装置使用液体填充盘作为传感器,产生剪切波以65°的入射角进入管壁。其特性是:(1)可在气体或者液体管道中运行;(2)不能区分内部和外部缺陷;(3)目前不能用于直径小于20in(51cm)的管道。

3) 电磁声学传感器(EMAT)

电磁声学传感器由放置在管道内表面的磁场中的线圈构成。交变电流通过线圈在管壁中产生感应电流,从而形成洛伦兹力(由磁场控制),产生超声波。传感器的类型和结构决定超声波的类型模式以及超声波在管壁中传播的特征。电磁声学传感器在在线检测设备中的应用目前还处于研发阶段,电磁声学传感器不需要耦合介质,可稳定地应用于气体输送管道。

4) 其他检测装置

另外,环形漏磁检测装置也可用来进行管道沟槽、裂纹的检测。其特性是:(1)在气体和液体运输管道中运行;(2)不能区分内壁和外壁缺陷;(3)能检测管壁金属的腐蚀。

二、管道外检测技术

1. 防腐层 PCM 检测

(1) 检测原理。通过仪器,发送机给管线施加交变的外加电流,便携式接受机能准确探测到经管线传送的信号,跟踪和采集该信号,输入计算机,测出管道上各处的电流强度。由于电流强度随着距离的增加而衰减,在管径、管材、土壤环境不变的情况下,管道防腐层的绝缘性能越好,施加在管道上的电流损失越少,衰减也越小;如果管道防腐层损坏,如老化、脱落,绝缘性就差,管道上电流损失就越严重,衰减就越大。通过对管线电流损失的分析,从而实现对管线防腐层的不开挖检测评估。

(2) 检测结果。检测时发送机沿管线发送检测信号,在地面上沿管道记录各个检测点的电流值及管道埋深,用专门的分析软件,经过数据处理,计算出防腐层的绝缘电阻及图形结果。计算出的绝缘电阻通过与行业标准对比即可判断各个管段防腐层的状态级别,图形结果可直接显示破损点的位置。

2. 防腐层 Pearson 检测

这种检测方法是由 John Pearson 博士发明的,因此叫 Pearson 检漏法。在我国,也叫人体电容法。

(1) 检测原理。利用电位差法,即交流信号加在金属管道上,防腐层破损点有电流泄漏流入土壤中,管道破损裸露点和土壤之间就会形成电位差,在接近破损点的部位电位差最大。埋设管道的地面上检测到这种电位异常,即可发现管道防护层破损点。

(2) 检测方法。操作时,先将交变信号源连接到管道上,检测人员带上接收信号检测设备,两人牵引测试线,相隔6～8m,在管道上方进行检测。

(3) 优缺点。优点:①用的防腐层漏点检测方法,准确率高;②适用于油田集输管线以及城市管网防腐层漏点的检测。缺点:①抗干扰能力差;②要探管仪及接收机配合使用,必须确定管线的位置,通过接收机接收管线泄漏点发出的信号;③由于发送功率的限制,最多可检测5km;④能检测到管线的漏点,不能对防腐层进行评级;⑤检测结果很难用图表形式表示,缺陷的发现需要熟练的操作技艺。

3. DCVG 检测

1）工作原理及测试方法

在施加了阴极保护的埋地管线上，电流经过土壤介质流入管道防腐层破损的钢管处，会在管道防腐层破损处的地面上形成一个电压梯度场。根据土壤电阻率的不同，电压梯度场的范围将在十几米到几十米的范围变化。对于较大的涂层缺陷，电流流动会产生 200~500mV 的电压梯度，缺陷较小时，也会有 50~200mV 的电压梯度。电压梯度主要分布在离电场中心较近的区域(0.9~18m)。

2）判断标准

由于管道距离较长，实测 DCVG 数据较多，采用实测数据与标准电压梯度相比较判断缺陷工作量较大，而实际检测过程中由于检测位置的变化，DCVG 数据的电压梯度变化较大，为方便判断，对 DCVG 数据进行转换并定义了一个电压 $V_{1标准}$：

$$V_{1标准} = 500\mathrm{mV} - V_{实测的绝对值} \tag{6-1}$$

当 $V_{1标准} \geq 0$ 时，在防腐层基本无缺陷；当 $V_{1标准} < 0$ 时，防腐层很可能存在缺陷。

随着防腐层破损面积增大或越接近破损点，电压梯度会更大、更集中。为了去除其他电源的干扰，DCVG 检测技术采用不对称的直流间断电压信号加在管道上，其间断周期为 1s。这个间断的电压信号可通过"通断"阴极保护电源的输出实现，其中"断电"阴极保护的时间为 2/3s，"通电"阴极保护的时间为 1/3s。

4. CIPS 检测（密间隔电位测量技术）

在阴极保护运行过程中，多种因素能引起阴极保护失效，如防腐层大面积破损引起保护电位低于标准规定值，又如杂散电流干扰引起的管道腐蚀加剧等。因此，阴极保护的有效性评价是一个当务之急，而 CIPS 检测就可解决此问题。

1）工作原理

CIPS 检测是国外评价阴极保护系统能否达到有效保护的首选标准方法之一，其原理是在有阴极保护系统的管道上通过测量管道的管地电位沿管道的变化（一般是每隔 1~5m 测量一个点）来分析判断防腐层的状况和阴极保护是否有效。

2）判断依据

测量时能得到两种管地电位，其中一种是阴极保护系统电源开时的管地电位（V_{on} 状态电位）。可以通过分析管地电位沿管道的变化趋势了解管道防腐层的总体平均质量优劣状况。防腐层质量与阴极保护电位的关系可用下式来衡量：

$$L = \frac{1}{a\ln(2E_{\max}/E_{\min})} \tag{6-2}$$

式中 L——管道的长度；

a——保护系数，与防腐层的绝缘电阻率、管道直径、厚度和材料有关；

$E_{\max}$、$E_{\min}$——管道两端的最大、最小阴极保护电位值，可用 V_{on} 表示；

V_{on}——阴极保护电位。

管道的防腐层质量好时，单位距离内 V_{on} 值衰减小；质量不好时，单位距离内 V_{on} 值衰减大。

测量时同时获得阴极保护电流瞬间关断电位(V_{off}),该电位是阴极保护电流对管道的"极化电位",由于阴极保护系统已关断,此瞬时土壤中没有电流流动,因此 V_{off} 电位不含土壤的 IR 电压降(即电流和电阻所引起的偏差),所以,V_{off} 电位是实际有效的保护电位。国外评价阴极保护系统效果的方法完全是用 V_{off} 值判断($V_{off} \leqslant -850\mathrm{mV}$ 有效,$-805 < V_{off} \leqslant -1250\mathrm{mV}$ 时过保护)。通过分析 V_{on}、V_{off} 管地电位变化曲线,可发现防腐层存在的大缺陷。当防腐层有较严重的缺陷时,缺陷处防腐层的电阻率会很低,这时阴极保护电流密度会在缺陷处增大。由于电流的增大土壤的 IR 电压降也会随之增大,因此在缺陷点周转管地电位(V_{on}、V_{off})值会下降,在曲线图上出现漏斗形状,特别是 V_{off} 值下降的更多些。

三、全面检测技术

管道全面检测是指按一定的检测周期对在用埋地压力管道进行的较为全面的检测。在役埋地压力管道检测周期一般不超过 6 年,使用 15 年以上的在用埋地压力管道,检测周期一般不超过 3 年。埋地压力管道定期检测周期可根据具体情况适当缩短或延长。

属于下列情况之一的管道,应适当缩短检测周期:
(1)新投用的管道应在 2 年内完成首次检测;
(2)发现应力腐蚀或严重局部腐蚀的管道;
(3)承受交变载荷,可能导致疲劳失效的管道;
(4)埋地压力管道定期停用一年后再启用,应进行全面检测;
(5)埋地压力管道定期输送介质种类发生改变时,应进行全面检测;
(6)多次发生泄漏、爆管等事故的管道以及受自然灾害和第三方破坏的管道;
(7)介质对管道腐蚀严重或管道使用环境腐蚀严重的;
(8)防腐层损坏严重或无有效阴保的管道;
(9)运行期限超过 10 年的管道;
(10)一般性检验中发现严重问题的管道;
(11)检验人员和使用单位认为应该缩短检测周期的管道。

1. 全面检测的项目

(1)一般性检验的全部项目;(2)管道智能内检测;(3)管道敷设环境调查;(4)管道防腐层检测与评价;(5)管道阴极保护检测与评价;(6)管体腐蚀状况测试;(7)焊缝内部质量检验;(8)理化检验;(9)压力试验。

2. 管段划分原则

在进行全面检测时,应将整条埋地压力管道定期划分为若干管段,管段划分原则为:
(1)应按管道材质规格相近、外部环境相似、腐蚀条件和状况相同,具有相似的地电条件,可采用相同的地面非开挖检测仪器等要求设定管道划分标准;
(2)管段划分标准可以根据地面非开挖检测结果做适当调整;
(3)具有相同性质的管段可以是不连续的,即可分别处于管道的不同地段,比如跨越河流的两岸条件相似,可将两岸的管道划为同一个管段。

3. 全金属管道敷设环境及阴极保护调查与评价

全金属管道敷设环境及阴极保护调查与评价按相关管道腐蚀与阴极保护标准实施。

四、其他检测

(1)土壤检测:土壤腐蚀性检测;土壤剖面描述;土壤腐蚀电流密度与土壤平均腐蚀速度检测;土壤理化性质测试;土壤腐蚀性初步评价。

(2)防腐层检测:防腐层状况检测;防腐层外观检测;防腐层厚度检测;防腐层黏结力检测;电火花检测;防腐层性能指标检测;防腐层状况初步评价。

(3)外部管体检测:腐蚀产物分析;腐蚀类型(细菌型腐蚀、pH值腐蚀)分析;腐蚀类型确定;腐蚀坑检测及腐蚀面积测量;射线无损探伤检测;超声波无损探伤;磁粉探伤;管道硬度检测;其他。

(4)管道材料性能、机械性能测试:材料性能测试;化学成分分析;拉伸性能测试;断裂韧性确定;冲击性能测试;硬度测试。

(5)站场工艺管道检测:站场管道无损探伤;站场压力容器无损探伤;站场管道超声导波检测;其他。

(6)大罐检测:大罐漏磁检测;大罐超声检测。

第四节 管道完整性评价技术

管道完整性评价是管道完整性管理的核心内容,本节主要介绍管道缺陷评价技术、风险评价技术以及地质灾害评价技术,涉及整个管道运行维护的各个方面。

一、管道缺陷评价技术

管道缺陷按几何形状分为平面型缺陷和体积型缺陷,平面型缺陷也称为裂纹型缺陷。管道存在上述缺陷后,承压能力下降,目前通过内检测手段可以检测出部分缺陷,管道检测过程中可能发现的缺陷较多,缺陷的大小将不一样,有些缺陷是轻微损伤缺陷,而有的缺陷是严重损伤缺陷,哪些缺陷需要立即维修,哪些缺陷不需要维修,这都是管道管理者最关心的问题。因此,管道缺陷的安全评价是确定缺陷严重程度的技术手段,对管道的维护管理具有重要意义。

管道缺陷评价一般分为管道平面型缺陷评价和管道体积型缺陷评价,下面首先介绍管道平面型缺陷评价。

1. 管道平面型缺陷评价

1)概述

英国中央电力局(CEGB)在1976年发表了题为"带缺陷结构的完整性评定"的R/H/R6报告(即R6方法),给出一条失效评定曲线,故也称R6方法为失效评定曲线法。1977年第一次修订,1980年第二次修订,1986年又做了第三次修订。1986年以前的R6曲线失效评定曲线(称老R6失效评定曲线),是以D—M模型为依据的,提出时对其物理意义的理解还不是很深刻。后来,美国EPRI(电力研究协会)研究了R6失效评定曲线,用J积分取代窄条区屈服模型,给出了新的失效评定曲线,并将R6失效评定曲线的物理意义阐述得非常清楚。英国CEGB1986年修改的R6标准为新R6标准,其在以下两个方面进行了分析和评定:一是考虑了材料应变硬化效应,以J积分理论为基础,建立了失效评定曲线的三种选择方法,比EPRI方法更为简便;二是裂纹延性稳定扩展的处理方法有了重大的改革,提出了缺陷评定的三种类型的分析方法。根据具体情况采用其中一种类型,进行所需要的分析和评定。

综上可见,R6 方法的二十年发展,集中反映了弹塑性断裂理论的发展。它取 K 断裂应力强度因子理论、COD 理论及 J 积分理论等众家之长,以及它们的最新研究成果,成为目前国际上应用较多的压力容器缺陷评定标准。目前世界各国的压力容器缺陷评定标准均在向 R6 方法靠拢,相继采用失效评定图技术。

新 R6 标准是目前国际上较为先进的标准,能够判别含缺陷结构的潜在失效模式,以及进行结构的脆性断裂、弹塑性断裂和塑性失稳分析,所以被广泛用于管道缺陷评价。

2)新 R6 失效评定曲线的制作方法

新 R6 失效评定曲线对结构完整性的评定是通过失效评定图进行的,新 R6 失效评定曲线的建立则是失效评定图技术的关键技术之一。新 R6 失效评定曲线的一般形式如图 6-6 所示,以一条连续的曲线和一个截断线所描绘,定义新 R6 失效评定曲线为 $K_r = f(L_r)$。图 6-6 中截断线 L_{rmax} 表示缺陷尺寸很小时结构塑性失稳荷载与屈服荷载之比,$L_r > L_{rmax}$ 时,$K_r = f(L_r) = 0$。为建立失效评定图,新 R6 方法提出了难易程度不同的制作评定曲线的三种选择方法。

L_r 是失效评定曲线的横坐标,它表示有裂纹的结构接近塑性屈服程度的度量,定义为所评定的载荷条件与引起结构塑性屈服的荷载之比,即

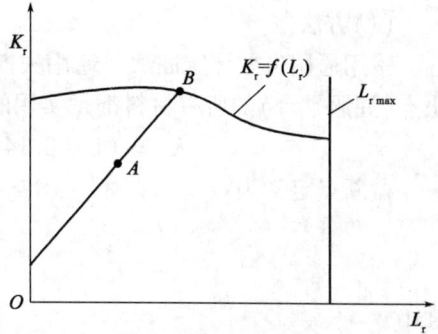

图 6-6 新 R6 失效评定曲线的一般形式
K_r—结构脆性断裂程度;L_r—施加载荷 P 与塑性失稳极限载荷 P_0 之比

$$L_r = \frac{P}{P_0} \quad (6-3)$$

其中

$$P_0 = \frac{2\sigma_s}{3} \cdot \frac{1}{R} \cdot \frac{\left(1 - \dfrac{a}{t}\right)}{\left(1 + \dfrac{a}{R}\right)} \quad (6-4)$$

式中 P——总外加载荷,对于管道来说为管道当量内压,MPa;
P_0——完全塑性状态下构件的极限压力,MPa;
σ_s——管道的屈服极限,MPa;
R——管道外半径,m;
a——管壁上轴向裂纹深度,m;
t——管道壁厚,m。

失效评定图的纵坐标 K_r 表示接近断裂失效程度的度量,定义为应力强度因子与材料断裂韧性的比值,即

$$K_r = \frac{K_I}{K_{IC}} \quad (6-5)$$

式中 K_{IC}——材料的断裂韧性,可由试验得出,MPa;
K_I——对应于裂纹尺寸 a 的线弹性应力强度因子,MPa。

对于含轴向裂纹的内压管道 K_I 为

$$K_I = \frac{2PR^2\sqrt{\pi a}}{R^2 - R_i^2} F\left(\frac{a}{t}, \frac{R_i}{R}\right) \quad (6-6)$$

式中 P——管道内压,MPa;
　　R——管道外半径,m;
　　R_i——管道内半径,m;
　　F——系数,可由表6-1外推得出。

表6-1　F值

t/R_i \ a/t	1/8	1/4	1/2	3/4
1/5	1.19	1.38	2.10	3.30
1/10	1.20	1.44	2.36	4.23
1/20	1.20	1.45	2.51	5.25

(1)方法一。

采用通用失效评定曲线。通用失效评定曲线对于应力—应变特性曲线上无明显的连续屈服点(屈服平台)的所有材料都是实用的。该曲线方程可由下式给出:

$$K_r = (1 - 0.14L_r^2)[0.3 + 0.7\exp(-0.65L_r^6)] \quad (6-7)$$

截断点定义为:

$$L_{max} = \frac{\bar{\sigma}}{\sigma_s} \quad (6-8)$$

其中

$$\bar{\sigma} = \frac{1}{2}(\sigma_b + \sigma_s)$$

式中 $\bar{\sigma}$——单轴向流变应力,MPa;
　　σ_s——单轴向屈服应力,MPa;
　　σ_b——单轴向抗拉强度,MPa。

工程中较多地采用通用失效评定曲线。只要知道材料的屈服应力 σ_s 或 $\sigma_{0.2}$(材料发生0.2%延伸率时的应力屈服强度)和抗拉强度 σ_b 就可以得到一条失效评定曲线。该曲线较合理地估计了结构的允许裂纹尺寸。

(2)方法二。

绘制的失效评定曲线需要材料的详细应力—应变数据,尤其是应变低于1%时的数据。这条曲线比方法一的曲线更为精确,尤其是当应力—应变曲线上初始硬化速率高的时候,例如对在应变失效区操作的材料以及应力—应变曲线上有明显屈服不连续点的材料。曲线可由下述方程描述:

$$K_r = \left(\frac{E\varepsilon_{ref}}{L_r\sigma_y} + \frac{L_r^3\sigma_y}{2E\varepsilon_{ref}}\right)^{-\frac{1}{2}}, L_r \leq L_{max} \quad (6-9)$$

$$K_r = 0, L_r > L_{max} \quad (6-10)$$

式中 E——弹性模量;
　　ε_{ref}——单轴向拉伸的应力—应变曲线上真实应力;
　　σ_y——下限屈服应力或0.2%试验应力。

此曲线适用于所有金属,不论其应力—应变行为如何。

(3)方法三。

该曲线为使用特定材料和特定几何形状的曲线,必须对有缺陷的结构作详细的分析,作为引起 σ_p(强度极限)应力的荷载的函数。这一方法需要在有关载荷条件下对有型纹的结构作弹性和弹塑性分析以计算 J 积分值。对一系列用以作图的载荷分别计算相应的 J_e 值和 J 值：

$$K_r = (J_e/J)^{\frac{1}{2}}, L_r \leq L_{\max} \tag{6-11}$$

$$K_r = 0, L_r > L_{\max} \tag{6-12}$$

3) 评定点的计算

对于方法一中的通用失效评定曲线，待评定点的坐标是用 (L_r, K_r) 表示。在失效评定方法中考虑了塑性的影响，这项影响就是用参数 L_r 表达的。

利用本方法进行管道完整性评定，是将计算出的评定点标到适合的失效评定曲线上，例如图 6-6 所示的 A 点。如果该点在曲线以外，则表明所评定管道是不安全的；如果该点在曲线以内，就表明所评定管道是安全的，其安全系数 $(F.S.)$ 由一条直线来确定，该直线从原点出发，通过 A 点且与失效评定曲线交于 B 点。因此，得到安全系数为

$$(F.S.) = OB/OA \tag{6-13}$$

而安全裕度 $(M.S.)$ 由下式给出：

$$(M.S.) = F.S. - 1 \tag{6-14}$$

4) 计算实例

一条材料为 16Mn 钢的钢管，管道外径 529mm，管壁厚度 7mm，管道内压 3MPa，管道上裂纹缺陷深 3.5mm，16Mn 钢的屈服极限、抗拉极限、断裂韧性分别为 351.45MPa、533.92MPa、131.16MPam$^{0.5}$。评定该含裂纹缺陷的管道。

(1) 载荷条件与引起结构塑性屈服的荷载之比为

$$P_0 = \frac{2\sigma_s}{\sqrt{3}} \cdot \frac{t}{R} \cdot \frac{\left(1 - \frac{a}{t}\right)}{\left(1 + \frac{a}{R}\right)} = 5.30(\text{MPa}) \tag{6-15}$$

$$L_r = \frac{P}{P_0} = 0.566 \tag{6-16}$$

(2) 应力强度因子与材料断裂韧性的比值计算如下：

由表 6-1 可知 $F = 2.579$，所以

$$K_I = \frac{2PR^2\sqrt{\pi a}}{R^2 - R_i^2} F\left(\frac{a}{t}, \frac{R_i}{R}\right) = 31.06(\text{MPam}^{0.5})$$

$$K_r = \frac{K_I}{K_{IC}} = 0.2368$$

(3) 结论：管道的安全系数 $(F.S.) = 1.915$，失效评定曲线如图 6-7 所示，此管道是安全的。

2. 管道体积型缺陷评价

体积型缺陷是一种最为常见的导致管道失效的缺陷形式。不同于平面型缺陷，体积型缺陷是指在管体形成一定面积的金属损失，进而导致管道承压能力减弱的一种缺陷类型。管道在制造、安装以及服役过程中，不可避免地会产生管壁损伤或缺陷。例如，管道制造过程

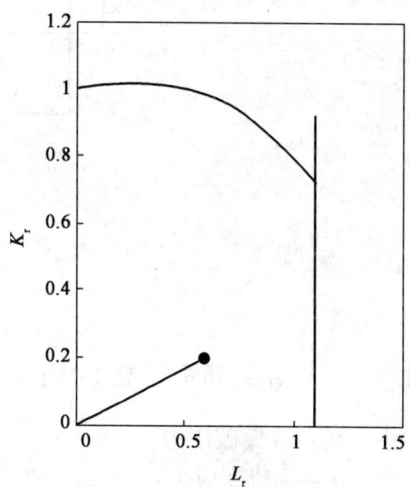

图 6-7 算例的失效评定曲线

中可能产生管壁局部减薄;在安装过程中,搬运、焊接、管坑内铺设地基和管道覆盖土回填等环节产生机械损伤;管道运行时,由于服役环境或输送介质的腐蚀作用、人为破坏和地质灾害等原因也会造成管道失效。这种缺陷一般不会造成油气管道直接泄漏,但是当管道出现压力波动或缺陷进一步发展时,就容易引起管道破裂,造成严重的经济损失与人员伤亡。

对体积型缺陷进行剩余强度评价,是保证管道能够安全经济运行的重要途径。其基本思路是在获得管道缺陷的尺寸参数与管道相关属性参数后,应用力学方法计算管道的极限承压能力,通过对比极限承压能力与管道最大允许操作压力,确定管道当前是否安全以及是否需要维修。目前,关于管道体积型缺陷剩余强度评价已有多种评价方程被提出,石油工业发达国家自 20 世纪 70 年代就开始了相关研究,其中以 J. F. Kiefner 等基于断裂力学提出的半经验公式最为流行,该公式后来发展成为 ASME B31G 标准。除此之外,较为通用的评价方法还有挪威船级社的 DNV RP-F101 标准、美国石油学会的 API579《压力容器适用性评价准则》、英国标准协会制定的 BS7910—1999《金属结构中缺陷验收评定方法导则》、D. R. Stephens 等基于有限元方法提出的 PRORRC 评价方程等。这些标准或方法都有相应的假设条件,因此有各自适用的范围,超出适用范围后其误差将会增大。下面主要介绍 ASME B31G 标准。

1) ASME B31G 标准的原始方法

20 世纪 70 年代,美国得克萨斯州东部输气公司和美国煤气协会(AGA)的管道研究委员会合作进行含有各类腐蚀缺陷的压力管道的剩余强度评估研究,主要采用断裂力学的方法研究了裂纹缺陷的扩展机理和失效模式以及缺陷评估方法等。在此研究的基础上,提出了表面缺陷的评估公式,用来计算计算腐蚀管线的剩余强度。后来,经过大量的实验,提出了评估腐蚀管线的准则。1984 年,美国机械工程师协会(ASME)把该准则收入管道设计规范中,即 ANSI/ASME B31G—1984 标准,发展为 ASME B31G 标准的原始方法,它的出现对后来关于含缺陷管道的剩余强度评价方法与标准产生了重大影响。

如图 6-8 所示,对于管壁上存在的单一缺陷,ASME B31G—1984 中给出的管道爆破压力的表达式为

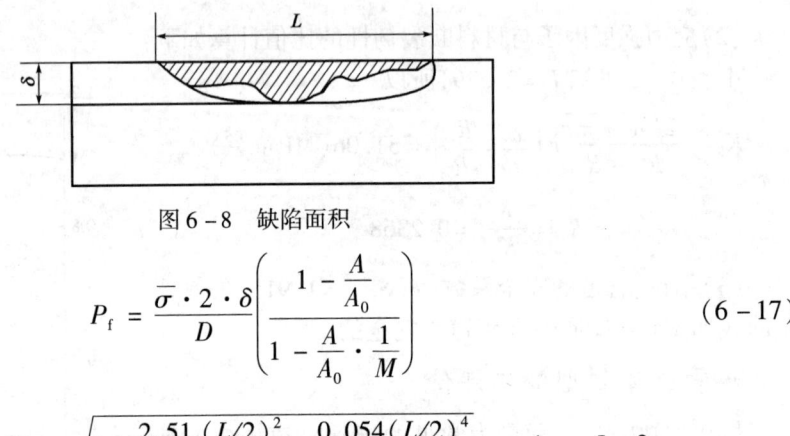

图 6-8 缺陷面积

$$P_f = \frac{\overline{\sigma} \cdot 2 \cdot \delta}{D} \left(\frac{1 - \dfrac{A}{A_0}}{1 - \dfrac{A}{A_0} \cdot \dfrac{1}{M}} \right) \tag{6-17}$$

其中 $\overline{\sigma} = 1.1\sigma_s$ $M = \sqrt{1 + \dfrac{2.51(L/2)^2}{D\delta} - \dfrac{0.054(L/2)^4}{(D\delta)^2}}$ $A_0 = L \cdot \delta$

式中 P_f——爆破压力;

$\overline{\sigma}$——流变应力;

δ——管道公称壁厚;

D——管道外径;

A——腐蚀缺陷在管壁上轴向投影面积;

A_0——面积;

M——鼓胀因子;

σ_s——管材的屈服极限;

L——腐蚀缺陷轴向投影长度。

式(6-17)中的缺陷投影面积根据缺陷投影长度选取,当 $L/\sqrt{D\delta} \leq 4.48$ 时,为短缺陷,用抛物线形面积模拟,有

$$A = \frac{2}{3}dL \qquad (6-18\text{a})$$

当 $L/\sqrt{D\delta} > 4.48$ 时,为长缺陷,用矩形面积模拟,有

$$A = dL \qquad (6-18\text{b})$$

所以式(6-17)的形式为

$$P = \frac{2\delta \cdot \bar{\sigma}}{D} \left(\frac{1 - \frac{2d}{3\delta}}{1 - \frac{2}{3}\frac{d}{\delta}\frac{1}{M}} \right) \quad (\text{短缺陷}) \qquad (6-18\text{c})$$

$$P = \frac{2\delta \cdot \bar{\sigma}}{D} \left(\frac{1 - \frac{d}{\delta}}{1 - \frac{d}{\delta}\frac{1}{M}} \right) \quad (\text{长缺陷}) \qquad (6-18\text{d})$$

由于鼓胀因子 M 的定义比较复杂,所以 Kiefner 推荐了简化表达式:

$$M_2 = \sqrt{1 + \frac{0.8L^2}{D\delta}} \qquad (6-19)$$

需要注意的是:在 ASME B31G—1984 中所引入的适用于长短缺陷的公式导致了失效预测方程的不连续性。当缺陷很长时,M 值将很大,此时可以将式(6-17)简化为

$$P_f = \frac{2\delta \cdot \bar{\sigma}}{D} \left(1 - \frac{d}{\delta} \right) \qquad (6-20)$$

ASME B31G—1984 规定:缺陷最大许可深度为公称壁厚的 80%。当缺陷深度小于公称壁厚的 10% 时,可以忽略缺陷的存在。该标准可用于给定压力下确定腐蚀缺陷容许尺寸,也可以计算腐蚀管道最大安全工作压力。

(1) 最大容许纵向腐蚀长度的确定。

当腐蚀缺陷最大深度大于管道公称壁厚的 10%、小于 80% 时,最大容许纵向腐蚀长度可通过下式计算:

$$L \leq 1.12B\sqrt{D\delta} \qquad (6-21)$$

其中

$$B = \sqrt{\left(\frac{d/\delta}{1.1d/\delta - 0.15} \right)^2 - 1} \qquad (6-22)$$

B 的值不得超过 4.0。如果深度在 10%~17.5%,则公式中的 B 值取为 4.0。当长度满足式(6-21)时,则认为可以接受;否则要进行修补、替换或降压运行。

(2) 最大安全工作压力的计算。

如果缺陷的存在使得管道需要降压运行,降压后的最大安全工作压力由下式计算:

$$P' = 1.1 \frac{2\delta \bar{\sigma}}{D} \left[\frac{1 - 2/3 \left(\frac{d}{\delta}\right)}{1 - 2/3 \left(\frac{d}{\delta}\right) M^{-1}} \right] \quad (6-23)$$

对于长缺陷($B > 4$),则:

$$P' = 1.1 \frac{2\delta \bar{\sigma}}{D} (1 - d/\delta) \quad (6-24)$$

2) ASME B31G 标准的改进方法

在实际应用中,人们逐渐发现 ASME B31G 标准的原始方法过分保守,它所预测的失效压力低于实际压力很多。虽然这样的预测结果在工程使用上比较安全,但是也造成了不必要的经济浪费,所以其保守性问题引起很多的关注。经过总结,认为 ASME B31G 保守性的来源大致有:(1)金属损失面积的近似表达式;(2)流动应力近似表达式;(3)膨胀因子的近似表达式。

ASME 于 1991 年提出改进的 ASME B31G—1991 方法。改进后的公式中将金属损失面积取为矩形面积和抛物线面积的平均值,因此得

$$P_f = \frac{2\delta \cdot \bar{\sigma}}{D} \left[\frac{1 - 0.85 \left(\frac{d}{\delta}\right)}{1 - 0.85 \left(\frac{d}{\delta}\right) M^{-1}} \right] \quad (6-25)$$

其中流变应力和鼓胀因子也有变化,具体表达式为

$$\bar{\sigma} = \sigma_s + 68.95 \quad (6-26)$$

$$M = \sqrt{1 + 0.6275 (L/D\delta)^2 - 0.003375 (L/\sqrt{D\delta})^4}, (L/\sqrt{D\delta})^2 \leq 50.0 \quad (6-27)$$

$$M = 0.032 (L/\sqrt{D\delta})^2 + 3.3, (L/\sqrt{D\delta})^2 > 50.0 \quad (6-28)$$

例 6-1 在直径 762mm、壁厚 11.9mm、材质为 X52 的管道上,发现长 190mm、深 5mm 的缺陷,该管线的设计系数可确定为 0.72,管线最大操作压力是 7MPa。试确定这一腐蚀缺陷是否可以接受。

解: X52 管线钢的屈服极限为 $\sigma_s = 358$ MPa;根据缺陷的几何尺寸,得到

$$\frac{d}{\delta} = \frac{5}{11.9} = 0.42 \quad \left(\frac{L}{\sqrt{D\delta}}\right)^2 = \left(\frac{190}{\sqrt{762 \times 11.9}}\right)^2 = 3.981$$

$$M = \sqrt{1 + 0.6275 \left(\frac{L}{\sqrt{D\delta}}\right)^2 - 0.003375 \left(\frac{L}{\sqrt{D\delta}}\right)^4}$$

$$= \sqrt{1 + 0.6275 \times 3.981 - 0.003375 \times 3.981^2} = 1.856$$

管道失效压力为

$$P_f = \frac{2\delta \bar{\sigma}}{D} \left[\frac{1 - 0.85 \left(\frac{d}{\delta}\right)}{1 - 0.85 \left(\frac{d}{\delta}\right) M^{-1}} \right]$$

$$= \frac{2 \times 11.9 \times (358 + 68.95)}{762} \times \left(\frac{1 - 0.85 \times 0.42}{1 - 0.85 \times 0.42 \div 1.856} \right)$$

$$= 10.62 (\text{MPa})$$

考虑设计系数后,得到管道的安全工作压力为

$$P' = 0.72 P_f = 7.65 (\text{MPa})$$

管道的现行最大操作压力为 7MPa,小于上式确定的管道安全工作压力。因此,按照此评价结果管道可继续使用,不需要修理缺陷。

3) 金属损失面积确定方法的修正

在 ASME B31G 标准的原始和改进方法中,采用了抛物线形面积、矩形面积以及抛物线形和矩形两种形状面积的平均值来表征腐蚀缺陷的面积。但是腐蚀缺陷底部的形状是很复杂的,对腐蚀坑深度剖面测量得越细致,则对金属损失的描述越真实。下面介绍三种确定腐蚀缺陷精确面积的方法。

(1) 精确面积法。

首先测量腐蚀缺陷,然后绘制腐蚀面积的等高线图,根据此等高线图,得到准确的剖面图。在剖面图上,沿轴向间隔相等的距离 l 测量腐蚀区的深度 d_i,假设测量 $n+1$ 次,得到 $n+1$ 个深度值 $d_0, d_1, \cdots, d_n$。这样就可以通过计算每个小梯形的面积得到腐蚀区的损失面积:

$$A = l\left(\frac{d_0 + d_1}{2}\right) + l\left(\frac{d_1 + d_2}{2}\right) + \cdots + l\left(\frac{d_{n-1} + d_n}{2}\right) = l\left(\frac{d_0 + d_n}{2} + \sum_{i=1}^{n-1} d_i\right) \quad (6-29)$$

式中 A——金属损失面积;

l——两次深度测量的间隔;

d_i——第 $i+1$ 次测量的深度值;

d_0、d_n——腐蚀区两端的深度。

在理想情况下,d_0、d_n 为零,这时有

$$A = \sum_{i=1}^{n-1} d_i nl = nld_{avg} = L_{total} d_{avg} \quad (6-30)$$

式中 d_{avg}——每次测量的平均深度间隔;

L_{total}——腐蚀区总深度。

可以看出,腐蚀区的精确金属损失面积可以用一个长方形的面积来代替,即腐蚀区的总长度与平均深度的乘积。

(2) 等效面积法。

把式 (6-30) 作变换,即可得到另一种计算方法:

$$A = L_{total} d_{avg} = L_{total} (d_{avg}/d) d = L_{eq} d \quad (6-31)$$

这里 L_{eq} 称为等效长度,可表示为

$$L_{eq} = L_{total} (d_{avg}/d) \quad (6-32)$$

(3) 有效面积法。

对不规则的腐蚀缺陷,根据缺陷的总面积和总长度得到的管道强度常常不是最小值。有效面积法是分别对一系列连续腐蚀缺陷的每一个梯形截面计算出管段的失效压力,把其中最小的失效应力作为管道的失效压力。

如图 6-9 所示,可以计算出 10 个不同的损失面积。每次计算包括 $L_1, L_2, \cdots, L_i; i = 1, 2, \cdots, 10$。每次计算得到的面积是 L_i 范围内由不同深度的点形成的梯形面积的总和。这种方法是以有效面积和有效长度为依据。该方法要求细致的测量,工作量很大。

二、管道风险评价技术

管道风险评价技术指对管道完整性管理活动进行排序,合理制订管道完整性管理计划,优化维修决策,降低管道管理运行成本。其具体目标如下:

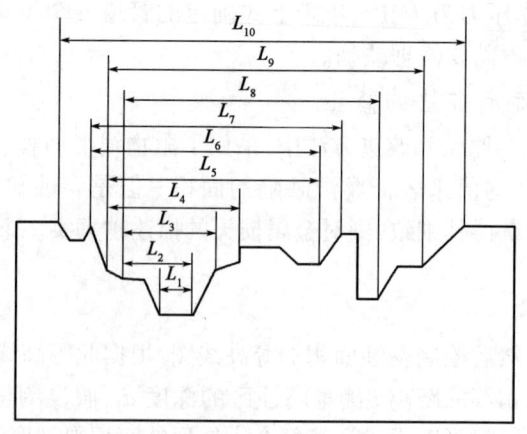

图 6-9 有效面积

（1）在管道完整性评价后实施措施时按风险排序；
（2）评价减缓措施产生的效果；
（3）对识别到的危险，确定最有效的减缓措施；
（4）评价改变检测周期后的完整性效果；
（5）评价两种检测方法的使用情况或必要性；
（6）进行更有效的资源分配。

根据所采用风险评价方法的不同，其要求有所不同，具体如下：
（1）识别可能诱发管道事故的具体事件的位置或状况，了解事件发生的可能性和后果。
（2）对管道风险评价完整性管理方案活动进行优化排列，将维护和检修资源优先用到最重要的地方。
（3）详细的管道风险评价方法除了达到上述要求外，还可用来确定采用何种检测、预防方法或应急措施以及何时采取这些措施。管道风险评价技术的建立如图 6-10 所示。

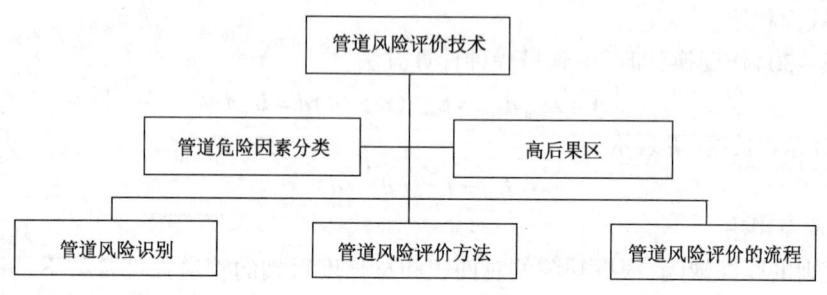

图 6-10 管道风险评价技术的建立

1. 管道危险因素分类

国际管道研究委员会（PRCI）对管道事故数据进行了分析，将其划分为 22 个原因（见 ASME B31G），每一个都代表影响管道完整性的一种危险，这 22 个原因对其分别进行管理。按事故的性质和发展特点，划分为 9 种相关事故类型。这 9 种类型对判定可能出现的危险很有用。因此应根据危害的时间因素和事故模式分组，正确进行管道风险评价、完整性评价和减缓活动。

2. 高后果区

高后果区是指管道发生泄漏对健康、安全和环境有着很大危险的区域。高后果区管段是实施管道风险评价和完整性评价的重要管段,管道运行公司应采取特别措施来确保管道的完整性,避免高后果区的泄漏,从而保护高后果区。确定高后果区的方法有:

(1)方法 A:高后果区包括以下区域:

①第三类地区;②第四类地区;③潜在影响半径超过 200m,在第三类和第四类地区之外的地区,且在潜在影响圆内包括 20 幢或更多的供人类使用的建筑。对潜在影响半径超过 200m 地区的人口密度可以通过与半径为 200m 以内的区域比例换算来识别,在此区域内的建筑物数量的换算方法为:20 幢×(200m/潜在影响半径)²;④潜在影响圆内需要识别的地区,用于行动不便或限制迁移人群的公共设施。

(2)方法 B:高后果区包括以下区域:

①潜在影响圆内包括 20 幢或更多的供人类使用的建筑;②潜在影响圆内需要识别的地区,用于照顾行动不便或限制迁移人群的公共设施、户外集会场所。

3. 管道风险定义

管道风险是两个主要因素即事故发生的可能性(或概率)与事故后果的乘积。一种描述管道风险的方法如下。

对单个危险:
$$风险 = P_i \times C_i \tag{6-33}$$

对 1~9 类危险:
$$风险 = \sum_{i=1}^{9}(P_i \times C_i) \tag{6-34}$$

$$管道总风险 = P_1 \cdot C_1 + P_2 \cdot C_2 + \cdots + P_9 \cdot C_9 \tag{6-35}$$

式中　P_i——失效概率;

C_i——失效后果;

i——失效类别。

采用的风险分析方法,应能确定管道系统的所有 9 种危险类型或 22 种危险因素中的任何一种危险。典型的风险影响有事件对人员和财产的潜在影响、经营性影响和环境影响。

4. 管道风险评价方法的建立

1) 管道风险评价方法的分类

管道公司可采用以下一种或几种符合完整性管理程序的风险评价方法。这些风险评价方法是专家评价法、相对评价法、情景评价法和概率评价法。

①专家评价法。管道公司利用专家或顾问,结合从技术文献中获取的信息,对每种危险提出能说明事故可能性及后果的相对评价。也可采用专家评价法分析每个管段计算相对风险,提出相对的可能性和后果评价结论。

②相对评价法。这种评价方式依靠管道管理具体经验和较多的数据,针对历史上对管道运行造成影响的已知危险的风险模型进行研究。这种相对的或以数据为基础的方法所采用的模型,能识别与过去管道运行有关的重大危险和后果,并给以权重。

③情景评价法。这种风险评价方法所建立的模型,能描述系列事件中的一个事件和事件的风险等级,能说明这类事件的可能性和后果。通常要构建事件树、决策树和事故树,通过这样的构建确定风险值。

④概率评价法。这种方法最复杂,数据需求量最大。得出风险评价结论的方式,是与运营公司确定的经认可的风险概率相对比,而不是采用比较基准进行比较。

2) 各种管道风险评价方法的特点

(1) 专家评价法：①定性分析为主；②所需数据最少，以专家经验为主；③对管段事故发生频率和结果分别按高低次序排序或分级，最后综合起来对管段的风险进行排序，可对管段风险筛选、排序；④通过专家讨论、打分、排序来实施。

(2) 相对评价法：①半定量分析方法；②所需数据较少，以专家经验为主；③对管段事故发生频率和结果分别按高低次序打分，最后综合起来得到管段相对的风险值；④可对管段风险筛选、排序；⑤通过专家打分，根据打分结果排序。

(3) 情景评价法：①定量分析为主；②通常用在成本分析和风险决策中；③所需数据较多；④设置特定的事件情景，然后确定该事件情景下的风险值。

(4) 概率评价法：①一种定量评价方法；②根据管道历史数据分别计算管段事故发生的概率、事故发生的后果的大小，然后计算风险值，风险值通常用个人风险、社会风险或经济损失来表示；③所需数据较多，计算复杂；④可用于风险排序、确定检测周期。

3) 管道风险评价的判据

(1) 定性风险评价判据。根据专家建议判断管段的风险值的高低决定风险等级和是否采取风险降低措施。

(2) 半定量风险评价判据。如果采用 W. Kent Muhlbauer 打分法，建议对管段评分值进行如下划分(分值越高者风险越低)：①分值 0~400 为高风险管段；②分值 400~800 为中高风险管段；③分值 800~1200 为中风险管段；④分值 1200~1600 为中低风险管段；⑤分值大于 1600 为低风险管段。对中高风险管段应当采取措施使其风险评分达到 800 分以上。

(3) 定量风险评价(概率风险评价)判据。①个人风险标准：管道后果严重区内居民个人风险的期望值为死亡率应当小于 10^{-6}；②管道经济风险标准：经济损失应小于 100 元/(年·千米)。

根据风险评价判据，确定需要降低风险的管段。风险结果按"高—中—低"或"高—中高—中—中低—低"或一个数值进行评价。例如，可以使用风险评价矩阵对管段的风险进行评价(图 6-11)，根据频率和后果的组合与风险矩阵中的方格对应，越靠近矩阵的右上方，风险越大。也可利用模糊评判、层次分析等其他方法进行评判。

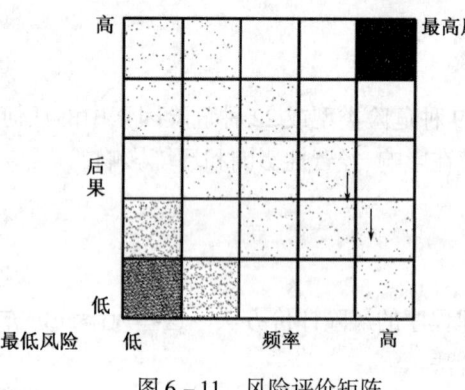

图 6-11 风险评价矩阵

4) 管道风险评价方法的选择原则

(1) 管道公司可结合自身情况采用以上一种或几种符合完整性管理程序目标的风险评价方法；

(2) 管道公司通过对风险进行优先序排列，将更多的注意力集中在高风险管段上进行完整性评价；

5) 管道风险评价流程

管道风险评价由管道风险因素识别、数据收集与综合、管道风险计算、风险排序、风险控制等组成。图 6-12 给出了风险评价主要流程的结构框图。

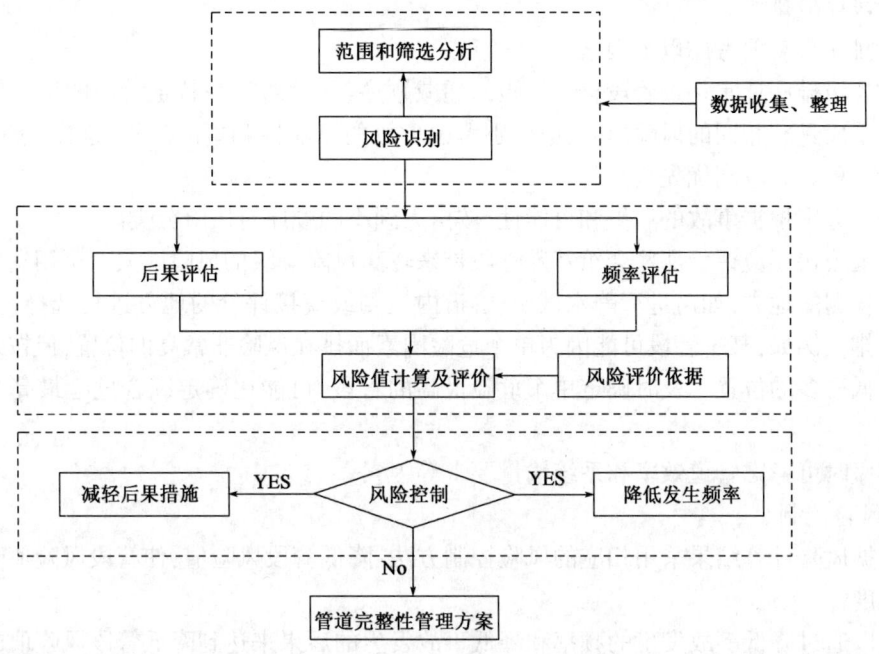

图 6-12 风险评价主要流程的结构框图

(1) 范围和筛选分析。
①确定将被分析的管道系统的自然界限;
②收集管道沿线人口情况,明确管道高后果区;
③管道分段;
④筛选确定高后果区内的管段,将数据收集、管道维护和检修资源优先用到所确认的最重要的地方。

(2) 风险识别。
①后果严重区内管段危险因素的分析,列出各管段的危险因素;
②相应管段内的数据收集与整理。

(3) 频率评估。
①根据所收集数据对管段可能发生事故的可能性进行计算,确定其发生频率;
②可以将频率分为"高—中—低"或"高—中高—中—中低—低"等级;
③频率评估可以使用专家估计、相对打分法,可使用历史事故数据、操作数据及行业内统计数据,也可使用逻辑推理的方法(事件树分析、故障树分析等可靠性分析方法)。

(4) 后果评估。
①根据所收集的数据对管段可能发生事故的后果进行计算,确定其可能发生的后果;
②可以将后果分为"高—中—低"或"高—中高—中—中低—低"等级;
③后果评估可以使用专家估计、相对打分法,可使用历史事故数据、操作数据及行业内统计数据,也可使用逻辑推理的方法(事件树分析、故障树分析等可靠性分析方法)。

(5) 风险值计算及评价。
①计算特定管段上每个单个危险因素的风险值;
②单个危险因素的风险值等于频率与后果的乘积;
③特定管段的风险值等于所有单个危险因素风险值之和;

④管段风险排序。

风险排序时需要考虑以下因素：

①优先级排序通常是按管段整个风险的递减顺序,然后对每一特定管段的风险结果进行分类。当管段具有相同的风险值时,应分别考虑事故的可能性和事故后果,这样,事故后果最严重的管段可定为较高优先级。

②也可分别根据事故的后果和可能性,按由大到小的顺序对风险分类。

③管道公司还应评价那些会给特殊管段带来较高风险等级的风险因素。可用这些因素对需要进行检测的地方,如需进行静水试压、管道内检测或直接评价的地方进行选择、排序和做出计划安排。例如,某一管段可能因为单个危险因素而排在风险非常高的位置,但按综合危险又可排到低得多的位置。及时确定单个危险最高的管段,可能比确定综合危险最高的管段更合适些。

④排序时可考虑管道效率和系统输量要求等因素。

(6) 风险控制。

①根据风险计算结果采用相应的风险控制方法,降低管段风险值,使管段风险值降低到可接受的程度；

②可以通过降低事故发生的频率和降低事故发生的后果来达到降低管段风险值的目的；

③制定风险控制策略时应进行风险成本分析,应结合管道风险评价判据和企业经营目标进行分析。

三、管道地质灾害评价技术

1. 概述

油气输送管道造价很高,穿越地域广阔,涉及的地域类型复杂,一旦发生爆裂破坏,就会造成人员伤亡、环境污染和油气输送中断等恶性事故。全球每年都会发生大量的油气管道爆破和泄漏事故。

造成油气管道爆裂损坏的因素很多,其中地质灾害是主要因素。地质灾害是指由于自然因素或者人为活动而引发的山体崩塌、滑坡、泥石流、地面塌陷、地裂缝、地面沉降等与地质作用有关的灾害。

对油气管道有影响的主要地质灾害有:地质断层、地裂缝、山体崩塌、滑坡、泥石流、黄土湿陷、冲沟、地震、河流冲蚀、采空区等。

对地质灾害进行监测、评估和防治,直接关系到油气管线的安全管道。在对大量地质灾害调查的基础上,根据地质灾害发生的特点,以及国家相关的地质灾害防治原则,提出建立油气管道地质灾害安全完整性管理系统。

地质灾害评价技术的主要内容包括：

(1) 地质灾害评价、预防与防治。包括地质灾害发生的机理,不同种类地质灾害之间的关联作用和相互作用,地质灾害描述参数、主要影响因素、分析模型、监测方法(监测项目、仪器和数据整理分析)以及对管道危害的分析、预防和治理。地质灾害段油气输送管道造价很高,且穿越地域广阔,涉及的地域类型复杂,一旦发生爆裂破坏就会造成人员伤亡、环境污染和油气输送中断等恶性事故。全球每年都会发生大量的油气管道爆破和泄漏事故。造成油气管道爆裂损坏的因素很多,其中地质灾害是主要因素之一。

(2)地质灾害完整性评价。通过现场地质调查,按照不同类型地质灾害(滑坡、泥石流、崩塌、黄土湿陷、煤矿采空区和地震等)的发生频率、规模,评价管道地质灾害完整性。

(3)地质灾害预测预报。根据地质灾害的区域规律以及与控制因素(工程地质岩组、水文地质条件、地质构造、地形地貌、植被等)和主要影响因素(降雨、人类工程活动等)的关系,采用信息量模型、专家评分模型、人工神经网络模型、层次分析模型等,预测地质灾害易发生的空间范围,确定地质灾害易发区(敏感区),为实时预测预报提供明确的位置和灾害规模,同时为管道地质灾害的管理和规划提供科学依据。

2. 地质灾害分类

典型的管道地质灾害有黄土滑塌灾害、河床冲刷、地层变形位移、沙丘移动、滑坡和冲蚀等几种。

(1)黄土滑塌灾害。陕北晋西黄土滑塌灾害是黄土高原北部地区的一种特殊斜坡变形破坏类型。由于其突发性和频繁发生的特点,常造成大批窑洞、房屋倒塌和人员伤亡,并给该区铁路、公路和长输管道建设造成严重危害。

(2)河床冲刷。1998年陕京管道陕西黄家梁段发生洪水冲蚀河道引起管道断裂失效(图6-13)。

(3)地层变形位移。图6-14为地层位移后管道发生的塑性扭曲变形,图6-15为美国阿拉斯加管道在地层位移后所发生的位移。

(4)沙丘移动。敷设在沙漠中的管道,由于沙丘移动而使管道发生位移(图6-16)。

图6-13 陕京管线1998年河床冲刷

图6-14 地层位移后管道塑性扭曲变形

图6-15 美国阿拉斯加管道位移

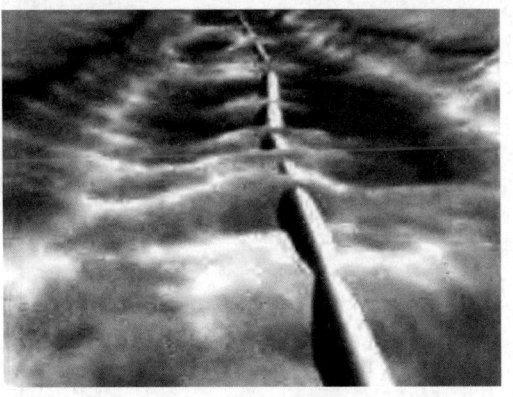

图6-16 管道在沙漠中位移

（5）滑坡和冲蚀。由于土壤滑坡或冲蚀，造成一段埋地管道成为悬管（图6-17、图6-18）。

图6-17 滑坡造成悬管　　　　　　　　　图6-18 陕京管道冲蚀悬管

3. 地质灾害危险性评价

地质灾害危险性评价是指管道建设可能诱发、加剧地质灾害和管道建设项目本身可能遭受地质灾害危害程度的估量。

1）稳定性评价

地质灾害稳定性判别见表6-2。

表6-2　地质灾害稳定性判别

灾种	稳定性分级		
	稳定性差	稳定性较差	稳定性好
滑坡（崩塌）	前缘临空，坡度较陡且处于径流冲刷状态；坡面上发育有新的裂缝，建筑物、植被有新的变形迹象，后缘裂缝发育	滑坡前缘临空，倾斜坡度30°~40°，有间断季节性径流冲刷；坡面上局部发育有小规模裂缝，滑坡后壁无明显变形迹象	前缘坡度较缓，临空高差小，无径流冲刷和继续变形的迹象；滑体坡度小于30°，无裂缝发展，建筑物、植被没有新的变形迹象；滑坡后缘无明显位移迹象，原有的裂缝已被充填
地面塌陷	塌陷周围有开裂痕迹，坑底有下沉开裂迹象；堆积物疏松，呈软塑至流塑状；地下水活动强烈	塌陷部分已被充填改造，植被较发育；堆积物疏松或稍密，呈软塑至可塑状，但较微弱	塌陷已被完全填充和改造，植被发育，堆积物密实，主要呈可塑状；无地下水活动迹象
地缝缘	线状裂缝位移量大，且仍在发展延伸，片状分片的裂缝范围仍在扩大；裂缝活动强烈，诱发动力因素仍在继续	地裂缝部分地段已被填充，无明显的发展迹象；诱发动力因素得到一定的控制	塌陷已被完全充填和改造，无新的裂缝出现；诱发动力因素已不复存在
地面沉降	地面沉降范围仍在继续扩大，沉降速率加快或稳定，诱发动力因素仍在继续	地面沉降范围无明显变化，沉降速度减缓，诱发动力因素得到控制	地面沉降范围在缩小，沉降速度呈负值并通过一定的途径和措施进行了控制和防治

2) 易损性评价

根据管道的布局特征,调查统计管道受灾数量,核算受灾管道价值,分析管道在遭受地质灾害危害时的破坏程度、价值损失率和附带的其他损失,进行地质灾害易损性评价。评价结果分为三级,即严重损坏、中等损坏和轻度损坏,其分级和赋值如下:

(1) 轻度损坏:0.0～0.2;
(2) 中度损坏:0.2～0.6;
(3) 严重损坏:0.6～1.0。

3) 危险性评价

在地质灾害稳定性、易损性评价的基础上,利用两因子综合叠加分析,评价地质灾害的危险性,据此建立的地质灾害危险性评价数学模型为

$$R_d = 100 \sum_{i=1}^{n} W_i \cdot P \qquad (6-36)$$

式中 R_d——评估单元危险性指数;

W_i——第 i 类灾害的稳定性指数;

P——受灾体易损性指数。

根据危险性指数 R_d,将危险性评价结果分为三级:危险性大、危险性中等和危险性小。

4. 地质灾害管道数值模拟安全评价

随着计算机技术的迅速发展,数值计算方法、理论和功能得到快速发展,由此开发出的软件已经在工程中广泛使用,成为工程设计的重要辅助工具,同时为机理性研究提供了有力便捷的手段。用于岩土和地质类工程的主要有有限元、快速拉格朗日元、边界元、无限元、流形元和颗粒流多种。针对管道所遇到的主要地质灾害,通过数值模拟方法来分析不同地质灾害管道的危害性。有限元划分如图6-19所示。

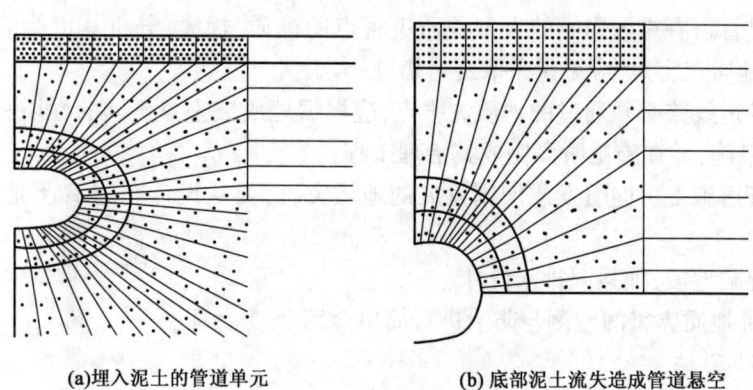

(a) 埋入泥土的管道单元　　(b) 底部泥土流失造成管道悬空

图6-19　有限元划分图

如图6-20、图6-21所示,对地质灾害、河流沟渠和地理裂纹导致的天然气管道局部悬空进行了模拟分析。该模拟考虑了管道与岩土的共同工作以及自重载荷和接触面的摩擦,计算结果分悬空段管道上有覆盖土层和完全裸露两种情况,给出了截面上的应力和位移分布。

对于埋地管线,不同管径、壁厚、内压及材料条件下,允许的最大悬空长度是不同的。例如,悬空长度为10m时,给出的各种方案均是安全的;悬空长度为20m时,给出的各种方案大部分是安全的。适当地增加壁厚有利于改善管道的力学性能。

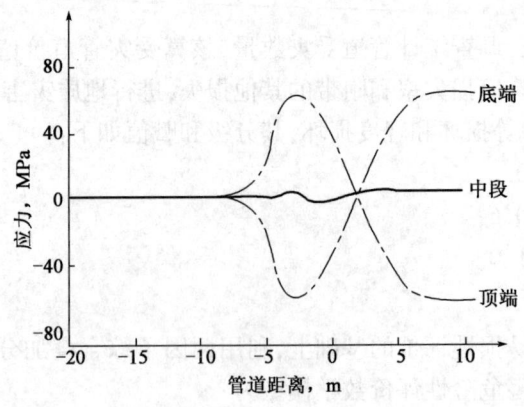

图 6-20 应力分析图

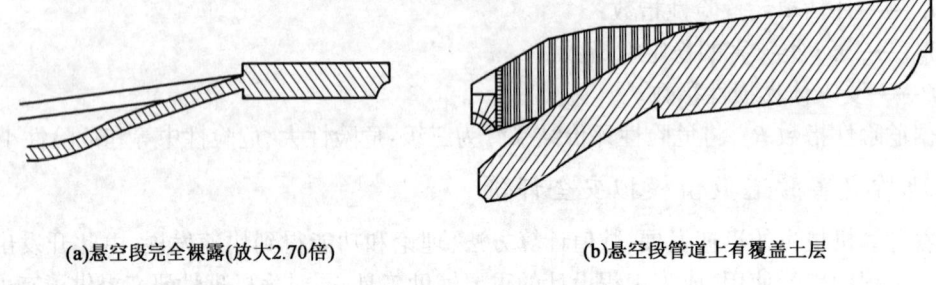

(a)悬空段完全裸露(放大2.70倍)　　　　(b)悬空段管道上有覆盖土层

图 6-21 悬空段位移

5. 地质灾害的监测与防治

管道地质灾害的监测与防治是一项系统工程,其防治的基本原则有以下几点:

(1)查清对管道有重大影响的大型地质灾害点的性质、规模,分析其可能的致害程度,对于危害严重的地质灾害点,应尽量采取绕避措施;

(2)对于管道线路必须通过的地质灾害点,应根据地质灾害点不同的性质和发育条件,采取适当的防治措施,并在施工阶段完成其治理工程;

(3)对于管道施工可能引发或加剧发展的地质灾害,要从设计和施工管理方面制定方案与措施;

(4)黄土湿陷地段,加强湿排水设计。

下面对几种地质灾害的监测与防治进行简单介绍。

1) 断层、地裂缝

断层和地裂缝是在地质形成过程中由于地壳的相互挤压、造山运动、火山、地震和人类活动等引起地层断裂和错动而形成的。

断层描述包括断层类型(正断层、逆断层和平移断层)、断层走向和倾向、断距。

断层对管道的危害有:断层滑动导致管道变形(包括拉伸变形和挤压变形)和剪切破坏;断层容易引发山体崩塌和滑坡。

(1)监测:通过地质调查确定断层的大小和性质(人工方法和勘探方法)。

(2)危害程度确定:计算分析断层可能导致的地层变形移动规律和规模,确定其对管道的危害程度。

(3)防治:对于较大的活动断层,宜采取避让措施,对管道加固和增强,对地裂缝地段地层进行填埋加固处理。

2)滑坡

滑坡指斜坡上的岩体或土体,由于地下水和地表水的影响,在重力作用下,沿着滑动面做整体下滑运动。兰成渝管道二郎庙滑坡全貌如图6-22所示。

图6-22　兰成渝管道二郎庙滑坡全貌

滑坡的分类方法有:(1)根据物质可分为黄土、黏土、碎屑和基岩滑坡;(2)根据岩性和构造可分为顺断面、构造面和不整合面滑坡等;(3)根据滑坡体厚度可分为浅层(数米)、中层(数米至20米)和深层(数十米以上滑坡);(4)根据触发原因可分为人工切滑、冲刷、超载、饱水、潜蚀和地震滑坡等;(5)按年代可分为新、老、古滑坡;(6)按运动形式可分为牵引和推动滑坡。

滑坡的形成主要包括两方面的因素:岩体结构和外部诱因,岩体结构包括岩性组成和构造裂隙;外部诱因包括降雨、降雪和人类活动等。滑坡的形成、发展,大致可分为蠕动变形阶段、滑动阶段和停息阶段。掌握其形态特征、发生发展和分布规律之后,滑坡是可以判别、预报和防治的。滑坡典型剖面图如图6-23所示。

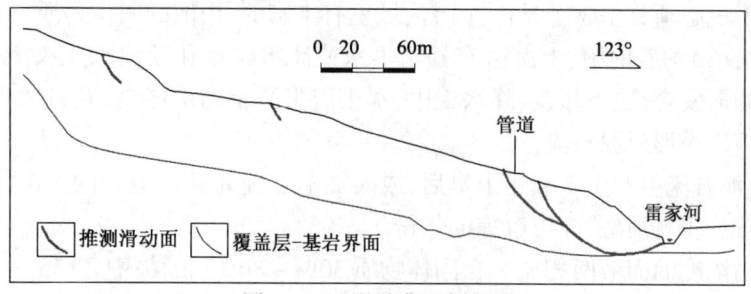

图6-23　滑坡典型剖面图

滑坡监测方法有以下几种:井眼位移计监测小量滑坡位移;水位指标器对地下水位进行监测,以确定滑坡可能发生的部位;管体焊接装置用来监测地表滑动;应变仪监测地层移动导致的管道应变;目测观察法;航测法。

在滑坡地质调查的基础上,基于土力学、岩石力学和动力学,建立滑坡位移和地下水、降雨量的动力学模型,可定量分析滑坡发生的条件和规模。小型滑坡可以采取深埋管道、沿滑体外侧修建排水沟、修建挡土墙和加固滑坡体等措施;对于大型滑坡,路线应采取绕避措施,在确须通过时,尽量避免在滑坡体前缘深挖土方。

有可能产生整体或局部复活的滑坡,应根据滑坡类型、规模、主要影响因数,采取相应的治理措施,具体包括:(1)设置地表、地下截排水措施,以消除水对滑坡稳定性影响;(2)采取支挡措施,包括挡墙、抗滑桩、锚固工程措施等;(3)改变滑坡体的几何形态,在滑坡的主滑段清方减载或抗滑填土反压,以达到稳定滑坡体的目的。

3) 黄土湿陷及冲沟

黄土湿陷是指黄土遇水浸湿后,突然发生沉陷。黄土的化学成分以 SiO_2 为主,其次为 Al_2O_3、CaO 和 Fe_2O_3 等,黄土的物理性质表现为疏松、多空隙、垂直节理发育,极易渗水,且有许多可溶性物质,很容易被流水侵蚀形成沟谷,也易造成沉陷和崩塌,黄土颗粒之间结合不紧,孔隙度一般为 40% ~ 50%。

冲沟是指在水力作用下黄土失去自承力,并在重力作用下形成陷落洞,在水力冲刷作用下形成冲沟。

室内利用浸水侧陷压缩实验来测定黄土的湿陷能力和湿陷等级,并通过物理化学实验,建立黄土化学组成、粒度组成、力学性质等与水饱和度之间的关系,定量分析黄土湿陷等级。

黄土湿陷容易造成管道悬空,当悬空长度超过允许量后可造成管道断裂破坏;冲沟可造成管道暴露、悬空和外力损伤。

对黄土湿陷性的治理,主要采用土质改良方式和采取防(排)水措施。灰土垫层,这一简单易行的古老土质改良加固方法,我国已有成熟的经验和良好的工程效果。一般可采用黄土掺和一定量的石灰(采用三七灰土、二八灰土)夯实固化,用以消除黄土湿陷性,加固管道管底黄土地基。土质改良的实质是增加黄土的密实程度,降低其渗透性,提高黄土的湿化性、力学强度和抗冲蚀能力。冲沟可采取导流排水,工程加固和水工保护等综合治理的方法。对冲沟的不同部位,采取不同的治理措施。

4) 泥石流

泥石流是产生于山区沟谷中或山坡地上的、不含有大量松散固体碎屑的、不均质的特殊洪流,具有突然爆发、历时短暂、来势凶猛、破坏力大等缺点,是山区常见的一种地质灾害。

泥石流的形成必须具备 3 个条件:(1)流域里有丰富的、松散的固体物质;(2)流域里谷坡陡,沟床比较大;(3)沟谷的中、上游区有暴雨洪水或冰雪融水和湖泊水库决溃等提供充分的水源。在断裂构造发育、地震频发、降水集中、水土流失严重的山区,以及古冰川发育、现代冰川活跃的高山地区易形成泥石流。

在时间上,泥石流多产生于数年干旱后,或人类不合理开发山地后的多雨暴雨年份,或气候转暖、冰川衰退、积雪消融、冻土解冻的年份。

泥石流是高浓度的固液两相流。含固体物质 30% ~ 80%,流体密度 $1.5 \sim 2.3 t/m^3$。固体物质的多少、成分、补给方式决定了泥石流的性质、类型和规模。

泥石流对管道具有很大的破坏性(图 6 - 24),可以冲刷覆盖层而使管道暴露,对管道产生很大的冲击力,造成管道变形破损。

对于爆发频率高、流域面积大于 $5 km^2$ 和虽然频率不高、但流域面积大于 $10 km^2$ 的泥石流沟谷,应采取绕避措施;堆积区深埋管道;上游设置拦截和滞留设施,降低泥石流动能和刨蚀强度。具体的泥石流防治措施包括:

(1)生物防治措施:在影响路线区域采用封山育林与合理耕牧相结合的方法,通过防止坡面侵蚀、控制地表径流,以减轻泥石流的危害。

(2)工程治理措施:应因地制宜,上、中、下游相结合,选用固稳、拦截、排导、蓄水、分水等措施,减小泥石流物质来源,降低其发生频率。当路线跨越泥石流沟谷时,采用增大桥涵跨度

(a)泥石流对管道的冲击

(b)局部放大图

图6-24 泥石流对管道的破坏

或改涵洞为桥梁等措施,以避免其危害。

5)地震

地震对管道的影响主要是造成地层断裂、土壤液化(引起地层塌陷和大滑坡)和震陷。1976年我国秦京线就由于唐山大地震造成地层错动层而导致管道断裂失效。

地震造成土壤液化是由于在振动状态下,孔隙水压力不断上升,有效应力下降,直至为零,土壤表现为完全的液体行为所造成。

土壤液化的判别过程为:首先确定地下水位和地层岩性,然后采用标准贯入法对地下水位以下的地层进行液化判别。当饱和土标贯锤击实测值$N_{63.5}$小于标贯锤击临界值N_{cr}时可判为液化,反之为不液化。N_{cr}的计算式为

$$N_{cr} = N_0[0.9 + 0.1(d_0 - d_w)]\sqrt{3/P_s} \quad (6-37)$$

式中 N_{cr}——标贯锤击临界值;

N_0——液化判别标贯击数基准值;

d_0——饱和土标贯点深度,m;

d_w——地下水位,m;

P_s——黏粒含量,当小于3或为砂土时,均采用3。

震陷是由地震引起的土地竖向残余变形,使土层变软,模量降低,因而产生震陷。因形成的机制不同,可以分为构造震陷、液化震陷、软土震陷、黄土震陷及其他震陷。

设震动前的土模量为E_i,与震动作用相应的模量定义为$E_p = \sigma_d / \sum_p$,σ_d为动应力,$\sum_p$为残余应变,这样就可以得到软化黏土的模量E_{ip}为

$$E_{ip} = \frac{1}{(1/E_i + 1/E_p)} \quad (6-38)$$

进行两次静力分析,第一次用E_i,第二次用E_{ip},两次静力分析求得的位移之差,即为待求的震陷值。

6)采空区

采煤后,采空区上覆岩层发生垮落、裂隙和沉降,当采厚大采深小时,波及地表使地表产生移动、下沉、裂缝和塌陷。一般来说采深H与煤层总采厚M之比$H/M \leq 20$或者H小于$100 \sim 150m$时,地表将可能发生塌陷或者裂缝。

根据国内外采矿经验,一般 $H/M>30$,地层中没有较大的地质破坏情况下,煤采出一定面积后,会引起岩层移动并波及地表,其地表沉陷和变形在空间上和时间上都有明显的连续特征和一定的分布规律,常表现为地表移动盆地。$H/M<30$ 的情况下,煤采出一定面积后,会引起岩层移动并波及地表,其地表沉陷和变形在空间和时间上都有明显的不连续特征,常表现为地面裂缝和塌陷。

统计资料表明,地面塌陷面积与井下煤层开采面积之比平均值为 1.2,塌陷容积与开采体积之比的平均值为 0.6~0.7,缓倾斜和倾斜煤层,地表最大塌陷深度一般为煤层开采总厚度的 70%。

为了探明采空区的具体位置,一般可采用物探的方法,如地质雷达法、瞬间电磁法、浅震反射波法和瞬态瑞利波法等,可根据需要来选择。采空区对管道的危害主要是引起地面沉降后,导致管道弯曲下沉或悬空,造成管道一些部位应力集中,当应力超过管道强度极限后,管道就会发生破裂。另外,采空区还可能发生地裂缝和滑坡等灾害,影响管道的安全。

煤矿采空后,地表变形是一个比较复杂的过程,它与采深、采厚、构造、顶板岩性、采煤方法、机械化程度、回采率有密切关系。

对于已知采煤高度、地层厚度和采煤方法的工作面,可通过理论计算的方法得出地表的沉降量和范围。另外,可以利用全站仪对地表下沉量进行监测。

对于地表已产生沉降、裂缝和塌陷的采空区,选线时,首先采用避绕方式。不能避绕的,可采用回填或者压力灌浆的方法进行处理。对于正在开采的矿区,应与采矿单位协商,采煤时在线路下方应留足保安煤柱,确保管道安全。

7) 崩塌

崩塌常具突发性,在工程施工及管道管理阶段常会造成管道损伤事故。对于山体不确定、可能崩塌的落石方量大于 5000m³、破坏力强、难以处理的严重崩塌区,路线应予绕避,确无绕避可能时,必须采取切实可靠的防护措施;对于可能崩塌的落石方量小于 500m³、破坏力小、易于处理的轻微崩塌区,应以全部清除不稳定岩块为原则;介于上述两类之间的一般崩塌区,若跛脚和管道之间没有保证安全的足够距离,必须对可能崩塌的岩体进行加固处理。

第五节 管道完整性管理信息技术

一、管道完整性管理的地理信息系统应急系统

1. 地理信息系统

地理信息系统(Geographic Information System, GIS)作为信息处理技术的一种,是以计算机技术为依托,以具有空间内涵的地理数据为处理对象,运用系统工程和信息科学的理论,采集、储存、显示、处理、分析和输出地理信息的计算机系统,为规划、管理和决策提供信息来源和技术支持。

GIS 技术已发展数十年,比较成熟,在政府、军队、石油、化工、电力和交通等行业得到广泛应用。以 GIS 为基本数据平台,结合专有管理软件模块实施管道完整性管理已经成为国际长输管道行业近年来关注的焦点,大型的国际学术及会议组织纷纷组织会议开展学术研讨,如加拿大 IPC 会议、美国腐蚀工程师协会 NACE 和新加坡 IQPC 等。

国外大型的石油公司,如 Exxon-Mobil、BP-Amoco、Shell、Arco 和 Snam 等,早已采用 GIS,尤其是 Shell 公司还设有专门部门,组织研发力量,基于 GIS 开发了管道完整性管理软件,建立并完善了一整套管道完整性管理体系。北美、欧洲,甚至东南亚的一些大型的石油天然气管道运营公司都采用这一手段进行管道完整性管理,这其中包括 EiPaso、Williams 和 Enbridge 公司等。

国内主要的大型石油公司,如中国石油和中国石化,都将 GIS 建设列入信息化总体规划,并正在实施。在此之前,一些地区石油公司,如大庆油田、辽河油田和胜利油田都局部建设了 GIS,用于规划、设计和安全管理。长输管道企业对该项技术的采用和实施也处于全面实施阶段,中国石油正在建设企业的完整性管理 GIS 系统平台,并据此逐步推广实施管道完整性管理。

使用 GIS 开展管道完整性管理工作包括:

(1)在正射影像、矢量地图等空间数据基础上,融入多层管道施工、维护、检测及物理定位属性数据,建立完善的管道及其沿线周边地理环境信息储存、管理、统计、分析、评价、预警以及决策辅助机制;

(2)对天然气长输管道及所属站场的前期准备、设计施工、生产运行过程和设备状态数据进行收集,实现数据的可追溯性,进行数字化、可视化动态安全监测和管理;

(3)用于企业的维护、大修、抢险和应急指挥等作业,提高应对生产安全管理中突发事件的能力;

(4)通过基于 GIS 的专有软件应用模块,实时动态开展管道运行期的风险评价、安全评价,实施系统的完整性管理,确保管道安全和平稳运行;

(5)通过海量的属性数据的积累与管道沿途的空间数据的叠加,结合被各种实际工况验证的统计分析算法,利用专业风险评价模型不断进行管道及其附属设施的风险分析,再基于分析结果,按照管道现场实际情况、运行需求与风险规避经验,得出安全评价结果并提出解决措施建议,持续保证管道的完整性。

基于管道完整性管理的 GIS 技术架构如图 6-25 所示。

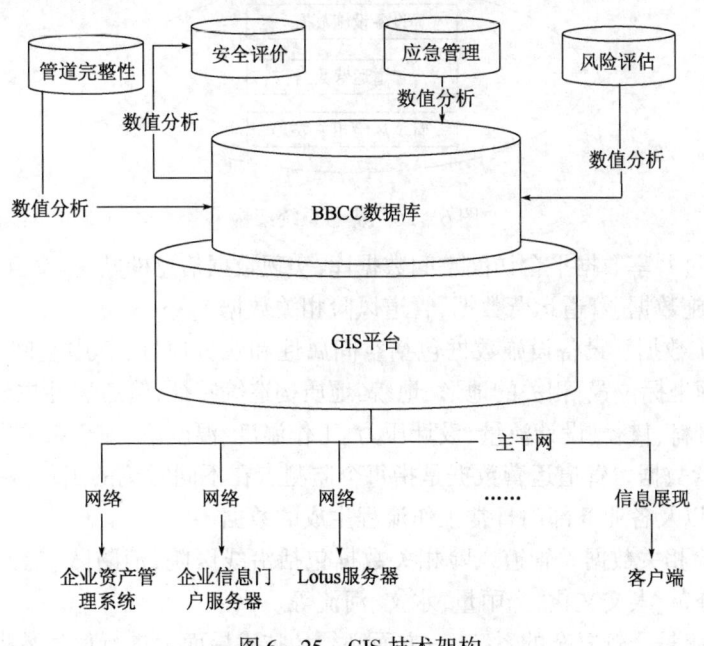

图 6-25 GIS 技术架构

2. 应急系统

为了使管道发生事故后的损失降到最低,确保管道安全运行,管道企业和城市燃气企业面临的风险是复杂的。从风险削减和应急抢险的多方面因素考虑,需要建立基于管道完整性管理的应急系统,作为企业应急指挥和日常管理的重要平台,确保在事故发生时,做出科学决策。

1) 系统建设总体目标

以应急指挥中心为核心,以各管理处应急分指挥中心为依托,实现受理方式系列化、应急预案系列化、指挥系统网络化、处理信息计算机化、辅助功能联动化、信息文档资料标准化的目标。

2) 系统构架

应急系统的功能有两个:一是实现管道各业务部门的风险管理功能,通过它实现各级部门与基层间的应急管理信息共享;二是作为管道风险应急指挥平台,通过它形成应急数据库,为进行优化与智能化处理提供可能。其系统架构如图6-26所示,业务流程配置如图6-27所示。

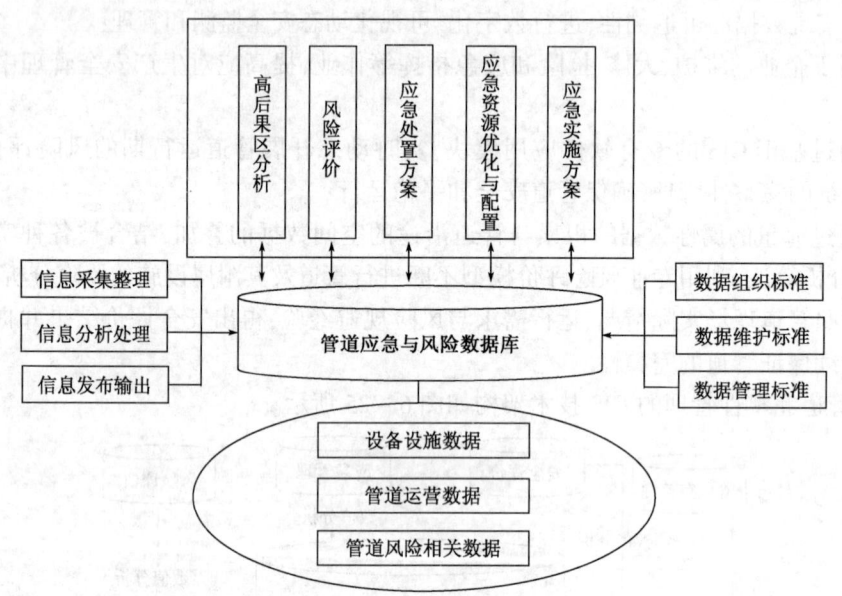

图6-26 应急系统架构

应急系统通过共享数据平台访问空间数据库,实现数据信息的共享、交互和集成。应急数据库包括设备设施数据、管道运营数据、管道风险相关数据。

(1) 设备设施数据。设备设施数据包括空间属性和业务属性,其中空间属性主要包括管线、阀门所处地理坐标位置,相关的地形、地貌、地质构造等特征,管道属性主要包括管线、阀门等设备的材质、材料、口径、设计流量、设计压力、工作温度、温度值、安全系数等特征。

(2) 管道运营数据。管道运营数据是指每个监测点在不同时刻的工作数据,包括流量、压力、温度等信息,以及各业务部门日常工作流程生成的数据。

(3) 管道风险相关数据。管道风险相关数据包括沿线医院、消防队、挖掘机、人口密度和分布、大型机具分布、人文文化、降雨量、水文、河流等。

由于应急系统是个较复杂的系统,一方面必须从技术层面上进行信息数据分析、资源优化

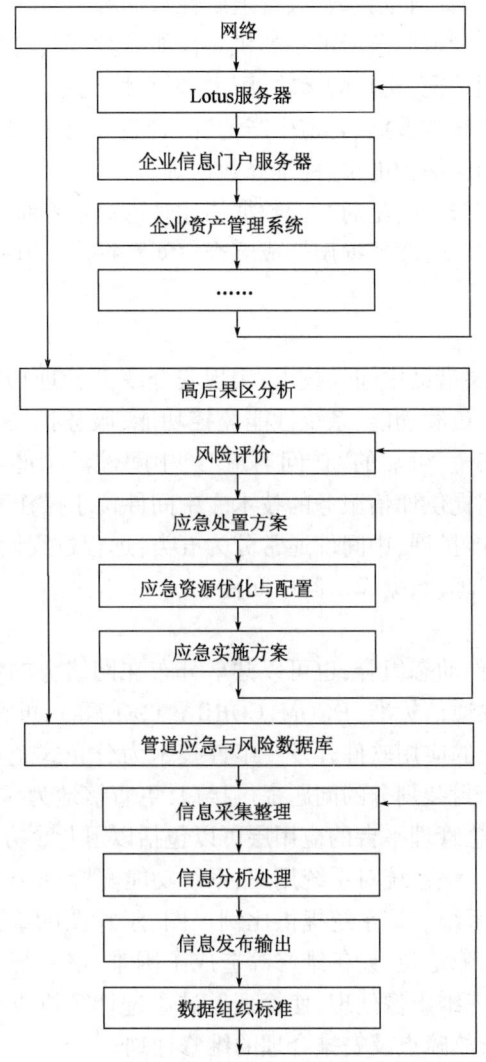

图 6-27 应急系统业务流程配置图

分析处理、信息输出来实现空间数据的共享、融合,另一方面必须建立一套完整的风险与应急数据组织标准、数据维护标准、数据管理标准保证系统平台的正常运行。只有经过技术层面和体制层面的整合,在合理的范围内实现信息和资源的充分共享才能使得应急系统达到最大的使用效益。

3) 系统组成

应急系统功能结构按数据功能分层配置,主要由数据层、中间层、应用层组成。

(1) 数据层。

应急系统的数据层,是在一定准则下加以自动分析所需要的决策和评估而进行的信息处理过程,通过信息融合协调多源数据、充分综合有用信息,提高在管道风险环境中正确决策的能力,通过元数据服务可以不断地把各种空间数据纳入应急管理平台中。数据层的数据有:

①应急资源管理数据:应急资源的品名、应急物资的位置、所在区域的社会依托力量情况,医院、消防、安全、人防等各个领域的资源分布数据。

②管道地理信息数据:该系统所涉及的管道地理信息数据的总称,包括管道周边地理数

据、管道空间地理信息数据、管道位置数据、管道属性数据等。

③管道应急机具数据：管道应急所准备的机具性能、生产厂、功率、品牌、备件情况，机具保养维护情况，机具历史使用情况，机具的运输、配电、燃料情况等。

④管道基础数据：管道属性数据、管道生产情况、管道焊接情况、管道历史维护情况、管道材质、机械性能、防腐层、阴极保护电位、检维修数据等。

基于元数据的信息融合技术，是通过元数据描述管道运输系统中的空间数据，再通过信息融合实现多源空间数据的共享，在数据层形成综合空间数据库，为应用系统在数据层上实现交互、共享。

(2) 中间层。

应急管理平台的中间层借助中间件技术，实现安全事务管理功能、标准数据交换功能、系统安全管理功能、均衡网络负载功能、系统性能监控功能、服务扩展功能等。中间层在应用层和数据层之间，建立一条安全、可靠的"访问通道"。中间件泛指能够屏蔽操作系统和网络协议的差异，为异构系统之间提供通信服务的技术。中间件位于操作系统与应用软件之间，保证应用软件的相对稳定和功能扩展，中间件通常分为五类：远程过程调用、面向消息的中间件、对象请求代理、分布式事务代理、数据库访问中间件。

(3) 应用层。

应用层可以由各种组件动态组合，也可以共享分布在网络上的各种组件提供的数据和服务，通过开放的分布式对象通信标准（DCOM、CORBA、J2EE 等），可实现跨越不同体系结构、不同软件平台、不同操作系统的应用软件开发。组件技术为分布式企业开发提供一个高级的开发模型，通过在服务级别上封装划分的问题提供接口，更直接地为靠近问题域的设计人员提供分析和设计模型。基于应急管理平台的应用层可以包括以下几个方面：

①系统信息维护系统。该系统对系统用户、系统功能配置、系统访问控制等进行管理。

②管线图文资料管理系统。该系统提供比例尺图、示意图的维护功能。由于管线设备一般采用地下敷设，给设备故障定位、设备维修等造成了困难，该系统可以根据管线建设的原始图纸资料对重点设备进行三维影像处理，使管理人员通过计算机方便地了解管线地下部分的构造，并结合运行数据分析故障点及安排合理的维修计划。

③管线风险评估系统。通过专家分析模型结合管道和场站属性数据，提供可视化的风险评估界面；通过数据场站及管道所属数据的分析，给出管道的高后果区，给出管道的风险值，进行风险排序；通过平台直观地发现潜在的安全隐患，计算安全距离、泄漏速度、扩散半径以及疏散距离、安全影响范围等，为应急提供科学数据。

④管线应急处置系统。根据评估和管理系统的数据，提供突发性事件及各部位发生灾害性事件时的处理方法；通过平台提供事件模拟功能，直观地反映事件蔓延的趋势，使管理人员可以预先进行事件防范操作，优化资源配置，优化到达事发地的最小路径，优化资源配置；通过平台提供方便的管理功能，指导安全管理人员快捷到达定位时间、地点，下达详细的任务通知和应急处置文档等，减少中间环节，最大限度地减少突发事件的经济损失。

⑤管道泄漏后果评价模块。计算管道泄漏发生时的最大安全半径、最大影响半径、人员疏散半径以及 1% 人员伤亡半径，计算周围房屋的安全距离、最大泄放速度。

4）系统特点

(1) ArcSDE 海量数据技术。

ArcSDE 是空间数据库引擎，通过 ArcSDE，可以直接把 GIS 的空间数据存储到商用数据库中,如Oracle、SQLServer等,保证了空间数据管理的安全性,同时,提高了在海量数据技术基础上GIS信息的访问效率。

(2)e-hub连接池技术。

e-hub就像hub(网络集线器)那样,把电子政务相关系统中涉及的方方面面的信息流进行方便的汇集和交换。

应急系统,具有独特的e-hub连接池技术,可以方便地和外部应用系统进行数据交换,充分保证了系统的健壮性和快速进行数据信息交换的能力。

(3)ORB时象构件技术。

构件是具有预制性、封装性、透明性、互操作性、通用性的软件单元。构件的粒度可大可小,可以是一个简单的按钮实现模块,也可以是一个复杂的运算过程应用。构件使用与实现语言无关的接口定义语言(IDL)来定义接口。IDL文件描述了数据类型、操作和对象,客户通过它来构造一个请求,服务器则为一个指定对象的实现提供这些数据类型、操作和对象。通过一个或多个构件接口,实现与基于构件的系统进行信息交换。

ORB时象构件技术既是中间件技术也是构件技术。作为中间件技术,它为客户提供本地或远程透明性;作为构件技术,它支持API的定义和运行时刻执行模块的激活。目前比较流行的ORB时象构件技术是在微软公司的COM/DCOM技术的基础上进行构架。

(4)MOM消息接发技术。

应急系统必须实现符合市政管理内在规律的模块化、组件化结构。应急系统建成后可以根据应用管理的流程选择不同的模块或组件进行组合,通过设置模块的功能和模块之间的关系满足不同的管理需求,使得地理信息系统和外围相关的MIS、OA等电子政务系统之间,通过MOM消息接发技术建立多系统之间的请求与响应机制,保证系统信息流动的通畅。

(5)J2EE技术。

Java2 Platform Enterprise Edition(J2EE)技术是Sun公司提出的利用Java2平台来简化企业解决方案的开发、部署和管理相关的复杂问题的体系结构。J2EE技术以java2平台标准版J2SE为基础,不仅继承了标准版中的许多优点,如"编写一次到处运行"等特性,同时还提供了对EJB(Enterprise Java Beans)、Java Servlets API和JSP(Java Server Pages)技术的全面支持。

(6)XML统一交换技术。

在应急系统中,信息需要高度共享,GIS与其他信息系统互联与集成成为迫切的要求,解决这种不同系统间互操作性困难的一个可能方案是使用信息交换模型(IEM)。信息交换模型定义了数据结构、数据类型、信息类型和用来在系统之间交换信息的进程。信息交换模型使数据对象定义和形式标准化。扩展标记语言(XML)是自描述的,提供了一种人可读的方式来定义数据对象的名字、属性和方法,可以用统一资源标志符(URI)来搜索关于数据对象的信息,并且可以充当不同标准之间的桥梁。XML自描述格式的简单性和用户定义标记的功能,开始在涉及不同平台和应用程序的集成项目中使用XML,应用程序可以通过名为文档对象模型(DOM)的标准访问数据对象。通过利用XML技术,在系统中,信息达到高度共享,GIS与其他信息系统互联与集成成为现实。

(7)C/S、B/S、M/S综合体系。

C/S是Client/Server的简称,表示客户机和服务器结构。B/S是Browser/Server的简称,表示三层构架结构。M/S是Mobile/Server的简称,是计算机信息系统移动客户端/服务器应用的新兴计算机综合应用技术。作为移动客户端的GIS应用开发,M/S体系的移动客户端已得到广泛的应用。

在管道管理的日常工作中，现场视察、实地考察工作比较频繁，而在野外工作中又要涉及大量图纸文档信息的查询，在以往的C/S体系，或者是B/S体系的系统都无法满足把GIS信息带到现场，目前解决的方法是，在ArcPAD的基础上，利用当今的成熟的GPRS技术，解决移动客户端GIS的通信问题；利用GPS技术，解决移动客户定位和数据采集问题，使得M/S体系的Mobile端的GIS功能更加实用化。C/S、B/S、M/S三大体系的综合，充分发挥了GIS在应急救援指挥中的潜在功能。

5）系统配置。

（1）数据服务器配置空间数据库引擎：ArcSDE 8.x，通过ArcSDE，可以把GIS空间属性数据通过商用数据库Oracle、SQLServer等进行高效管理。

（2）应用服务器配置专业开发平台：ArcInfo 8.x，利用ArcInfo和ArcSDE可以进行空间数据的版本管理、高级应用分析。

（3）服务器配置强大地图发布服务：ArcIMS 4.x，通过ArcIMS可以建立InterNet/IntraNet Map Server的地图服务。

（4）应用客户端配置：Map Objects 2.x，建立GIS综合应用的桌面系统。

（5）浏览客户端直接支持IE等常用的WEB浏览器。

（6）移动客户端配置掌上GIS软件：ArcPAD，通过ArcPAD可以把GIS的信息带到现场。

二、企业资产管理系统

1. 系统概念

企业资产管理系统，即EAM(enterprise asset management)系统，是计算机化的设备资产维护管理系统，包括有形资产本身，同时也包括与之有关的标准、规范和经验等无形资产，属于管理应用软件范畴。它采用故障及其影响后果分析、预防性维修、状态监测、危害分析、决策支持等几种可能的模式，以可靠性的维修为中心，遵循预防性检测维护为主的原则，以提高维修效率、降低总体维护成本为目标，以设备资产维护管理为基础，以工单（操作票）的制定、提交、审批、执行和关闭为主线，跟踪并管理设备资产生命周期的全过程，将采购管理、库存管理、人力资源管理集成一个数据充分共享的信息系统，提供与设备维护相关的人、财、物信息。它的应用有助于企业知识的积累以及企业文化的形成。

美国Gartner Group咨询公司对EAM系统的定义为：EAM系统是在资产密集型企业的新建、在建与运行维修中，在不明显增加维修费用的前提下，采用现代信息技术（IT）降低停机时间，增加产量的一套企业资源计划系统。也就是说，EAM系统采用现代化的IT技术，运用于资产密集型的企业，可以帮助资产密集型企业解决维修、维护等一系列实际问题。

2. 系统功能

通过EAM系统，企业管理者可以贯彻落实以预防性检测维护为主的生产管理理念，实现企业生产管理的标准化和规范化；以工单的提交、审批、执行和验收为主线，加强部门之间的数据信息自动传输，使生产管理者在公司总部迅速准确地进行现场设备的故障预测诊断或生产部署；将企业管理体系通过信息技术具体化，合理移植，把控包括计划、采购、合同、库存、费用和验收等大修理及更新改造项目实施环节，为企业的生产运行、计划经营、物资采办、仓库管理和决策支持等业务提供工作平台，跟踪设备资产生命周期维护管理全过程，面向各管理层提供与设备维护相关的人、财、物管理与分析信息。

具体而言,一套完备的 EAM 系统通常具备如下基本功能。

1) 对设备基础信息的收集与管理

(1)按照多层结构定义设备的实际物理位置;

(2)建立完善的设备台账,包括设备的层次结构、组装部件、备品备件、技术参数、保修期、运行状态等信息;

(3)动态跟踪设备的维修历史、累计各类维修费用、资产迁移历史;

(4)建立故障代码体系结构,统计分析设备的潜在故障风险,为制定维修计划提供决策支持。

2) 大修理和更新改造工作的实施

(1)根据各类企业维护维修业务的特点和管理层次结构,建立对应的各类业务开展主线,即工单,包括故障处理工单、紧急抢修工单、事件报告工单、预防性维护工单和工作记录工单等;

(2)实时查询、跟踪工单的状态、进度、成本、物料、人力、故障分析和相关文档;

(3)根据工作计划,自动预留物料给一个已批准的工单,自动计算库存物料的可用性,使库存资金最有效地利用;

(4)当一项工作完成以后,如果同一地点或设备上还存在其他问题,提供后续工单的功能记录下一项的维修工作;

(5) 可以创建工单层次结构,来区分一个项目中不同的工作,同时成本可以累计到同一项目上。

3) 周期预防性维护

(1)采用多种触发条件生成工单,包括基于时间频率、某个关键测量参数和基于仪表读数频率来制定并自动生成不同的预防性维护工单;

(2)可以单独、成批而自动地在到期日之前生成预防性维护工单;

(3)在预防性维护中可以引用检修路线,成批地生成带有层次结构的工单;

(4)制定并实施规范的作业计划及方案;

(5)使用标准作业计划作为工单中指定的工作方案模板,通过制定标准作业步骤来规范维修作业的操作;

(6)按照操作步骤或者作业计划跟踪各种数量和成本;

(7)标准作业计划作为模版可以广泛应用到多个模块中,如工单模块、预防性维护和检修路线等。

4) 具体落实安全管理方案

(1)可以定义存在于工作场所的安全危害,并将预防性维护和检修路线等;

(2)跟踪多种设备或位置的危险物料;

(3)定义隔离措施和标记措施。

5) 配合设备维护有效实施采购、库存管理

(1)按照石油行业标准来规范所有物料的编码;

(2)制定采购计划,为物料创建采购申请或采购单,并对提供物料的多个供应商进行询价;

(3)系统自动进行重采购,生成采购单;

(4)为国际性的采购定义多税率;

(5)进行采购单、物料接收和发票三方匹配;

(6)网上开具调拨单、退料单和移库单等;

(7)区分定义常备物料和非常备物料;

(8)以报表形式动态查询各库房的盘库结果;

(9)按照用户预先设定的经济订购数量、重采购点和安全库存量计算公式自动触发常备库存设备的订货,有效降低库存;

(10)根据实际盘点结果,动态调整库存余量。

6)综合基础管理

(1)为一个企业定义并管理全部人力资源信息,维护商、维修商和生产商等公司的详细信息,按照各单位不同的专业建立相应的专业小组;

(2)按照用户的要求,定制各种图文形式的统计分析报表;

(3)进行总账科目配置,创建总账科目代码,设置财务周期,为仓库设置对应的科目代码;

(4)用户访问权限控制,数据库配置,用户操作界面的客户化;

(5)根据不同维修业务的特点,实现不同类型工单的全部执行流程,包括工单审批、启动施工、完工汇报和验收关闭等;

(6)工作任务多种方式,如邮件、短信和任务栏,自动报送和提示。

3. EAM 与 ERP 的比较

在现代的企业管理中,企业资产管理的主流信息技术还包含 MIS(management information system,管理信息系统)、ERP(enterprise resource planning,企业资源计划)和 CMMS(computer maintenance management system,设备维护管理系统)等,其中 ERP 和 EAM 有共同之处,但也存在很大的差别,二者比较见表 6-3。

表 6-3 ERP 和 EAM 的比较

比较内容	ERP	EAM
目标客户的业务类型	制造业、物流业	资产密集型企业
企业的核心业务	财务、人事、市场、客户	设备资产、维护及运行管理
资产管理实现形式	一个或几个模板	一套完整的软件
细致程度	宏观管理	具体、完善和周全
适用对象	集团型企业	资产管理实体
典型的实施周期	9~12 个月	6~9 个月

ERP 是针对离散型制造业而提出的,它主要以财务管理为核心,充分调动、合理配置企业内外部的资源,加强物资流通管理,关注客户关系,不断开发出满足客户需求的新产品,在最短的时间内最大限度地满足客户的需求,从而提高企业对市场的应变能力,在市场竞争中获取先机。ERP 面向整个企业的生产、财务、人事和物料供应等多个环节的综合管理,对于设备资产的维护管理往往通过一个或多个专有模块实现,其实施过程涉及的广度和深度都要求企业管理必须进行全方位、深层次配合,往往投资大、见效时间长、成功率较低。

EAM 也同属于管理型软件系统,其最大的特点是以设备资产的维护管理这一普遍存在的工作内容为对象,实施设备资产生命周期中采购、维护维修和库存等有关环节的监控管理。因此,业务流程的优化工作量相对较小,投资较低,见效快,易于维护管理,对于资产密集型的企业尤为适用。作为承担单一运输职责的国内管道输送企业更是如此。在集团总部具有 ERP 建设规划的情况下,EAM 集中突出地解决了这类企业最大的运营需求——设备资产的合理有效维护,保障安全生产。

相对于 ERP 的一个或多个功能模块,在设备维护管理方面 EAM 更为专业、适用,国际上许多大型 ERP 软件,如 Oracle,甚至弱化该部分功能,在用户有设备资产管理需求时,通过数据接口直接采用其他专业的 EAM 软件来实现。

4. EAM 在管道行业中的主要作用

EAM 就是为了减少成本、保持生产效率和增加利润,它以主动和全面解决为特征,设备、材料、工具和人工、工作指令、设备历史状况、成本、采购、计划和质量监控只是其中的一部分,更重要的是整个企业能够共享全面的维护管理信息,实时信息对每位员工来说唾手可得。

EAM 系统综合了美国的以可靠性为中心的维修管理(RCM)、英国的设备综合工程学、日本的全员生产维修(TPM)以及苏联的计划性维修等国际上先进的管理思想,结合现代信息技术,对设备生命周期的全过程从技术、经济和组织等方面进行综合研究和管理,以提高设备综合运转效率和设备生命周期费用的经济性为目标,帮助企业提高经济效益。

网络、软件技术的发展与 EAM 方案的结合,使得 EAM 的自动化比以往更快、更容易和更加有效。使用 EAM 方案,能够获得基于预防顶替机制、以可靠性为核心的维修方法。世界许多大型的石油和天然气企业认为 EAM 不仅对获利至关重要,而且是取得竞争优势的关键因素。

EAM 方案涵盖了资产价值链全过程,包括石油和天然气行业从上游开采生产到输送给下游客户。几十年来,EAM 方案通过最大限度地优化设备和工作人员的生产效能和工作效率,已经为其用户创造了数十亿美元的价值。其长处在于,它是专门为资产密集型企业而设计的,远远超过了那些在低效软件中所惯用的传统的短期被动维修方法。

在中国,日益严格的环境保护和限制措施、企业重组、不断老化的基础设施以及人们日益增加的能源需求,使得如今国内的石油和天然气市场成为有史以来竞争最为激烈的市场之一。在这种情况下,各能源公司也逐步致力于寻找一种 EAM 方案,通过减少成本、增加产量和改善工作流程来更加有效地管理这些资产的价值链。

利用系统信息使得企业管理层能够深入了解整个公司的业务开展状况,从而在现有的作业环境和设备条件下通过更加有效率的操作获得更高的产量,因此,EAM 系统提供了获取价值链收益源值的钥匙。

通过 EAM 方案和电子商务技术的结合,油气管道企业能够在较低的成本水平下,提高现场设备、人员和价值链的生产率,这样就会创造更多的收入和利润。这也是大多数国外公司选择 EAM 方案的原因。

通过 EAM 系统的应用,以及与其他系统之间充分共享各类数据,如 SCADA、GIS 和 ERP 等,可以同步引进先进的企业管理思想,完成与企业资产管理业务流程的闭环管理,强化生产用设备及工具的管理,随时反映设备的运行状态,使国内企业按照故障处理、计划检修、预防性维护等模式掌握生产设备管理的主动性,提高生产运营的安全性和可靠性,强化成本核算,降低生产成本,提高工作效率、经营管理决策水平和员工的素质,建立起符合现代市场竞争需求的企业管理体制,从而提高企业的竞争力。

EAM 系统作为资产密集型行业的现代化管理手段,其在石油管道领域具有多年的行业经验,其现代化的管理以及维修手段适用于石油管道行业。针对国内管输企业具体而言,EAM 系统主要的作用表现在以下几个方面:

(1)安全具体落实。有效实现设备安全环节控制,综合安全管理。从前述的功能描述可以看出,EAM 系统的应用可以使全部的安全管理与操作完全自动化,其中包括人员培训和认证,对事故的反应,现场设施的质量保证以及对诸如维修操作历史数据等关键数据、预防程序和既定行为的管理。EAM 系统强调维修操作的安全性,其对危险因素以及危险物料特别强调,并给出预防危险发生的措施,这些措施都附在每张工作单上,操作人员可以适时地调用查看,以确保操作的安全性。

(2)提供作业标准。EAM 系统通过标准作业计划以细化、规范化作业过程,提供对维修的全过程指导,并可结合公司的管理操作体系,将公司的管理与操作精神融入具体作业方案中去。

(3)预防性维修。EAM 系统可对设备的使用状况做出全面的监测分析,降低维修成本,提高设备使用安全性、维护能力。压缩机的一保、二保和三保等重复性的工作,可以通过 EAM 系统的预防性维护来实现,系统会自动生成相应的工作单据并发送到相应工程师的桌面,以便于各级工程师及时地实施工作。

(4)故障记录。EAM 系统针对每张工作单,提出了故障汇报的思想,用于收集设备的停机原因以及如何预防等,从而使得对于设备的管理和维修更加科学化。

(5)加强成本管理。通过 EAM 系统,可以适时地统计工作中发生的各种费用以及设备的维修历史,从而大大地加强了对成本的管理与监督。

(6)加强计划控制。对计划项目的执行过程进行总体控制与管理。

(7)高度集成、信息共享的平台。出于 EAM 系统的可集成件,一方面可以加强线路维护、监测,跟踪管道工作、维护的状况,提高综合分析、评估能力;另外一方面,还可以将 SCADA、GIS 等集成到 EAM 系统中,建立一个信息充分共享的信息平台。

第六节 管道完整性管理体系

管道完整性管理体系是管道运营公司实施完整性管理的重要组成部分,体系的重要内容在于运行、实施。因此,需要考虑管道运营公司的组织结构特点,编制行之有效、操作性强的管理文件。管道完整性管理体系文件包括管理文件,即程序文件、作业文件、操作规范(规程),体系文件还包括标准,即国家标准、行业标准、企业标准。

管道完整性管理体系的侧重点是建立管理文件,主要包括完整性管理的组织机构、职责分工、计划、质量控制、管理审核、完整性效能评价和培训等多个方面。在管道运营公司上下贯彻执行,以设备的可靠性为基础,达到安全隐患提前排除和有效处理。

管道完整性管理体系是规范资产的建设和运行维护,规范完整性技术操作,规范完整性管理审核、效能测试、变更管理、内外部联络等所必备的文件。

一、管道完整性管理体系要素分类

按照管道完整性管理包含的内容,管道完整性管理体系的要素如图 6-28 所示。

这些要素分别与管道设施资产的组成相结合,管道完整性管理领域按资产和线路环境构成如图 6-29 所示。

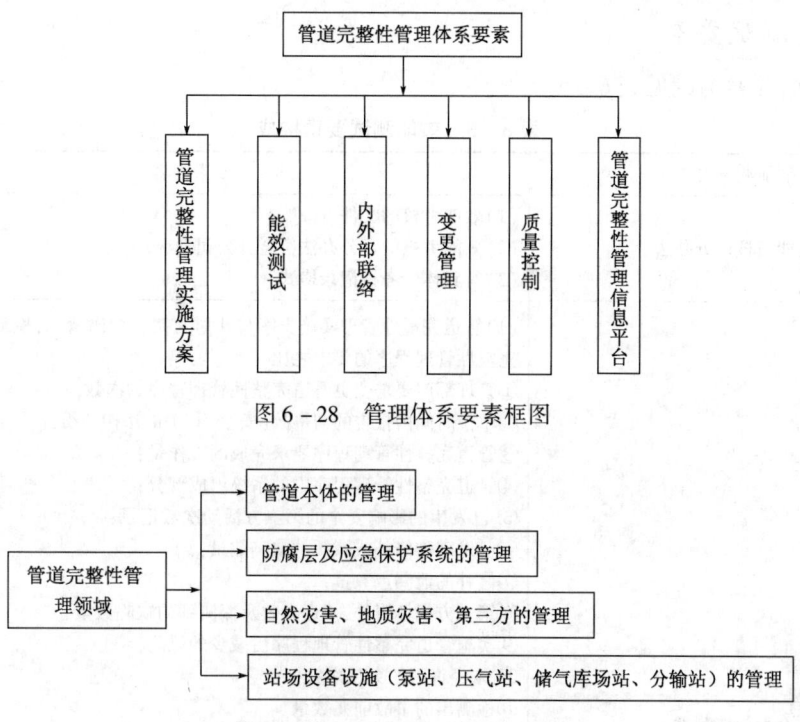

图 6-28 管理体系要素框图

图 6-29 管道完整性管理领域框图

二、管道完整性管理要素组成

管道完整性管理要素组成包括管道完整性管理实施方案要素、效能测试要素、内外部联络要素、变更管理要素、质量控制要素和管道完整性管理信息平台要素。

1. 管道完整性管理实施方案要素

管道完整性管理实施方案要素构成见表 6-4。

表 6-4 管道完整性管理实施方案要素构成

管道完整性管理实施方案要素	要素内容
数据收集和整合	管道沿线建设数据、站场数据、内外检测数据、保养大修维护数据、设备设施数据、有地理信息数据平台的载入
高后果区识别	设计阶段的高风险识别、运行期的高后果区识别分布情况、识别频率
风险评价	管道综合风险评价、地质灾害风险评价、第三方破坏风险评价
管道完整性监测、检测	管道内外检测、基线检测、管道监测、管道内外腐蚀监测、管道检验
管道完整性评价	管道试压评价、管道 ECDA 评价、管道 ICDA 评价、管道 SCC 评价、管道完整性评价
风险减缓措施（包括管道修复、管道高风险地区的削弱）	管体修复、线路管理措施、第三方施工与破坏管理措施
风险再评价等	定期风险评价、再评价

2. 效能测试要素

效能测试要素构成见表6-5。

表6-5 效能测试要素构成

效能测试要素	要素内容
效能考核评分办法	(1)效能考核的文件、标准； (2)效能考核的评分办法符合分公司情况； (3)有具体的考核记录格式
全面效能测试	(1)管道完整性管理实施方案与计划的完成对比情况，检测的里程与管道完整性管理程序的要求之比： ①管理部门要求变更管道完整性管理程序的次数； ②单位时间内报告的与事故(安全)相关的法律纠纷； ③管道完整性管理程序要求完成的工作量； ④管道完整性管理程序中的系统组成部分； ⑤已发生的影响安全的第三方活动次数记录； ⑥已发现需修补或减缓的缺陷数量； ⑦修补的泄漏点数量； ⑧第三方损坏事件、接近失效及探测到的缺陷数量； ⑨实施管道完整性管理程序后减少的风险； ⑩未经许可的穿越次数； ⑪检测出的事故前兆数量。 (2)地质、第三方破坏或周边环境问题： ①地质灾害及自然灾害损害管道次数； ②因未按要求发布通知，第三方的侵入次数； ③空中或地面巡线检查发现侵入的次数； ④收到开挖通知及其安排的次数； ⑤发布公告的次数和方式； ⑥联络的有效性。 (3)其他方面的评价： ①公众对管道完整性管理程序的信心； ②反馈过程的有效性； ③管道完整性管理程序的费用； ④新技术的使用对管道系统完整性的改进； ⑤对用户的计划外停气及其影响
完整性管理实施前后效果分析	(1)管道完整性管理取得的成果总结； (2)发现的管道本质安全隐患； (3)处理的隐患； (4)效果分析
管道泄漏事件统计分析	(1)机械损伤引起泄漏数； (2)制造损伤引起泄漏缺陷数； (3)人员伤亡数； (4)由于地质灾害引起的泄漏事件数； (5)第三方破坏伤引起泄漏数； (6)河流洪水引起的泄漏事件数
管道失效事件数统计分析	(1)机械损伤数； (2)制造缺陷数； (3)人员伤亡数； (4)第三方破坏率； (5)河流洪水引起的事件数

续表

效能测试要素	要素内容
效能评估结论	(1)效能评价的可信度； (2)效能评价结论与实际的符合性
效能评估报告	(1)效能评估报告的全面性； (2)效能评估报告的合理性； (3)效能评估报告的质量； (4)考核的初步记录全面
效能测试的可靠性和可信度	(1)效能测试的取样的可信度； (2)效能测试的可靠性
内部完整性管理考核情况	(1)管道完整性管理审核有组织性的开展； (2)定期开展管道完整性管理内部审核； (3)管道完整性管理审核面向基层开展工作
管道完整性管理考核机构及人员配置	(1)管道完整性管理考核机构的组织结构； (2)管道完整性管理考核机构的人员资质情况； (3)管道完整性组织机构纳入 QHSE 文件中
效能改进	(1)管道完整性管理程序进行修改使其不断完善； (2)采用内外审核结果，评价管道完整性管理程序的有效性； (3)对管道完整性管理程序的修改和(或)改进建议，应以效能测试和审核的结果分析为依据； (4)对这些分析结果、提出的建议和对完整性管理程序所做的相应修改情况形成文件

3. 内外部联络要素

内外部联络要素构成见表6－6。

表6－6 内外部联络要素构成

内外部联络要素	要素内容
外部联络	(1)现场外部联络： ①公司名称、位置和联系方式； ②一般的位置信息和在哪里可以获取更详细位置信息或地图； ③怎样识别泄漏，怎样向上级报告，该采取什么措施； ④日常联系电话和紧急联系电话； ⑤关于管道运营公司预防措施、管道完整性测试、应急预案和怎样获取管道完整性管理方案概要的一般信息； ⑥防止破坏的信息，包括开挖通知的数量、开挖通知中心的要求和管道损坏时的联系人。 (2)应急反应人员之外的公务人员： ①定期向每市政当局发放地图及公司联系资料； ②应急预案和管道完整性管理程序概要。 (3)当地和地区应急反应人员： ①运营公司应与所有应急反应人员保持密切联系，包括当地应急计划委员会、地区和区域计划委员会、管理部门应急计划办公室等； ②公司名称、日常联系电话和紧急联系电话； ③当地地图； ④设施介绍和运输的货物名称； ⑤怎样识别泄漏，怎样向上级报告，该采取什么措施； ⑥公司预防措施、管道完整性测试、应急预案和怎样获取管道完整性管理方案的一般信息；

续表

内外部联络要素	要素内容
外部联络	⑦站场位置及说明； ⑧公司应急反应能力概况； ⑨公司的应急预案与地方官员的协调。 (4)一般公众： ①为支持开挖通知所做的努力和其他损坏预防措施的信息； ②公司名称、联系方式和事故报警信息，包括一般的业务联系
内部联络	(1)公司的管理人员和其他相关人员必须了解和支持管道完整性管理程序； (2)应在联系方案中制定有关内部联系的内容并予以实施； (3)效能测试的定期检查和管道完整性管理程序的调整，也应成为内部联系方案的一部分
公众警示程序建立	(1)是否有公众警示文件或标准； (2)贯彻公众警示程序的情况； (3)建立公众警示程序

4. 变更管理要素

变更管理要素构成见表6-7。

表6-7 变更管理要素构成

变更管理要素	要素内容
变更的管理程序	(1)应制定正式的变更管理程序： ①识别和考虑变更对管道系统及其完整性的影响； ②程序足够灵活，以适应大小不同的变化； ③使用这些程序的人必须掌握这些程序。 (2)应考虑每种情况的独特性： ①变更原因； ②批准变更的部门； ③必要性和意义分析； ④获取所需的工作许可证； ⑤各种变更文件； ⑥将变更情况通知有关各方； ⑦时限； ⑧执行变更的人员资质
系统变更后修改管道完整性管理程序	(1)系统变更后是否修改了管道完整性管理程序； (2)程序的变更需要修改系统时，系统是否修改和变更（如风险削减文件中存在加装截断阀室的措施，系统是否变更了）
变更过程性质分析	(1)变更管理应阐述对系统的技术变更、物质变更、程序变更； (2)组织变更中指出变更是永久性的还是临时性的
变更审查程序	(1)所有变更在实施前都应进行鉴别和审查； (2)在管道系统变更期间，变更管理程序为保持正常运行提供支持
变更记录	(1)建立和保存各种变更的记录； (2)记录包括变更实施前后的过程和设计数据
系统变更后对人员培训情况	(1)系统变更，特别是设备变更时，要求有资质的操作人员进行新设备的正确操作； (2)对新操作人员进行培训，以确保他们掌握和遵守设备当前的操作程序
新技术、新成果使用形成文件	(1)新技术成果的研究和投入力度： ①新技术成果的研究情况； ②新技术成果的投入力度；

续表

变更管理要素	要素内容
新技术、新成果使用形成文件	③知识产权的拥有。 (2)新技术的推广和应用： ①管道完整性管理程序中应用的新技术及其应用结果都形成文件； ②新技术的推广力度
变更通知	管道系统中的变更通知有关方面
重要变更再评价	系统的压力从原操作压力增加到或接近最大允许操作压力(MAQP)，变更应在管道完整性管理程序中反映出来，并再次评价危险
变化公告，写入程序	(1)如果管道完整性管理程序的检查结果表明需要改变管道系统，应将这些变化告知操作人员； (2)变化公告在更新的完整性管理程序中反映出来

5. 质量控制要素

质量控制要素构成见表6-8。

表6-8 质量控制要素构成

质量控制要素	要素内容
领导重视和承诺	(1)领导者在体系文件中有承诺； (2)领导者在日常讲话中重视管道完整性管理； (3)领导者积极倡导管道完整性管理
组织机构设置	(1)管道完整性管理组织机构健全； (2)管道完整性管理组织人员配备； (3)组织机构的岗位设置； (4)组织机构运转
管道完整性管理计划制定	(1)管道完整性管理计划制订情况； (2)管道完整性管理计划的可行性
管道完整性管理内审员	(1)培训内审员； (2)内审员的审核情况
管道完整性管理体系制定	(1)管道完整性管理各个方面的标准； (2)管道完整性管理的技术体系； (3)管道完整性管理的管理体系、管道完整性管理程序文件、管道完整性管理作业文件
管道完整性管理培训	(1)管道完整性管理相关的资格认证，如安全工程师、风险评价工程师等； (2)员工从事管道完整性管理工作的相关本职工作的年限要求； (3)员工完成自身岗位工作的能力； (4)员工对于自身的职责； (5)培训资料； (6)培训次数； (7)培训计划； (8)培训设施
具备管道完整性管理核心技术数量	(1)具备管道完整性管理核心技术情况； (2)科技支持管道完整性管理情况
组织并经常参加国际管道技术交流和培训	(1)参加国际会议的级别； (2)参加国内会议的级别； (3)参加国内外技术交流次数； (4)参加国内外管道完整性管理培训情况

续表

质量控制要素	要素内容
管道完整性管理体系文件的要点	(1)管道完整性管理体系文件要求包括执行文件、执行和维护： ①管道完整性管理体系文件的框架； ②管道完整性管理体系文件的流程； ③确定这些过程的先后顺序和相互关系； ④确定管道完整性管理过程的运行和控制有效所需的标准和方法； ⑤文件中指出提供必要的资源和信息，以支持这些过程的运行和监控； ⑥体系中规定对这些过程进行监控、测试和分析； ⑦采取必要措施，以获取预期结果，并持续改进这些过程。 (2)管道完整性管理体系文件应特别包括以下内容： ①在质量控制过程中，这些文件应受到控制，并将其保存在适当的地方； ②形成的文件包括风险评价，管道完整性管理方案，管道完整性管理报告及数据文件； ③明确、正式地规定质量控制文件中的职责和权利； ④按预定时间间隔，检查质量控制文件的结果，并提出改进的建议； ⑤与管道完整性管理方案有关的人员应能胜任、了解该程序和程序中的所有活动，应经良好培训； ⑥有关这种能力、知识、资历及培训过程的文件,应成为质量控制方案的一部分； ⑦采取监控措施，以保证管道完整性管理程序按计划实施，并将这些步骤形成文件，定义控制点、标准和(或)效能度量； ⑧定期内部审核管道完整性管理程序及其质量控制方案，让与管道完整性管理程序无关的第三方检查整个程序； ⑨改进质量控制文件的改进活动应形成文件，监测其实施的有效性； ⑩在选用外部队伍进行影响管道完整性管理程序质量的任何过程时，应保证对这些过程加以控制，并以文件形式确认。 (3)管道完整性管理体系标准支持文件： ①体系中引用国内外标准； ②体系中引用的标准适当

6. 管道完整性管理信息平台要素

管道完整性管理信息平台要素构成见表6-9。

表6-9 完整性管理信息平台要素构成

管道完整性管理信息平台要素	要素内容
地理信息平台的建设	(1)建设地理信息平台情况； (2)建设投入情况； (3)与管道完整性管理结合情况
地理信息平台的使用	(1)地理信息平台使用情况； (2)地理信息平台使用的实用性； (3)使用效果
地理信息平台的功能	(1)地理信息平台的功能； (2)地理信息平台功能的实用性
数据模型、接口等	(1)数据模型情况； (2)平台之间接口情况； (3)管道完整性管理各个系统共享和整合
数据库	(1)数据库建设情况； (2)数据库中数据录入情况； (3)数据库的管理情况

续表

管道完整性管理信息平台要素	要素内容
现实管道完整性管理工作中的数据库应用	(1)数据库的更新情况; (2)数据库的应用和作用; (3)各类数据入库情况,特别是内外检测、修复、风险评价数据等
管道完整性管理平台的速度	(1)管道完整性管理平台的速度情况; (2)管道完整性管理平台所具备的大比例尺地图情况; (3)管道完整性管理平台的可扩展性
管道完整性管理平台的流程	(1)平台流程清晰; (2)管道完整性管理过程实施过程有控制; (3)管道完整性管理平台的嵌入流程正确、得当
管道完整性管理网站情况	(1)管道完整性管理网站建设情况; (2)管道完整性管理网站使用情况; (3)管道完整性管理网站发挥作用情况

三、管道完整性管理实施方案

管道完整性管理体系要素中最重要的是管道完整性管理实施方案的编制。

1. 管道完整性管理实施方案概述

管道完整性管理实施方案是管道完整性管理体系中的核心内容,是管道完整性管理活动的集中体现,它包括数据收集、对管道系统的每种危险进行风险评价、完整性评价、修复整改等内容。

管道完整性管理实施方案应当对管道系统或管段分段考虑,确定合适的管道完整性评价方法,对每个系统的管道完整性评价可通过以下方法进行:采用不同工具进行管道内检测试压、直接评价或其他经过证实的技术。在特定的情况下,几种方法可以组合使用。对于风险较大的管段,应优先进行完整性评价。

管道完整性管理实施方案中的修复整改应当根据管道完整性评价结果确定事故减缓措施。事故减缓的措施包括两个部分:第一部分是采用合格的工业维修技术对管道进行维修,包括用新管子更换有缺陷的管子、安装套管、修补涂层或其他修复活动,应对这些活动进行确认、优先排序,定出时间表;第二部分是维修活动确定之后,运营公司应评价防止管道以后失效的预防方法,这些方法可包括增加阴极保护、注入缓蚀剂、清管和改变管道的运行条件等。对于减少或消除因第三方损坏、外腐蚀、内腐蚀、应力腐蚀开裂、过冷天气、土体移动、暴雨洪水以及误操作等造成的管道事故,预防措施起着主导作用。

通过检测和维修,并不能消除所有危险。因此,预防这些危险因素是管道完整性管理实施方案的关键一环。预防活动可包括预防第三方损坏、对外力损坏进行监控等。

2. 管道完整性管理实施方案内容

管道完整性管理实施方案必须包括数据的收集、检查和综合方案,风险评价方案,完整性检测与评价方案,对完整性评价的响应方案,管道完整性管理实施方案的更新等内容。具体如下:

1) 数据的收集、检查和综合方案

与每一种危险和每一管段有关的所有数据都应收集、整理、组织和检查。

在管道完整性评价和减缓活动完成后,以及在收集有关管道系统或管段的操作维护新数据的过程中,应重复收集、整理、组织和检查数据,更新数据库。

管道完整性管理实施方案或其数据库中应包含对数据的检查,所有数据将用于支持后续的风险评价和管道完整性评价。应把检测和预防性维护活动期间收集的数据与以前收集的数据结合起来进行分析和综合。在管道运行和减缓活动中,不断收集数据,并将其纳入管道完整性管理程序中。新数据的加入是一个连续不断的过程,随着时间的推移,对新、旧数据的不断综合,将提高未来风险评价的准确性。数据的不断综合,将不断改进管道完整性管理评价和减缓活动。

2) 风险评价方案

管道完整性管理实施方案应有关于如何进行风险评价和再评价频次的具体内容。

风险评价应定期进行,要加入新数据,考虑管道系统或管段的变化,综合外界的变化,还要考虑上一次风险评价之后新的技术。建议每年进行风险评价,但在管道系统发生重大变化之后及检测时间结束之前,也应进行风险评价。风险评价的结果要在事故减缓措施和管道完整性评价活动中有所反映。验收标准的改变,也需要进行再评价。

3) 完整性检测与评价方案

(1) 要确定完整性检测与评价的方法。其方法取决于检测要确定的危险类型。

(2) 应明确需要进行的完整性评价活动和具体实施的时间安排,应对所有管道完整性评价进行先后排序,并定出实施的时间表。

(3) 完整性评价具有针对性和一次性,是针对特定危险(如制造缺陷、施工缺陷和设备缺陷)的评价分析,对于其他危险,方案应保持灵活性,不断加入新的信息。

(4) 每次完整性评价之后,应对方案中的完整性评价内容进行修改,以反映获得的所有新信息,并用于以后按要求的时间间隔进行的完整性评价。对于某些危险,完整性评价方法可能并不适用,采取预防措施或增加维护频次可能更为有效。

4) 对完整性评价的响应方案

(1) 应包含运营公司如何对完整性评价做出响应的具体内容,响应应包括立即的、按计划进行的和受到监测的。

(2) 响应措施包括两个部分:第一是管道的维修,应根据完整性评价结果和确认的危险,确定和进行相应的维修活动,维修活动应按合格的标准和操作规程的要求进行;第二是预防,预防可阻止或延缓管道以后的恶化趋势。预防对非时效性危险也同样有效。应对所有减缓活动进行优先级排序并列出时间表。减缓活动的先后顺序和时间表,应随着新信息的不断获取而调整,以体现方案的时效性。

5) 管道完整性管理实施方案的更新

管道完整性管理方案的制订是一个不断更新改进的过程,应根据管道运行环境的改变和时间的变迁以及检测和监测数据的改变不断更新管道完整性管理方案。更新后应根据新的方案进行完整性评价或检测。

如果管道系统或管段在物理上和运行功能方面发生了重大变化,均应根据变更管理方案要求进行全面的管道完整性管理实施过程,制定变更的管道完整性管理方案或变更管理报告。

四、管道完整性管理体系文件

管道完整性管理体系文件一般由 7 级文件组成,每一级文件的功能和着眼点不同,管道完整性管理体系文件框架如图6-30所示。

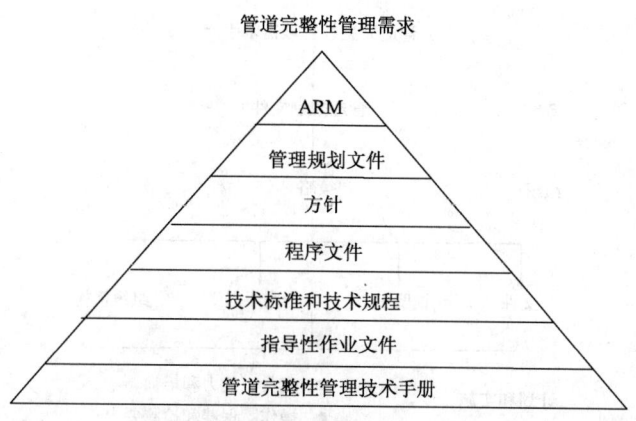

图6-30 完整性管理体系文件框架

1. 管道完整性管理体系文件的性质

管道完整性管理体系文件框架下各部分文件有些是强制执行文件,有些是声明性的文件,各部分文件的性质如下:

(1)ARM(管道完整性管理需求手册):企业资产管理纲要文件。
(2)管理规划文件:声明性文件。
(3)方针:强制文件。
(4)程序文件:强制文件。
(5)技术标准和技术规程:强制文件。
(6)指导性作业文件:强制文件。
(7)管道完整性管理技术手册:强制文件。

2. 管道完整性管理体系文件的具体内容

(1)管道完整性管理需求手册:①公司完整性管理结构;②作用和责任;③能力和培训;④文件开发过程;⑤安全控制操作;⑥评估组和可使用的文件;⑦应急程序的确认;⑧管理机构;⑨变更管理;⑩联络;⑪质量控制;⑫效能评估;⑬审核。

(2)管理规划文件:①设计规范和标准;②管道系统的灾害评价;③管道系统的风险评价;④管道完整性管理规划;⑤预防事故文件;⑥其他文件。

(3)方针:①给出一种目的性、长短期、强制性文件;②建立服从于立法的方针;③发布企业需求的方针。

(4)程序文件:①强制并提出程序是如何制定的;②管道维护和检测程序,包括监测条件、阴极保护、监督、远程监控等;③设备维护和保养以及检测设备保养程序;④失误操作、损伤和缺陷报告以及记录步骤;⑤缺陷评价程序;⑥安全评价程序;⑦更改和抢修程序;⑧应急程序;⑨事故调查程序。

(5)技术标准和技术规程:①详细的强制性技术要求;②管道预防性维护技术标准;③管道连接件;④操作技术标准;⑤编制发布的强制性指导文件;⑥其他。

(6)指导性作业文件:对程序文件中涉及的具体操作给出操作指导文件。

(7)管道完整性管理技术手册:对程序文件、技术标准和指导性作业文件给出具体技术支持、详列每一细则。

按照管道完整性管理要素的组成,管道完整性管理实施的流程如图6-31所示。

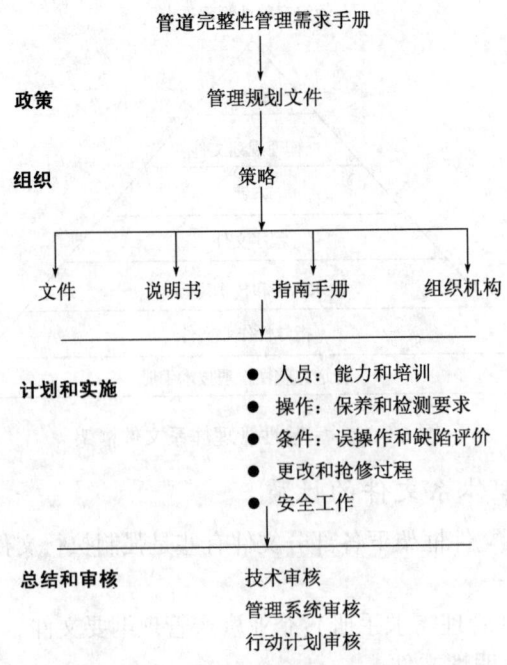

图6-31 管道完整性管理实施流程图

下面仅就管道完整性管理体系文件中的管道完整性管理技术手册做详细说明。

3. 管道完整性管理技术手册

管道完整性管理技术手册是一套专门针对管理人员、操作人员编写的,适用于不同层次的管道工作员工,包括:(1)总册;(2)应急响应计划分册;(3)安全分册;(4)管道设施完整性分册;(5)焊接分册;(6)油品质量和计量分册;(7)环境管理分册;(8)电气设备维护分册;(9)机械设备维护分册;(10)管道操作运行分册。

1)总册

总册包括遵循规范、事故报告、设备标识、公众意识的普及、记录保存等10个方面的一系列程序,还包括行业标准,例如建筑物和安全条例、国家职业安全与健康规范和认证标准等。

(1)遵循规范。提供与行业管理相一致的信息,有助于有效地开展国家、行业、上级部门的管理评审工作。

(2)事故报告。保证内部通知的及时性、内检测的准确性以及与政府规定一致,相关的行业标准、环境和安全的法规均被编入手册中,手册中还包括表格、公告和证书。

(3)设备标识。系统应具备标定和识别所有站场、末站和干线设备(包括干线装置、阀门、电气设备、站场、偏远场所和管道通过权)的功能。设备的风险识别能减少由于意外的误用和设备误操作所带来的危险,并要求与之有关的制图和流程图前后对应。所有的公告和标准符号都包括详细的说明和制图。

(4)公众意识的普及。公众意识的普及的目的是在经过土地的所有者、承租人、附近居民、地方机构和公共事业企业时增强公众对管道运营和管输产品的了解。通过参观、发邮件和宣传材料的形式引起公众对安全和环境问题的关注,并向公众解释管道的运营和管道通过权。说明建立和开展公众意识的普及计划,包括组织机构图、职责、进度表、样本证书和表格,以及可用的法规、必要的资源和管理资料方面的参考文献。通过建立公众警示标志和公众教育计划提高管道沿线居民、学校、企业、行政部门、开挖作业者保护管道安全和保护环境的意识。应与公众进行某些对话,以表达经营公司对管道完整性的信心,表达管道公司对公众帮助维护管道完整性的期望。应当将联络信息制成相应的表格以便进行联络,并定期更新。

(5) 记录保存。提出事故报告、安全、管道运行、焊接和石油产品的质量和计量记录方面的要求,也说明了对三种关键类型图(线路走向图、工艺流程图、施工安装图)的要求。

(6) 人员培训和资质。在输送危险物质时,人员培训和资格认证规范使员工能够进行管道安全的操作和维护,提出了人员技术培训和资格认证的要求。

(7) 变更。当出现以下重大变化时,应当采取应对措施,制订正式的管理方案:管道系统或管段在物理方面的变更,如管段因维修进行的更换;监测设施与方式的变化;管道系统运行方式的变化;管道系统所处环境的改变,包括管道周边土地使用情况发生变化的改变、管道周边人口的变化、地下采矿造成下陷等;管道公司内部管理机构和人员的变化;管道完整性管理方案的改变。

(8) 效能测试。效能测试的目的是对管道完整性管理实施效果的评价,即评价管道完整性管理程序的所有目标是否达到,通过实施管道完整性管理程序,管道的完整性和安全性是否有效提高。效能测试主要关注的是管道完整性管理程序提高管道安全性的效果。效能测试可显示效果,但并非绝对。效能测试评价和趋势分析还能识别未预见的危险,包括以前未识别出来的危险。所有效能测试应简单、可测定、可实现、具有相关性,应能进行及时的评价。应仔细选择效能测试,以确保其有效性。正确地选择和评价效能测试,是确定管道完整性管理程序效果的一项重要工作。应监测发生的变化,以确保效能测试在管道完整性管理方案完善的过程中保持有效。选择效能测试时,还应考虑收集足够多的分析数据所需的时间,选择既能用于短期效能测试又能用于长期效能测试的评价方法。

(9) 质量控制。质量控制的目的是对管道完整性管理中的流程、操作、分析、管理行为等活动进行有效的控制和规范,以保证管道完整性管理体系的有效执行。以质量控制为目的的管道完整性管理程序的评价和管道完整性管理程序所需的文件,包括对管道完整性管理程序的审核,以及对管道完整性管理过程、检测、减缓措施和预防措施的审核,要求严格控制管道完整性管理的检测、评价、维护维修等过程的质量,制定相应的质量保证体系,使管道完整性管理每一个步骤行之有效。

(10) 沟通与联络方案。管道完整性管理涉及管道公司、公众、地方行政部门、股东的利益,为了使各方能够更好地协作与交流,共同保证管道的完整性,管道公司应建立完备和有效的联络信息。沟通与联络的具体要求是管道公司应制订一套联络方案并予以实施,以确保将管道完整性管理工作和管道完整性管理工作的结果告知公司有关人员、管理部门和公众。这些信息可以作为其他所需信息的一部分予以传达。有关人员和部门应根据需要经常联络,以保证对经营公司的系统和管道完整性管理工作有最新了解。建议定期进行联系,根据需要经常将管道完整性管理方案的重大变化进行传达。

2) 应急响应计划分册

应急响应计划分册简要概括了快速有效地做出应急响应的所需的程序,这些程序能确保员工的操作是安全的,公众得到保护和对环境的影响是最小的。由于突发事件具有不可预见性,大部分程序只是作为一般的指导方针而并非硬性的规定。

应急响应计划分册包括应急计划预案、紧急通知和事故报告、整体安全与环境考虑以及与媒体的联系。对影响公司设备的诸如火灾、爆炸、自然灾害和炸弹袭击等特殊的突发事件也有相关的程序。同样,特殊地区的应急响应将设备明细、敏感图与控制点的信息一起附加在后。它包括11部分:(1)前言;(2)突发事件预案;(3)紧急通知和上报程序;(4)安全防范;(5)与公众的联系;(6)突发事件常规程序;(7)石油产品应急指导书;(8)液态天然气泄漏应急指导书;(9)其他突发事件;(10)关于应急响应装置、应急合作机构的信息;(11)控制点的信息。

3) 安全分册

安全分册是一本参考性手册,是专为现场操作员工和在管道设备和设施附近工作的承包商编制的,主要包括14部分:(1)安全管理系统;(2)一般安全操作练习;(3)安全操作许可证;(4)有限空间的进入;(5)消防;(6)停工;(7)电气设备的安全;(8)有害物质;(9)车辆;(10)航空器;(11)工具和设备;(12)原材料处理;(13)个人防护器材;(14)安全设备。

4) 管道设施完整性分册

当对公司的管道或设施进行修理和维护时,管道设施完整性分册可供管道维护人员、工程师以及运行人员使用。其由以下内容组成:(1)计划和准备;(2)环保;(3)管道通过权的维护;(4)开挖;(5)外部穿越;(6)管线维修和更换;(7)试压;(8)管道完整性;(9)风险管理;(10)储罐维护。

5) 油品质量和计量分册

油品质量和计量分册是专为进行油品质量评估和从事流体计量工作的人员编写的一本参考手册。该手册作为一本参考指南常常供管道企业所属管道系统涉及计量和质量方面的现场操作人员和工程技术人员使用。油品质量和计量手册主要包括5部分:(1)影响体积的变量;(2)交接质检和计量表;(3)油品质量;(4)计量文件;(5)交接质检和计量罐。

6) 环境管理分册

管道企业环境管理的指导原则有助于员工选择正确的废物管理,主要包括三个方面的废物管理:(1)环境保护;(2)恰当的废物处理;(3)安全的运输废物。环境管理确保管道公司遵循运用政府规范。

环境管理分册主要分为两部分:第一部分包括如何与管道企业的综合废物管理原则一起使用方面的信息;第二部分包括废物信息清单,它包括如何处理众多由管道公司运行中所产生的废物方面的信息。其主要包括8部分:(1)前言;(2)废物管理原则;(3)废物的分类;(4)废物的储存;(5)废物的运输;(6)记录保留系统;(7)废物的处理和排放;(8)废物信息清单。

7) 电气设备维护分册

电气设备维护分册是专为负责维护管道企业所属管道电气装置和设施的雇员和承包商所设计的指导书,主要包括两部分:(1)电气设备维护程序;(2)电气设备的预防性维护。

8) 机械设备维护分册

机械设备维护分册是针对管道企业系统的操作员工和负责管道机械设备和设施承包商制定的指导书,主要包括两部分:(1)机械设备的维护程序;(2)机械设备的预防性维护。

9) 管道操作运行分册

管道操作运行分册是一个参照性指导书,包括管道操作标准和规范,当计划或承担与操作、维修以及管道和设备的维护有关的操作时,该手册可供管道维护人员、工程师和运行人员使用。该分册主要包括8部分:(1)概述;(2)通信;(3)紧急操作;(4)操作标准;(5)日常操作程序;(6)日常维护程序;(7)异常操作程序;(8)附录。

五、QHSE 与管道完整性管理的关系

1. QHSE 概述

QHSE 依据 IS9000、HSE 等四个标准与天然气行业的实物相结合编制而成,包括:(1)公司 QHSE 管理体系所覆盖的范围,它包括了所选用标准中全部要求(除删减条款);(2)体系建立要求的全部程序文件;(3)对体系所包括的过程顺序和相互作用的描述。

QSHE 建立的目的是:(1)对内提高本公司质量、健康、安全和环境管理水平;(2)对外提供第三方认证审核依据,证实公司有能力安全、平稳、高效地提供天然气管道输送服务;(3)通过 QHSE 管理体系的有效运行以及体系持续改进,在符合法律法规和其他要求的前提下,旨在持续满足顾客的要求和期望,增强顾客满意度,持续改进健康、安全和环境的绩效或业绩。

2. QHSE 重要环境因素、危险源运行控制

识别和确认与重要环境因素、风险级别高的危险源有关的运行和活动,并建立相应的程序,予以有效地控制,削减风险,实现安全、平稳供气。其主要内容为:

(1)根据风险评价的结果,识别确认重要的环境因素和风险级别高的危险源;

(2)运行策划:

①HSE 主管部门与公司各生产、运行部门共同确定与重要环境因素和风险级别高的危险源有关的运行、活动和服务过程,即:

a. 与重要环境因素有关的运行:污水排放;化学品使用;能源资源消耗;产生环境噪声;废气排放;固体废物处理;火灾预防;相关方活动(产品、服务);水灾预防;建设项目实施等。

b. 与风险级别高的危险源有关的运行、活动和服务过程:作业场所危险辨识、评价;产品和工艺设计安全;作业许可制度(动火、挖掘等);设备维护保养;安全设备与个人防护用品;安全标志;物料搬运和储存;运输安全;采购控制;供应商与承包商评估与控制等。

②对所确定的运行、活动和服务,由 QHSE 主管部门组织各生产运行部门制订或补充修改有关的程序(详见下列支持性文件),并根据需要制订必要的作业指导书。

③有关的程序和作业指导书应明确责任和规定运行标准及要求,QHSE 主管部门组织相关部门按运行控制有关程序或指导书实施 QHSE 管理运行控制,并保证所有的控制能够充分协调和得到良好执行。

④对确定的可施加影响的环境因素,应制订相应的施加影响的方法(如程序控制、管理方案、合同要求等),并分阶段、分步骤予以实施。

⑤当使用的产品和外来服务中涉及重要环境因素和风险级别高的危险源时,应制订相应的控制程序和规定有关要求,并将这些程序相要求通报提供产品或服务的相关方。

3. QHSE 监视与测量装置的控制

对用于确保产品(服务)符合规定要求的监视和测量装置进行控制,确保监视和测量结果的有效性。其内容如下:

(1)QHSE 主管部门确定需实施的监视和测量装置,并列出清单,QHSE 主管不负责监督管理。

（2）提供证据说明所需监视和测量装置的适宜性。

（3）建立过程，实施监视和测量。

（4）对有必要确保有效测量结果的测量设备，如涉及人身安全的高压测量设备、压力器、绝缘摇表等法定强检测量设备，实施控制：

① 对照能溯源的国际（国家）测量基准，按照规定的时间间隔送法定单位进行校准或检定；

② 当不存在上述基准时，应记录校准或验证的依据；

③ 按照具体测量设备的要求，需要时进行调整或再调整；

④ 记录保存核准验证结果，以便得到识别和确定其校准状态；

⑤ 由有资格的人按照使用说明或作业指导书规定进行使用或调整，防止测量设备失效，禁止随意拆装；

⑥ 在搬运、维护和储存期间，采取防护措施防止损坏、丢失零配件或失效；

⑦ 当发现设备不符合要求时，应对以往的测量结果进行有效评价和记录，同时对该设备和任何受影响的产品采取适当的措施（如标识、隔离、使用等）以使问题得到妥善解决；

⑧ 计算机软件用于规定要求的监视和测量时，应在初次使用前予以确认，按规定时间间隔内的更新确认其能力。

4. QHSE 数据分析

公司收集和分析适当的数据，以确定 QHSE 管理体系的适宜性、有效性，并评价管理体系的持续改进。数据的来源有：

（1）外部来源：①法律及其他要求等；②地方政府机构检查的结果及反馈；③市场、新产品、新技术发展方向；④相关方（如顾客、供方等）反馈及投诉等。

（2）内部来源：①日常工作，如目标完成情况、内部审核与管理评审报告及体系正常运行的其他记录；②存在的潜在不合格，如不符合统计分析结果、纠正预防措施处理结果等；③紧急信息，如出现突发事故等；④其他信息，如员工建议等。

数据可采用已有的记录、书面资料、讲座交流、电子媒体、声像设备、通信等方式。

对数据的收集、分析与处理应提供如下信息：（1）顾客满意和（如）不满意程序；（2）产品满足顾客需求的符合性；（3）过程、产品的特性及发展趋势；（4）供方的信息等。

常用的数据分析方法有：

（1）为了寻找数据变化的规律性，通常采用统计方法；

（2）本公司基本统计方法：①调查表；②因果图；③排列图；④直方图；⑤模拟软件。

5. QHSE 测量、分析与改进

为确保 QHSE 体系及产品、服务以及过程管理的符合性，以及实现不断的改进，在对测量和监控活动做出规定、策划和实施时，考虑如下几点，建立了相关程序文件：

（1）在确定监视和测量的项目、测量点时考虑使组织受益；

（2）考虑采用适宜的措施，而不是单纯地积累信息；

（3）确定监视和测量的方法，应考虑全面；

（4）按规定和策划的结果实施监视和测量活动。

公司对所需要的监视、测量、分析和改进过程进行策划，目的为：

（1）证实过程、产品、服务的符合性；

(2)确保 QHSE 管理体系的符合性;

(3)持续改进 QHSE 管理体系的有效性。

6. QHSE 事故、事件、不符合的纠正与预防措施

对事故、事件、不符合进行管理,采取纠正与预防措施以纠正 QHSE 管理体系运行中出现的偏差,包括体系文件与标准的不符合、法律及其他要求的不符合及公司生产经营活动与体系文件的不符合等。

出现以下情况需采取纠正和预防措施:

(1)内部审核发现的不符合;

(2)日常监测与测量中发现的不符合;

(3)内、外部相关方的抱怨;

(4)目标、指标完不成时;

(5)管理体系管理评审做出要求时;

(6)第三方审核时发现的不符合;

(7)安全、环境事故或紧急情况发生产生的不符合;

(8)不合格服务。

针对不符合的处理措施为:

(1)对内部审核发现的不符合,由审核组长向责任部门发放不符合项报告,责任部门调查问题的原因,制订与出现的问题相适应的纠正与预防措施并实施,质量健康安全环保部组织内审员对纠正措施的结果进行验证。

(2)对日常监测与测量中发现的不符合,由生产部责任部门发布不符合项报告,责任部门调查问题的原因并采取相应的纠正和预防措施。

(3)当出现内、外部相关方的抱怨时,按《信息交流管理程序》(JS/CX-06-2004)中有关规定执行。

(4)当目标、指标完不成时,按《目标指标管理程序》(JS/CX-03-2004)中有关规定执行。

(5)当管理评审会议做出有关纠正和预防措施要求时,按管理评审的有关规定执行。

(6)当第三方审核发现不符合时,由质量健康安全环保部根据第三方有关要求监督责任部门按规定期限完成不符合项的整改。

(7)当发生安全、环境事故或紧急情况产生不符合时,由 QHSE 主管部门按《事故管理程序》(JS/CX-32-2004)处理事故,生产运行部负责按《应急管理程序》(JS/CX-29-2004)进行应急反应。

(8)不合格服务包括:输气压力不符合要求,供气员不足。不合格服务的处置方法为改正、制定纠正措施。生产运行部对个合格服务进行识别、检查和评审,将评审结果报质量健康安全环保部;质量健康安全环保部跟踪验证不符合服务的处置。

对不符合的处理应遵循以下原则:

(1)应查清不符合的原因(应尽可能从体系上寻找原因);

(2)制订的纠正或预防措施应与问题的严重性和伴随的环境影响相适应,并有明确的责任单位(或人)和整改期限;

(3)对实施的纠正或预防措施情况应进行记录;

(4)因采取纠正和预防措施引起的程序修订,应纳入相加的文件中并予以记录。

7. QHSE 应急准备与响应

识别潜在的健康、安全、环境事故和可能发生的紧急情况,及时采取预防措施,并制定相应的应急措施,预防或减少突发事件造成的健康、安全、环境影响。其内容如下:

(1) HSE 主管部门根据评价出来的风险级别高的危险源、重要环境因素以及涉及的范围来确定公司潜在健康、安全、环境事故和可能发生的紧急情况。本公司确定的紧急情况主要有:①生产运行事故;②火灾;③爆炸;④天然气管道泄漏;⑤天然气管道断裂;⑥交通事故。当风险级别高的危险源、重要环境因素变化时,有质量健康安全环保部予以重新确定。

(2) 针对确定的潜在安全、环境事故或可能发生的紧急情况,由生产运行部组织各责任部门制订预防与应急措施程序。

(3) 各责任部门根据有关程序的要求负责制订具体的预防与应急措施,并形成作业文件。

(4) 各责任部门应按程序或作业文件要求实施预防措施,事故发生后,必须严格按应急措施控制事故,并及时向管理者代表汇报应急响应情况。

(5) 必要时,特别是事故发生后,质量健康安全环保部应组织相关部门对预防与应急措施相关程序及作业文件进行评审和修订。其内容有:①《应急管理程序》;②《线路应急预案》;③《站场应急预案》;④《压缩机组运行紧急预案》;⑤《地下储气库应急预案》;⑥《SCADA 系统应急预案》;⑦《通信系统应急预案》;⑧《EAM 系统应急预案》;⑨《干线封堵作业文件》;⑩《抢修机具管理规定》;⑪《抢修作业管理规定》;⑫《维修作业管理规定》。

8. QHSE 绩效测量与监视

组织实施监测与测量,对可能具有重大影响的过程、活动和服务中的关键特性,关键的运行控制程序、目标与指标的完成情况进行例行监测与测量,并对其结果进行分析、评价,以保证体系的运行始终处于受控状态,确保 QHSE 管理体系和过程的符合性,实现其不断改进。其管理内容为:

(1) 体系的监视和测量,由质量健康安全环保部定期组织对各个部门进行检查,以确保服务的符合性。

(2) 公司管理体系监视和测量的范围和内容,包括管理活动、资源提供、产品实现、环境绩效、安全与健康的改善、持续改进等。

(3) 公司管理体系监视和测量的方法是通过管理评审、内部审核、顾客满意率、现场观察和数据分析及纠正和预防措施等,对公司质量管理体系进行监视和测量,从而使体系不断完善,管理水平不断提高。

9. QHSE 与管道完整性管理的对比

管道完整性管理的核心内容如图 6-32 所示。QHSE 的核心内容如图 6-33 所示。

从上述分析可知,QHSE 与管道完整性管理具有相同点,步骤也基本相同,两者都包括危险源辨识、检测与监测、数据分析、整改、应急以及绩效分析等内容。

QHSE 重在强调在符合法律法规和其他要求的前提下,实现持续满足顾客的要求和期望,增强顾客满意度,持续改进健康、安全和环境的绩效或业绩,最终达到提高本公司质量、健康、安全和环境管理水平的目的。

管道完整性管理的目的是确保输气管道系统的完整性始终保持管道系统无事故运行,管道系统包括管道、阀门、管道附件、压缩机组、计量站调压站、分输站、储气设施和预制组件等。

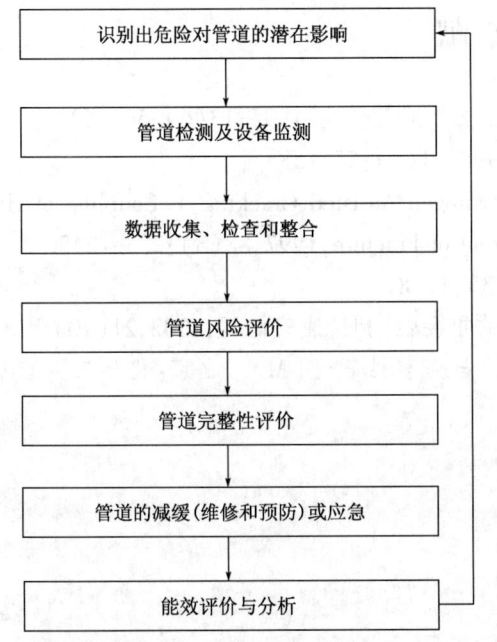
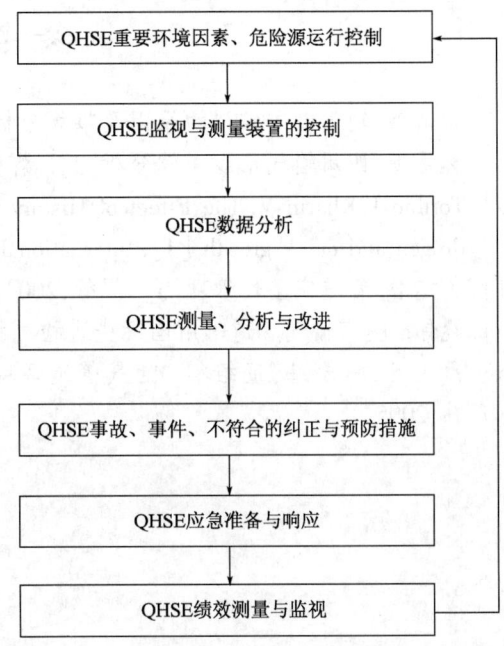

图 6-32 管道完整性管理的核心内容　　图 6-33 QHSE 的核心内容

QHSE 从更宏观的角度来保证产品的质量、人员的健康、人员与设施的安全、环境无污染;而管道完整性管理则更加细致地分析管道及设施的完整性,包括使用方法、检测手段、评价方法、维护维修方法等,更加注重细节管理和风险量化管理,使风险在可接受的范围内。

对于管道输送行业来说,管道完整性管理更加注重新技术的应用,具体体现在评价技术、检测技术、维护技术、信息技术的应用,从保证管道本质安全的角度,确保管道无事故运行,做到事前预控,具有可操作性。

管道完整性管理与 QHSE 的关系可以总结为:QHSE 是管道完整性管理的基本条件,而管道完整性管理是 QHSE 的核心内容,管道完整性管理从确保设备的安全方面保障人员的健康、安全与环境。世界各大公司按法律必须实行 QHSE 管理,同时将管道完整性管理作为核心内容。

习　题

1. 简述管道完整性管理的各个环节,并结合实际说明各环节间的相互关系。
2. 风险管理的基本思想是什么?管道风险评价模型中,评分指标体系法有什么特点?
3. 简述管道风险评价模型中,预先危险性分析、失效模式及影响分析与故障数分析,和评分指标体系法的优缺点。
4. 简述 ASME B31G 剩余强度评价模型的特点、保守型与模型修正思路。

参 考 文 献

[1] 张淑英.输气管道破裂的原因及事故分析[J].国外油气储运,1995,13(6):56~62.
[2] 林雪梅.四川输气干线失效分析[J].焊管,1998,21(4):55~58.
[3] Toribio J, Kharin V. The Effect of History on Hydrogen Assisted Cracking: 1. Coupling of Hydrogen and crack growth [J]. International Journal of Fracture, 1997, 88(3):233~245.
[4] 黄志潜.管道完整性管理[J].焊管,2004,27(3):1-8.
[5] 姚伟.陕京输气管道采用国际先进检测技术的重要性[J].油气储运,2002,21(10).
[6] 严大凡,翁永基,董绍华.油气管道风险评价与完整性管理[M].北京:化学工业出版社,2005.